Übungsbuch Datenanalyse und Statistik

Udo Bankhofer • Jürgen Vogel

Übungsbuch
Datenanalyse und Statistik

Aufgaben – Musterklausuren – Lösungen

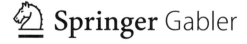 Springer Gabler

Prof. Dr. Udo Bankhofer
TU Ilmenau
Deutschland

Dr. Jürgen Vogel
TU Ilmenau
Deutschland

ISBN 978-3-8349-4110-7
DOI 10.1007/978-3-8349-4111-4

ISBN 978-3-8349-4111-4 (eBook)

Die Deutsche Nationalbibliothek verzeichnet diese Publikation in der Deutschen Nationalbibliografie;
detaillierte bibliografische Daten sind im Internet über http://dnb.d-nb.de abrufbar.

Springer Gabler
© Gabler Verlag | Springer Fachmedien Wiesbaden 2012

Lektorat: Susanne Kramer, Renate Schilling
Einbandentwurf: KünkelLopka GmbH, Heidelberg

Gedruckt auf säurefreiem und chlorfrei gebleichtem Papier

Springer Gabler ist eine Marke von Springer DE.
Springer DE ist Teil der Fachverlagsgruppe Springer Science+Business Media
www.springer-gabler.de

Vorwort

Eine Einübung des durchgenommenen Lehrstoffs stellt für Studierende eine unabdingbare Voraussetzung für ein umfassendes Verständnis grundlegender Begriffe und Verfahren dar. Dies gilt insbesondere auch im Bereich der Statistik und der Datenanalyse. Aus diesem Grund werden entsprechende Lehrveranstaltungen an Hochschulen meist durch Übungen ergänzt, in denen die Inhalte der Vorlesung vertieft werden können.

Das vorliegende Arbeitsbuch wurde folglich als ergänzende Lektüre zu dem im gleichen Verlag erschienenen Lehrbuch

Bankhofer, U.; Vogel, J.: Datenanalyse und Statistik,
Eine Einführung für Ökonomen im Bachelor

konzipiert. Es richtet sich damit vor allem an Studierende wirtschafts- und sozialwissenschaftlicher sowie verwandter Bachelorstudiengänge, in denen grundlegende Kenntnisse statistischer und datenanalytischer Methoden benötigt werden und vertieft werden sollen.

Das Arbeitsbuch orientiert sich grundlegend an der Gliederung des Lehrbuchs. Neben der beschreibenden Statistik, der Wahrscheinlichkeitsrechnung sowie der schließenden Statistik werden insbesondere auch die Bereiche der Datenanalyse sowie des Data Mining betrachtet. In Teil 1 werden dazu zunächst die Übungsaufgaben zu diesen fünf Themenbereichen dargestellt. Dabei sind in Kapitel 1 Aufgaben zu Häufigkeitsverteilungen und statistischen Maßzahlen, zu Zusammenhangsmaßen, zur linearen Regression sowie zu den Indexzahlen enthalten. Das Kapitel 2 widmet sich dann der Wahrscheinlichkeitsrechnung und beinhaltet Aufgaben zu Wahrscheinlichkeiten, Verteilungen und Grenzwertsätzen. In Kapitel 3 werden Aufgaben zu Punkt- und Bereichsschätzungen sowie zu Signifikanztests thematisiert. Das Kapitel 4 betrachtet anschließend den Bereich der Datenanalyse und enthält Übungsaufgaben zu Klassifikations-, Repräsentations- und Identifikationsverfahren. Schließlich beinhaltet das Kapitel 5 noch Aufgaben zum Data Mining, und zwar zur Assoziationsanalyse sowie zu Entscheidungsbäumen.

Nahezu alle Aufgaben stellen realistische, ökonomische Problemstellungen dar, um vor allem auch die Anwendungsbereiche der jeweiligen Methoden zu illustrieren. Selbstverständlich liegen Einschränkungen hinsichtlich des Umfangs vor, da alle Aufgaben innerhalb einer Zeitvorgabe von etwa 30 Minuten gelöst werden können. Darüber hinaus sind die Aufgaben so konzipiert, dass Hilfsmittel (Lehrbuch, Taschenrechner) verwendet werden dürfen.

Der zweite Teil des Arbeitsbuchs enthält dann in den Kapiteln 6 bis 10 ausführliche Lösungen zu den entsprechenden Aufgaben der Kapitel 1 bis 5. Die Lösungswege sind dabei so dargestellt, dass sie im Selbststudium nachvollzogen werden können. Teilweise werden auch alternative Lösungsansätze beschrieben, wenngleich darauf hingewiesen werden muss, dass grundsätzlich nicht alle möglichen Lösungswege aufgezeigt werden können. Auch wenn in den Lösungen kein Bezug darauf genommen wird, so kann dringend empfohlen werden, die Möglichkeiten eines Taschenrechners zur Berechnung empirischer Standardabweichungen, Korrelations- oder Regressionskoeffizienten zu nutzen. Die Beherrschung der entsprechenden Statistikmodi kann z. B. während einer Klausur zu deutlichen, vielleicht sogar unabdingbaren Zeitvorteilen führen.

Im dritten Teil des Arbeitsbuches finden sich abschließend noch jeweils komplette Klausuren zu den Gebieten „Beschreibende Statistik und Wahrscheinlichkeitsrechnung", „Schließende Statistik", „Datenanalyse" und „Data Mining". Neben Zeit- und Punktevorgaben sowie den entsprechenden Lösungen sind hier auch die Punkteverteilungen bei den einzelnen Aufgaben sowie die Notenschlüssel der Klausuren angegeben, um eine entsprechende Leistungseinstufung selbst vornehmen zu können.

Wir möchten dieses Vorwort nicht schließen, ohne uns bei all denjenigen recht herzlich zu bedanken, die an der Entstehung dieses Arbeitsbuches mitgewirkt haben. Zunächst ist hier Herr Dipl.-Wirtsch.-Ing. Dieter W. Joenssen zu nennen, der bei den Aufgaben und Lösungen zum Data Mining sowie bei einigen Aufgaben zur Datenanalyse mitgewirkt hat. Des Weiteren bedanken wir uns bei Herrn Dipl.-Kfm. Christian Kornprobst sowie Herrn Dr. Michael Wilhelm, die einige Aufgaben zur Datenanalyse bzw. zur Statistik und Wahrscheinlichkeitsrechnung beigetragen haben. Besonderer Dank geht auch an den Verlag Springer Gabler und in diesem Zusammenhang vor allem an Frau Kramer, die mit uns bis zur endgültigen Fertigstellung des Manuskripts verständnisvoll und jederzeit hilfsbereit zusammengearbeitet hat.

Udo Bankhofer

Jürgen Vogel

Inhaltsverzeichnis

Teil 3: Klausuren mit Lösungen

Teil 1
Übungsaufgaben

1 Aufgaben zur beschreibenden Statistik

1.1 Häufigkeitsverteilungen und statistische Maßzahlen

Aufgabe 1.1.1

In einem Unternehmen fallen für die Versendung von fünf ausgewählten Erzeugnissen unterschiedliche Verpackungskosten pro Stück an. In der nachfolgenden Tabelle sind diese Kosten sowie die in der letzten Betrachtungsperiode jeweils versendeten Stückzahlen für die einzelnen Erzeugnisse angegeben:

Erzeugnis	Verpackungskosten pro Stück [€]	Stückzahlen
A	4,10	20000
B	2,50	68000
C	3,50	26000
D	2,50	42000
E	3,00	44000

a) Berechnen Sie die durchschnittlich angefallenen Verpackungskosten pro Stück über alle Erzeugnisse für die betrachtete Periode.

b) Geben Sie Median und Modalwert für die Verpackungskosten pro Stück an.

c) Für die kommende Periode geht das Unternehmen davon aus, dass die Verpackungskosten einheitlich um 10 Prozent steigen, dafür aber die zu versendenden Mengen der 5 Erzeugnisse jeweils einheitlich um 10 Prozent zurückgehen werden. Welche Auswirkung hat dies auf die durchschnittlich anfallenden Verpackungskosten pro Stück über alle Erzeugnisse für die kommende Periode?

Aufgabe 1.1.2

Ein lokaler Radiosender hat zwei Freikarten für ein Konzert ausgelobt. Bewerber für die Karten müssen beim Sender anrufen. Die insgesamt 20 Anrufer wurden gebeten, ihr Alter zu nennen. Das brachte folgendes Ergebnis:

29, 44, 50, 33, 74, 59, 22, 84, 44, 40, 17, 51, 57, 38, 65, 62, 47, 56, 81, 42.

a) Erstellen Sie mit der Klasseneinteilung [10; 20), [20; 40), ... , [80; 100) eine sekundäre

Häufigkeitstabelle mit absoluten und relativen Häufigkeiten.

b) Stellen Sie die Häufigkeitsverteilung aus a) in einem geeigneten Diagramm grafisch dar.

c) Berechnen Sie aus der sekundären Häufigkeitstabelle Näherungswerte für das arithmetische Mittel und die empirische Varianz des Alters der Anrufer.

Aufgabe 1.1.3

In einem Betonwerk werden Pflastersteine hergestellt. Aus einer bestimmten Charge von Steinen wurden $n = 32$ Stück zufällig entnommen und deren Masse bestimmt. Die Beobachtungswerte sind:

Lfd. Nr.	Masse [g]	Lfd. Nr.	Masse [g]	Lfd. Nr.	Masse [g]	Lfd. Nr.	Masse [g]
1	3127	9	3127	17	3128	25	3129
2	3130	10	3131	18	3132	26	3130
3	3130	11	3126	19	3126	27	3129
4	3129	12	3128	20	3130	28	3131
5	3131	13	3129	21	3129	29	3128
6	3130	14	3129	22	3127	30	3130
7	3128	15	3128	23	3131	31	3133
8	3128	16	3127	24	3127	32	3130

a) Mit welcher Skalenart wird das Merkmal Masse gemessen?

b) Erstellen Sie zu den Beobachtungswerten eine primäre Häufigkeitstabelle mit absoluten Häufigkeiten und relativen Summenhäufigkeiten.

c) Stellen Sie die Masseverteilung als Häufigkeitspolygon grafisch dar.

d) Berechnen Sie das arithmetische Mittel und die empirische Standardabweichung.

e) Bestimmen Sie die empirischen Kennwerte Modalwert, Median, unteres Quartil, oberes Quartil und Spannweite.

Aufgabe 1.1.4

Ein Versandunternehmen möchte die Lieferzeiten seiner Sendungen (von der Aufgabe beim Postamt in einer Stadt bis zur Auslieferung beim Kunden) untersuchen und hat dazu Daten erhoben. In der folgenden Tabelle sind für die Ausprägungen a_j des entsprechenden Merkmals „Lieferzeit in Tagen" die absoluten Häufigkeiten getrennt nach zwei Großstädten A und B gegeben:

a_j (Lieferzeit in Tagen)	1	2	3	4	5
die Stadt A	10	20	40	20	10
die Stadt B	10	20	10	10	0

a) Bestimmen Sie den Modalwert der Lieferzeiten getrennt nach den Städten A und B.

b) Bestimmen Sie jeweils die durchschnittliche Lieferzeit getrennt nach den Städten A und B sowie die gesamte durchschnittliche Lieferzeit (also unter gleichzeitiger Einbeziehung aller in den Städten A und B erhobenen Lieferzeiten).

c) Bestimmen Sie jeweils die empirische Varianz der Lieferzeit getrennt nach den Städten A und B sowie die gesamte empirische Varianz (also unter gleichzeitiger Einbeziehung aller in den Städten A und B erhobenen Lieferzeiten).

d) Unter Einbeziehung aller in den Städten A und B erhobenen Lieferzeiten soll deren Häufigkeitsverteilung durch ein Histogramm dargestellt werden. Die Rechteckhöhe für die Klasse [0,5; 1,5) sei 20. Wie hoch ist das Rechteck über der Klasse [3,5; 5,5) zu zeichnen?

Aufgabe 1.1.5

Ein deutscher Wetterdienst hat Ende 2009 seine Internetseiten neu gestaltet und insbesondere die Wettervorhersage deutlich verbessert. Um den Erfolg des neuen Webauftritts zu messen, wurde im 1. Quartal des Jahres 2010 an 21 zufällig ausgewählten Tagen die Anzahl der Zugriffe auf die Internetseiten registriert:

Tag	Anzahl der Zugriffe	Tag	Anzahl der Zugriffe	Tag	Anzahl der Zugriffe
1	6140	8	6359	15	5366
2	5860	9	6687	16	6022
3	6505	10	6230	17	6274
4	5558	11	5477	18	5726
5	5793	12	5410	19	5929
6	6110	13	5381	20	5598
7	5460	14	5808	21	5724

a) Was sind bei dieser statistischen Erhebung
  - die Grundgesamtheit,
  - das Merkmal,
  - die Ausprägungen,
  - die Skalenart,
  - der Stichprobenumfang?

b) Bestimmen Sie zur vorliegenden Stichprobe
  - den Median,
  - die beiden Quartile.

c) Stellen Sie die Verteilung der Zugriffszahl als Box-Whisker-Plot grafisch dar.

Aufgabe 1.1.6

Der Betreiber einer Autowaschanlage hat an jedem Tag des Jahres 2011 die Anzahl der Störfälle registriert. Hier das Ergebnis als Häufigkeitstabelle:

Anzahl der Störfälle	Absolute Häufigkeit
0	85
1	74
2	63
3	51
4	27
5	20
6	16
7	12
8	9
9	6
10	2

a) Ergänzen Sie die Häufigkeitstabelle um eine Spalte mit den absoluten Summenhäufigkeiten.

b) Berechnen Sie das arithmetische Mittel $\bar{x}$ und die empirische Standardabweichung s. Was bedeutet hier der konkrete Wert von $\bar{x}$?

c) Bestimmen Sie den Median, den Modalwert und die beiden Quartile, und zeichnen Sie den Box-Whisker-Plot.

d) Beurteilen Sie anhand des Box-Whisker-Plots, ob die Verteilung der Anzahl der Störfälle rechts schief, links schief oder eher symmetrisch ist.

Aufgabe 1.1.7

Nachfolgend ist die Urliste der Body-Mass-Indexwerte [= Körpermasse in kg / (Körpergröße in m)^2] von den im Wintersemester 2011/2012 in einem bestimmten Studiengang eingeschriebenen Studierenden gegeben:

18,39	23,36	26,88	22,68	22,10
22,49	18,69	22,53	18,03	24,49
24,42	21,67	18,56	21,38	22,05
26,58	24,42	20,02	21,13	21,30
27,06	19,44	19,03	20,98	24,11
27,78	22,59	24,06	22,53	25,55
22,86	22,22	19,26		

a) Welches Skalenniveau besitzt das Merkmal „Body-Mass-Index"?

b) Zeichnen Sie unter Verwendung der Klassengrenzen 18, 20, 24 und 28 ein Histogramm für das Merkmal „Body-Mass-Index".

Aufgabe 1.1.8

Ein Zahnarzt führt jeden Morgen von 7 bis 8 Uhr eine Schmerzsprechstunde für unange-meldete Patienten durch. Ein Kollege von ihm will wissen, wie viele Patienten dieses An-gebot annehmen. Der Befragte präsentiert ihm die folgende Häufigkeitstabelle mit den Daten des vergangenen Jahres:

Anzahl der Patienten zur Schmerzsprechstunde	Häufigkeit
0	54
1	73
2	43
3	27
4	11
5	2
Summe	210

a) Berechnen Sie zum Merkmal „Anzahl Patienten" das arithmetische Mittel und die em-pirischen Kenngrößen Modalwert, Median, Varianz und Quartilsabstand.

b) Interpretieren Sie den soeben berechneten Median.

c) Stellen Sie die Häufigkeitsverteilung als Histogramm grafisch dar.

d) Beurteilen Sie anhand des Histogramms, ob die Verteilung rechts schief, links schief oder symmetrisch ist.

Aufgabe 1.1.9

Ein Handwerksbetrieb gewährt seinen Mitarbeitern und Mitarbeiterinnen eine Fahrtkosten-zulage von 0,42 € pro Entfernungskilometer zwischen Wohnung und Arbeitsstätte (unab-hängig vom Verkehrsmittel). Die folgende Tabelle fasst eine Vollerhebung zusammen, die diesbezüglich in der Belegschaft durchgeführt wurde:

einfache Entfernung zwischen Wohnung und Betrieb			Anzahl der Mitarbeiter und Mitarbeiterinnen
von ... km	bis	unter ... km	
0		1	5
1		5	20
5		20	75
20		60	20

Es wird davon ausgegangen, dass die Entfernungen innerhalb der Klassen gleichmäßig verteilt sind.

a) Wie hoch ist die Entfernung zwischen Wohnung und Arbeitsplatz durchschnittlich?

b) Wie hoch ist die Erstattung an die Mitarbeiter anzusetzen, wenn man die obige Tabelle und 220 Arbeitstage pro Jahr zugrunde legt?

c) Zeichnen Sie das Histogramm für das Merkmal „einfache Entfernung zwischen Wohnung und Betrieb".

Aufgabe 1.1.10

Im November 2008 sind aus allen privaten Haushalten Thüringens 700 Haushalte zufällig ausgewählt und die Anzahl der darin lebenden Kinder ermittelt worden. Das Ergebnis dieser Untersuchung steht in der folgenden Häufigkeitstabelle:

Anzahl der Kinder	Absolute Häufigkeit
0	357
1	223
2	100
3	15
4	4
5	0
6	1

a) Was sind bei dieser statistischen Erhebung
   - die Grundgesamtheit,
   - die Merkmale,
   - die Ausprägungen,
   - die Skalenart,
   - der Stichprobenumfang?

b) Stellen Sie die Häufigkeitsverteilung der Kinderzahl als Polygonzugdiagramm grafisch dar.

c) Berechnen Sie das arithmetische Mittel, das 2. und das 3. empirische Zentralmoment und die empirische Schiefe.

d) Wie ist der Wert für die empirische Schiefe zu interpretieren?

Aufgabe 1.1.11

In einem Getränkemarkt ist mittags zwischen 11 und 14 Uhr nicht viel los. Der Verkäufer hat eines Tages die drei Stunden in 36 Fünf-Minuten-Intervalle eingeteilt und gezählt, wie viele Kunden pro Intervall das Geschäft betreten. Hier das Ergebnis als Urliste:

$$1 \quad 1 \quad 3 \quad 0 \quad 2 \quad 1 \quad 2 \quad 4 \quad 1 \quad 1 \quad 0 \quad 1$$
$$0 \quad 3 \quad 2 \quad 1 \quad 2 \quad 2 \quad 2 \quad 1 \quad 2 \quad 3 \quad 4 \quad 0$$
$$1 \quad 2 \quad 3 \quad 1 \quad 2 \quad 0 \quad 1 \quad 3 \quad 1 \quad 3 \quad 3 \quad 1$$

a) Erstellen Sie die primäre Häufigkeitstabelle mit absoluten Häufigkeiten und absoluten Summenhäufigkeiten.

b) Bestimmen Sie das arithmetische Mittel, die empirische Standardabweichung, den Median und die beiden Quartile.

c) Stellen Sie die Häufigkeitsverteilung als Box-Whisker-Plot grafisch dar.

d) Zeigt der Box-Whisker-Plot eher eine links schiefe, rechts schiefe oder symmetrische Verteilung?

Aufgabe 1.1.12

Ein Unternehmen hatte im Jahr 2002 Waren im Wert von 12,46 Millionen Euro produziert. Die Produktionsmenge konnte in den darauf folgenden neun Jahren mit den folgenden Wachstumsraten gesteigert werden:

Jahr	2003	2004	2005	2006	2007	2008	2009	2010	2011
Wachstumsrate	5%	7%	9%	4%	10%	4%	5%	8%	2%

a) Wie groß sind der mittlere Wachstumsfaktor und die mittlere Wachstumsrate?

b) Wie hoch war die Produktionsmenge [in Euro] im Jahr 2011?

c) Geben Sie anhand der mittleren Wachstumsrate eine Prognose für die Produktionsmenge in den Jahren 2012 und 2013 an.

Aufgabe 1.1.13

In der nachfolgenden Tabelle sind die Arbeitslosenquoten sowie die jeweils entsprechende Anzahl Arbeitsloser für die sechs Arbeitsamtsbezirke eines Bundeslandes zum 31. Dezember 2006 gegeben:

Arbeitslosenquote [%]	Anzahl Arbeitsloser
9,3	74.400
8,4	100.800
11,9	95.200
9,9	89.100
12,3	98.400
9,2	110.400

a) Wie viele Erwerbspersonen gab es zum 31. Dezember 2006 in diesem Bundesland, wenn die Arbeitslosenquote als Quotient der Zahl der Arbeitslosen und der Zahl der Erwerbspersonen ermittelt wurde?

b) Wie groß war die Arbeitslosenquote des gesamten Bundeslandes zum 31. Dezember 2006?

Aufgabe 1.1.14

Der Markt für Autowaschanlagen wird von 6 Firmen beliefert. Die aktuellen Umsätze (in Mio. EUR) sind der folgenden Tabelle zu entnehmen:

Firma	A	B	C	D	E	F
Umsatz	2	10	1	5	2	5

a) Berechnen Sie die Konzentrationsrate R_3.

b) Geben Sie alle Punkte an, die zum Zeichnen der Lorenzkurve erforderlich sind, und zeichnen Sie die Lorenzkurve.

c) Berechnen Sie den normierten Gini-Koeffizienten.

1.2   Zusammenhänge zwischen Merkmalen

Aufgabe 1.2.1

Bei 120 zufällig ausgewählten Personen wurden jeweils Haar- und Augenfarbe festgestellt und das Ergebnis in der folgenden 3x3-Felder-Tafel festgehalten:

Augen Haare	blau	braun	grün
blond	20	18	12
braun	30	3	7
schwarz	10	15	5

Berechnen Sie den korrigierten Kontingenzkoeffizienten und interpretieren Sie diesen Wert.

Aufgabe 1.2.2

Ein Arzt möchte der Frage nachgehen, ob bei einer bestimmten Krankheit ein Zusammenhang mit der Geschlechtszugehörigkeit besteht. Für 1000 zufällig ausgewählte Patienten ergab sich folgende Aufteilung:

	männlich	weiblich
erkrankt	140	110
nicht erkrankt	410	340

a) Berechnen Sie ein geeignetes Abhängigkeitsmaß.

b) Wie ist der in a) berechnete Wert zu interpretieren?

Um ganz sicher zu gehen, erhebt der Arzt entsprechende Daten bei weiteren 1000 zufällig ausgewählten Patienten. Insgesamt resultiert damit die folgende Aufteilung:

	männlich	weiblich
erkrankt	280	220
nicht erkrankt	820	680

c) Welcher Wert ergibt sich jetzt für das Abhängigkeitsmaß?

Aufgabe 1.2.3

Im Nachlass eines Schriftstellers werden zwei bisher unveröffentlichte Erzählungen gefunden. Ein Literaturwissenschaftler ist allerdings der Meinung, dass beide Schriftstücke nicht von demselben Autor stammen können. Er will seine Behauptung an den Häufigkeiten der Wörter „mit", „auch" und „als" festmachen, die in der folgenden Kontingenztafel stehen:

Häufigkeit	"mit"	"auch"	"als"
Erzählung 1	55	21	24
Erzählung 2	85	34	31

a) Berechnen Sie den korrigierten Kontingenzkoeffizienten.

b) Was bedeutet der in a) berechnet Wert in Hinblick auf die geäußerte Behauptung?

Aufgabe 1.2.4

Im Sommersemester 2009 haben in einem Studiengang neun Personen ihr Hochschulstudium erfolgreich abgeschlossen. Die Studiendauer und die erzielte Abschlussnote sind in der folgenden Tabelle aufgelistet:

Studiendauer [Semester]	23	17	14	13	12	11	11	10	10
Abschlussnote	3,4	3,3	3,0	3,1	1,8	2,4	2,2	1,2	2,0

a) Berechnen Sie den Rangkorrelationskoeffizienten nach Spearman.

b) Wie sind der in a) berechnete Wert und sein Vorzeichen zu interpretieren?

Aufgabe 1.2.5

Ein Notar will für sein Büro einen neuen Drehstuhl kaufen. Er geht in ein Möbelhaus und probiert zunächst 9 Stühle aus, ohne deren Preis zu kennen. Er beurteilt die Stühle nach dem Sitzkomfort auf einer Skala von 0 (sehr schlecht) bis 100 (sehr gut). Später lässt er sich die Preise nennen, woraus sich folgendes Bild ergibt:

Stuhl	Sitzkomfort [Punkte]	Preis [€/Stück]
A	70	1699
B	60	1215
C	65	1479
D	80	999
E	55	744
F	40	812
G	50	709
H	30	362
I	25	254

a) Berechnen Sie den spearmanschen Rangkorrelationskoeffizienten.

b) Welchen Wert hätte dieser Rangkorrelationskoeffizient, wenn der Stuhl D nur 899 € kosten würde?

c) Was bedeutet der in a) berechnet Wert?

Aufgabe 1.2.6

Für eine Gruppe von 10 Bewerbern wird von zwei verschiedenen Abteilungsleitern (X und Y) eine Bewertung auf der Basis von Punktwerten zwischen 0 und 100 erstellt, wobei ein höherer Punktwert eine höhere Eignung eines Bewerbers zum Ausdruck bringt. Die nachfolgende Tabelle enthält die Ergebnisse dieser Bewertung:

Bewerber	Bewertung von X	Bewertung von Y
A	93	85
B	75	55
C	45	15
D	60	30
E	50	25
F	51	26
G	40	10
H	33	5
I	87	33
J	65	58

a) Berechnen Sie einen geeigneten Korrelationskoeffizienten zwischen den Urteilen der beiden Abteilungsleiter, wenn lediglich die durch die Punktbewertung resultierende Reihenfolge der Bewerber von Bedeutung sein soll.

b) Wie ist der von Ihnen berechnete Wert zu interpretieren?

c) Der Abteilungsleiter X stellt nachträglich fest, dass er bei allen Bewerbern einheitlich 10 Punkte zu viel vergeben hat. Welche Auswirkung hat dies auf das Ergebnis aus a)?

d) Die Bewerber I und J ziehen ihre Bewerbung zurück, so dass die entsprechenden Zeilen in der obigen Tabelle gestrichen werden können. Welche Auswirkung hat dies auf das Ergebnis aus a)?

1.3   Lineare Regression

Aufgabe 1.3.1

Die folgende Tabelle, ein Auszug aus dem 2009er Mietspiegel der Stadt München, enthält den Grundpreis der Nettomiete pro Quadratmeter und Monat (im Folgenden „Quadratmeterpreis" genannt) für vor 1930 gebaute Wohnungen in Abhängigkeit von der Wohnfläche:

Wohnfläche in m²	Quadratmeterpreis in €
51	11,97
61	11,60
71	11,21
81	11,15
91	10,99
101	10,73
111	10,64
121	10,51

a) Der empirische Korrelationskoeffizient zu den obigen Tabellenwerten beträgt $r = -0{,}9748$. Was bedeutet dieser Wert in der konkreten Situation? (Interpretieren Sie auch das Minuszeichen.)

b) Bestimmen Sie die Regressionsgerade zum Quadratmeterpreis in Abhängigkeit von der Wohnfläche.

c) Wie groß ist bei dieser Regression das Bestimmtheitsmaß? Was bedeutet dieser Wert?

d) Welche Monatsnettomiete wäre gemäß b) für eine 65 m² große Wohnung zu zahlen?

Aufgabe 1.3.2

Zwischen der Anzahl der Besucher eines Freibades und der Tageshöchsttemperatur wird ein Zusammenhang vermutet. Es wurden folgende Daten erhoben:

Tag	Besucheranzahl	Höchsttemperatur in Grad Celsius
1	340	35
2	150	25
3	250	28
4	300	32
5	240	26
6	220	28

a) Berechnen Sie ein geeignetes Zusammenhangsmaß zwischen der Besucheranzahl und der Höchsttemperatur.

b) Berechnen Sie die Regressionskoeffizienten der linearen Regression, wenn die Höchsttemperatur als einzige Einflussgröße für die Besucheranzahl erachtet wird.

c) Mit welcher Besucheranzahl ist bei einer Höchsttemperatur von 30 Grad Celsius zu rechnen?

Aufgabe 1.3.3

Für 9 Unternehmen desselben Wirtschaftszweiges soll untersucht werden, welcher Zusammenhang zwischen Umsatz und Beschäftigtenanzahl besteht. Im Jahre 2010 sind folgende Zahlen festgestellt worden:

X: Beschäftigte (in Tsd.)	0,4	0,5	0,8	1,0	1,3	1,4	2,2	2,6	3,3
Y: Umsatz (in Mill. Euro)	80	150	120	190	280	240	300	470	600

a) Stellen Sie die Beobachtungswerte in einem Streudiagramm grafisch dar.

b) Berechnen Sie den Korrelationskoeffizienten von Bravais-Pearson und nach der Methode der kleinsten Quadrate die Regressionsgerade. Zeichnen Sie die Regressionsgerade in das Streudiagramm ein.

c) Welchen Anteil hat diese Gerade an der Varianz des Umsatzes?

d) Welchen Jahresumsatz kann man bei einem Unternehmen dieser Branche mit zweitausend Beschäftigten erwarten?

Aufgabe 1.3.4

Um einen Zusammenhang zwischen dem Blutdruck und dem Lebensalter aufzuzeigen, wurden aus einer Patientendatei 52 Frauen zufällig ausgewählt. Aus den Beobachtungspaaren (x_i, y_i) mit

$\qquad x_i$ ... Alter der i-ten Patientin [in Jahren]

$\qquad y_i$ ... systolischer Blutdruck der i-ten Patientin [in mmHg]

ist der empirische Korrelationskoeffizient $r_{xy} = 0,8945$ berechnet worden. Die empirischen Mittelwerte bzw. Standardabweichungen sind $\bar{x} = 41,0$ und $\bar{y} = 145,1$ bzw. $s_x = 16,6$ und $s_y = 20,42$.

a) Berechnen Sie nach der Methode der kleinsten Quadrate die optimale Regressionsgerade.

b) Welchen Blutdruck kann man gemäß a) bei einer 50-jährigen Frau erwarten?

c) Berechnen Sie das Bestimmtheitsmaß der linearen Regression und interpretieren Sie seinen Wert.

Aufgabe 1.3.5

Der bundesweit größte Hersteller von Rollmöpsen in essigsaurer Soße vermutet einen hohen Zusammenhang zwischen der Dauer der Faschingszeit und seinem Umsatz im 1. Quartal des Jahres. Zu diesem Zweck hat er von 2002 bis 2007 folgende Daten gesammelt:

Jahr	Faschingsdauer in Tagen	Quartalsumsatz in Tausend EUR
2002	55	832
2003	58	810
2004	68	936
2005	60	884
2006	61	902
2007	58	856

a) Errechnen Sie ein geeignetes Zusammenhangsmaß für die Korrelation zwischen Faschingsdauer und Quartalsumsatz.

b) Beantworten Sie mit Hilfe der linearen Regression folgende Fragen:
   – Wie hoch ist der zu erwartende Umsatz im 1. Quartal 2008, wenn die Faschingsdauer 75 Tage betragen wird?
   – Mit welchem Beitrag zum Umsatz schlägt unter dieser Annahme jeder zusätzliche Faschingstag zu Buche?

Aufgabe 1.3.6

Für acht zufällig ausgewählte Gemeinden des Landes Nordrhein-Westfalen sind die Einwohnerzahl und die Anzahl der innerörtlichen Verkehrsunfälle im Jahr 2007 gegenübergestellt worden:

Einwohner [Tausend]	x_i	7,4	23,1	37,5	42,2	51,5	61,9	76,3	87,8
Anzahl der Unfälle	y_i	6	11	12	20	35	34	71	99

a) In dem Scatterplot

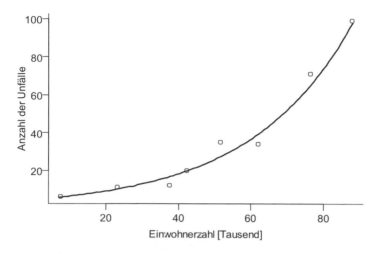

ist an die Beobachtungspunkte eine Exponentialfunktion $y = a \cdot e^{bx}$ mittels curvilinearer Regression angepasst worden. Welche Schätzwerte $\hat{a}$ und $\hat{b}$ für die Regressionskoeffizienten fanden dabei Verwendung?

b) Mit wie vielen Verkehrsunfällen hätte demnach eine Stadt mit 30 Tausend Einwohnern rechnen müssen?

1.4   Indexzahlen

Aufgabe 1.4.1

Eine Pizzeria bietet drei unterschiedliche Pizzen an, deren Verkaufspreise und Mengen für die Monate November und Dezember vergangenen Jahres nachstehender Tabelle zu entnehmen sind, wobei der Basismonat der November und der Berichtsmonat der Dezember ist:

Pizza	November		Dezember	
	Preis [€]	Menge [Stück]	Preis [€]	Menge [Stück]
Italia	6,00	200	6,50	300
Bella Italia	7,50	400	8,50	200
Spezial	9,00	200	9,50	200

a) Berechnen Sie die Preisindizes nach Laspeyres und Paasche und interpretieren Sie die Ergebnisse.

b) Berechnen Sie die Preisindizes nach Laspeyres und Paasche, wenn als Basismonat der Dezember und Berichtsmonat der November verwendet wird. Zeigen Sie allgemein den Zusammenhang zwischen diesen und den in a) ermittelten Indizes.

Aufgabe 1.4.2

Eine Molkerei stellt fünf verschiedene Sorten Käse her. Die Produktionsmengen und Groß-handelspreise in den Jahren 2006 und 2007 waren:

Käsesorte	Produktion [Tonnen]		Preis [€/kg]	
	2006	2007	2006	2007
A	85	100	17,20	15,00
B	190	200	13,50	12,50
C	42	37	22,50	24,00
D	35	55	19,40	17,00
E	90	95	19,00	16,20

a) Berechnen Sie den Preisindex nach Laspeyres für 2007 zur Basis 2006.

b) Was genau bedeutet die in a) berechnete Zahl?

c) Berechnen Sie den Mengenindex nach Paasche für 2007 zur Basis 2006.

d) Wie hat sich der Umsatz von 2006 zu 2007 entwickelt?

Aufgabe 1.4.3

In einem kleinen Unternehmen werden 3 Produkte hergestellt. Für diese Produkte wird auf der Basis des Jahres 0 ein Umsatzindex errechnet. Der Umsatz des vierten Jahres ist erst-mals größer als der Umsatz des Basisjahres. Die Betriebsleitung fragt, wie groß der Einfluss der Preissteigerung und der Mengensteigerung auf die Umsatzsteigerung ist.

Produkt	Jahr 0			Jahr 4		
	Preis [€/Stück]	Menge [Stück]	Umsatz [€]	Preis [€/Stück]	Menge [Stück]	Umsatz [€]
A	120	560	67200	140	580	81200
B	80	240	19200	88	250	22000
C	30	1380	41400	42	1520	63840

a) Berechnen Sie hierzu den Umsatzindex.

b) Beantworten Sie die beiden Fragen der Betriebsleitung anhand des Preisindex nach Paasche und des Mengenindex nach Laspeyres.

Aufgabe 1.4.4

Ein Lebensmittelmarkt hat sechs Sorten schwarzen Tees im Angebot. In den Monaten Dezember 2010 und 2011 wurden folgende Mengen zu den angegebenen Preisen verkauft.

Sorte	Dezember 2010		Dezember 2011	
	Menge [kg]	Preis [€/kg]	Menge [kg]	Preis [€/kg]
Assam	43,5	25,00	47,2	24,00
Ceylon	35,0	33,50	33,2	32,50
China	9,8	87,50	7,6	99,00
Darjeeling	38,0	49,50	33,7	51,00
Earl Grey	15,4	27,50	15,0	27,50
Engl. Mischung	22,2	37,50	18,0	39,50

a) Welchen Umsatz bei schwarzem Tee hatte das Geschäft im Dezember 2010 und im Dezember 2011?

b) Berechnen Sie für Dezember 2011 mit Dezember 2010 als Basis den Umsatzindex und den Preisindex nach Laspeyres. Was bedeutet der Wert für den Umsatzindex?

Aufgabe 1.4.5

Ein Winzer verkauft seine Weine im eigenen Laden und hat sechs verschiedene Sorten im Angebot. In den Jahren 2009 und 2010 wurden folgende Mengen [Anzahl Flaschen] zu den angegebenen Preisen (inkl. 19 % MWSt) abgesetzt:

Sorte	2009		2010	
	Preis [€/Flasche]	Anzahl	Preis [€/Flasche]	Anzahl
Müller-Thurgau	8,50	650	9,50	700
Goldriesling	9,00	880	9,50	900
Elbling	8,50	400	9,00	360
Weißburgunder	10,00	650	11,00	630
Grauburgunder	10,00	680	11,50	650
Riesling	11,00	750	12,50	750

Bei den im Folgenden genannten Indizes stellt immer das Jahr 2009 den Basis- und das Jahr 2010 den Berichtszeitraum dar.

a) Berechnen Sie die Mengenindizes nach Laspeyres und nach Paasche. Wie groß ist der Unterschied zwischen den beiden Indizes?

b) Der Preisindex nach Paasche beträgt hier 110,64 %. Was bedeutet dieser Wert?

c) Wie ändert sich der Wert des Paasche-Preisindex, wenn man statt der Bruttopreise die Nettopreise verwenden würde?

2 Aufgaben zur Wahrscheinlichkeitsrechnung

2.1 Wahrscheinlichkeiten

Aufgabe 2.1.1

Professor Müller hält am Donnerstag, dem 27. Mai 2010, wie gewohnt die Statistikvorlesung. Es ist ein besonderer Tag für ihn, denn er hat seinen 60. Geburtstag. Im Hörsaal sind n Studierende anwesend.

a) Wie groß ist die Wahrscheinlichkeit (in Abhängigkeit von n), dass sich unter den anwesenden Hörern mindestens einer befindet, der auch an diesem Tag Geburtstag hat?

b) Wie viele Studierende müssten mindestens anwesend sein, damit die Wahrscheinlichkeit, einen solchen Hörer zu finden, größer als 50 % ist?

Hinweis: Unterstellen Sie, dass jedes Jahr 365 Tage hat und jeder Tag für eine Geburt gleichermaßen in Frage kommt.

Aufgabe 2.1.2

Eine Drogerie präsentiert im Eingangsbereich ein Sonderangebot. Die Wahrscheinlichkeit, dass ein Kunde von diesem Angebot Gebrauch macht, beträgt $p = 0,2$. Zwei Kunden betreten das Geschäft. Wie groß ist die Wahrscheinlichkeit, dass mindestens einer von ihnen das Sonderangebot wahrnimmt, wenn

a) die beiden Kunden unabhängig voneinander entscheiden?

b) es sich bei den Kunden um ein Ehepaar handelt? Beide Ehepartner entscheiden sich mit Sicherheit nicht gleichzeitig für das Angebot.

Aufgabe 2.1.3

Aus einer Tagesproduktion von 1800 Werkstücken werden nacheinander 25 Werkstücke geprüft. Dabei ist jeweils nur der Befund „Werkstück defekt" oder „Werkstück einwandfrei" möglich. Die Entnahme erfolgte ohne Zurücklegen. Die Wahrscheinlichkeit, dass das erste geprüfte Stück defekt ist, sei 2 %. Nach der Prüfung von 24 Werkstücken ist die bedingte Wahrscheinlichkeit dafür, dass das letzte Werkstück defekt ist, gleich $\frac{3}{148}$.

Wie viele der ersten 24 Werkstücke waren defekt?

Aufgabe 2.1.4

In einer Schuhfabrik wird ein bestimmtes Modell auf zwei Maschinen (M_1 und M_2) hergestellt, wobei auf Maschine M_1 30 % der Produktion entfällt. Aus Erfahrung ist bekannt, dass 10 % der auf M_1 und 5 % der auf M_2 produzierten Schuhe Verarbeitungsfehler aufweisen. Im Rahmen einer Qualitätskontrolle wird ein Schuh entnommen und festgestellt, dass er einen Verarbeitungsfehler hat.

Wie groß ist die Wahrscheinlichkeit, dass dieser Schuh auf Maschine M_1 produziert wurde?

Aufgabe 2.1.5

Eine Autowerkstatt erhält von einem bestimmten Ersatzteil eine Lieferung von 8 Stück. Es sei bekannt, dass unter den 8 Teilen genau 2 defekt sind. Ein Arbeiter entnimmt dem Paket zufällig 2 Teile und prüft sie nacheinander, ohne sie wieder zurückzulegen.

a) Wie groß ist die Wahrscheinlichkeit, dass das zuerst entnommene Teil in Ordnung ist?

b) Wie groß ist die Wahrscheinlichkeit, dass das zuletzt entnommene Teil defekt ist, wenn das zuerst entnommene Teil in Ordnung war?

c) Wie groß ist die Wahrscheinlichkeit, dass beide entnommenen Teile defekt sind?

d) Wie groß ist die Wahrscheinlichkeit, dass mindestens eines der beiden entnommenen Teile defekt ist?

e) Angenommen, der Arbeiter entnimmt dem Paket nicht nur 2, sondern 4 Teile. Wie groß ist jetzt die Wahrscheinlichkeit, dass er in seiner Auswahl die beiden defekten Teile hat?

Aufgabe 2.1.6

Ein Motor werde aus 12 Einzelteilen montiert und funktioniere genau dann, wenn alle 12 Einzelteile einwandfrei sind. Sobald mindestens ein Einzelteil ein Ausschussstück ist, wird auch der gesamte Motor zum Ausschuss. Die Einzelteile sind unabhängig voneinander entweder einwandfrei oder Ausschussstücke. Zwei dieser Einzelteile weisen erfahrungsgemäß einen Ausschussanteil von 2 % auf, zwei weitere einen Ausschussanteil von 1 %, während die restlichen 8 Einzelteile sogar nur einen Ausschussanteil von 0,1 % aufweisen.

Wie groß ist der Ausschussanteil der Motoren?

Aufgabe 2.1.7

Von den Flaschen, die einem bestimmten Leergutautomaten von den Kunden angeboten werden, sind erfahrungsgemäß 2% gar keine Pfandflaschen. Der Automat erkennt mit der Wahrscheinlichkeit 0,995 eine pfandfreie Flasche als solche und weist sie zurück. Die Wahrscheinlichkeit, eine Pfandflasche richtig zu erkennen, beträgt dagegen 0,99.

a) Wie viel Prozent aller Flaschen werden vom Leergutautomaten zurückgewiesen?

b) Der Automat hat soeben eine Flasche zurückgewiesen. Mit welcher Wahrscheinlichkeit handelt es sich tatsächlich um eine pfandfreie Flasche?

Aufgabe 2.1.8

Eine Rating-Agentur bewertet neu gegründete Unternehmen. Die aussichtsreichsten Neugründungen erhalten das Prädikat A, das in 24 % aller Fälle vergeben wird. Die Prädikate B und C bekommen 58 % bzw. 18 % der Unternehmen.

Genau drei Jahre nach der jeweiligen Gründung kontrolliert die Agentur, ob die Unternehmen erfolgreich sind. Dabei zeigt sich, dass beim Prädikat A 70 %, bei B 50 % und bei C 40 % der Unternehmen erfolgreich wirtschaften.

a) Wie groß ist die Wahrscheinlichkeit, dass ein beliebiges bewertetes Unternehmen nach drei Jahren erfolgreich ist?

b) Ein zufällig herausgegriffenes Unternehmen erweist sich nach drei Jahren als nicht mehr existent. Welches Prädikat hatte es am wahrscheinlichsten?

c) Aus den drei Prädikatskategorien wurde zufällig je ein Unternehmen ausgewählt. Diese drei Unternehmen wirtschaften unabhängig voneinander. Wie groß ist die Wahrscheinlichkeit, dass mindestens eines dieser Unternehmen nach drei Jahren noch erfolgreich ist?

Aufgabe 2.1.9

Aus der US-amerikanischen Spielshow „Let's make a deal" ist folgende Aufgabe überliefert, die in den 90er Jahren als Ziegenproblem weltweit Interesse fand.

Im Studio sind drei verschlossene Tore aufgebaut. Hinter einem Tor steht ein Auto, das der Kandidat gewinnen kann, wenn er das richtige Tor errät. Hinter den beiden anderen Toren steht jeweils eine Ziege. Nachdem sich der Kandidat für ein Tor entschieden hat, öffnet der Moderator ein anderes Tor. Hinter diesem steht (natürlich) ein Ziege. Der Moderator bietet dem Kandidaten an, seine Entscheidung zu revidieren. Wie soll sich der Kandidat verhalten?

Aufgabe 2.1.10

Zur Beurteilung von Stellenbewerbern führt ein Unternehmen Eignungstests durch, deren Ergebnisse zur Entscheidung über die Einstellung der Bewerber herangezogen werden. Von den Bewerbern für eine bestimmte Tätigkeit bestehen im Durchschnitt 25 % den Eignungstest. Aufgrund langjähriger Erfahrung weiß das Unternehmen, dass 95 % der Bewerber, die den Eignungstest bestehen, tatsächlich für die Tätigkeit geeignet sind. Hinsichtlich der Bewerber, die den Test nicht bestehen, geht das Unternehmen davon aus, dass unter ihnen trotzdem 30 % geeignet wären.

a) Mit welcher Wahrscheinlichkeit ist ein zufällig herausgegriffener Bewerber für die Tätigkeit geeignet?

b) Mit welcher Wahrscheinlichkeit besteht ein für die Tätigkeit geeigneter Bewerber den Eignungstest?

2.2 Verteilungen und Grenzwertsätze

Aufgabe 2.2.1

Sei $p = P(A)$ die Wahrscheinlichkeit, dass bei einem Zufallsvorgang das Ereignis A eintritt. Für n unabhängige Wiederholungen erhält man die Indikatorvariablen

$$X_i = \begin{cases} 1, \text{ falls A bei i-ter Wiederholung eintritt,} \\ 0 \text{ sonst,} \end{cases}$$

aus denen $\bar{X} = \dfrac{1}{n}\sum_{i=1}^{n} X_i$ als Schätzfunktion für p gebildet wird.

a) Wie groß kann gemäß der Tschebyschew-Ungleichung die (von n und p abhängige) Wahrscheinlichkeit

$$P\left(\left|\bar{X} - p\right| \geq 0,01\right)$$

maximal werden?

b) Ab welcher Anzahl n ist garantiert, dass die in a) untersuchte Wahrscheinlichkeit höchstens 0,06 beträgt?

Aufgabe 2.2.2

Ein Geldautomat im Stadtzentrum Arnstadts wird am Freitagvormittag besonders stark frequentiert. Die Wahrscheinlichkeiten p_k, dass in der Warteschlange vor dem Automaten genau k Kunden stehen, sind erfahrungsgemäß

k	0	1	2	3
p_k	0,3	0,4	0,2	0,1

a) Wie groß ist die Wahrscheinlichkeit, dass mehr als 3 Kunden vor dem Geldautomaten warten?

b) Zeichnen Sie die Verteilungsfunktion.

c) Berechnen Sie Erwartungswert, Varianz und Schiefe der Verteilung.

d) Beurteilen Sie anhand des Wertes für die Schiefe, ob die Verteilung rechts schief, links schief oder eher symmetrisch ist.

Aufgabe 2.2.3

Ein Budenbesitzer auf dem Langewiesener Stadtfest geht nach langer Beobachtung davon aus, dass die Zeit X (in Sekunden) zwischen dem Eintreffen zweier Kunden folgende Dichtefunktion aufweist:

$$f(x) = \begin{cases} \dfrac{c}{x^2} & \text{für } 1 \leq x, \\ 0 & \text{sonst.} \end{cases}$$

a) Ist die Verteilung von X diskret oder stetig?

b) Berechnen Sie den Wert c.

c) Ermitteln Sie die Verteilungsfunktion von X.

d) Mit welcher Wahrscheinlichkeit liegen zwischen dem Eintreffen zweier Kunden höchstens 10 Sekunden?

Aufgabe 2.2.4

In einer Urne sind 7 Kugeln, davon 2 rote und 5 weiße. Es werden zufällig 4 Kugeln entnommen. Wie groß ist die Wahrscheinlichkeit, darunter genau 2 bzw. genau 3 rote Kugeln zu finden,

a) wenn die Kugeln auf einmal gezogen werden?

b) wenn die gezogenen Kugeln jeweils vor dem Ziehen der nächsten Kugel wieder zurückgelegt werden?

Aufgabe 2.2.5

Bei einer Prüfung wird einem Kandidaten ein „Multiple-Choice"-Fragebogen vorgelegt. Dabei stehen unter jeder der 8 Fragen in zufälliger Reihenfolge die richtige und drei falsche Antworten. Zum Bestehen der Prüfung müssen mindestens 5 Fragen richtig angekreuzt werden. Der Kandidat kreuzt bei jeder Frage eine der 4 Antworten zufällig an.

a) X bezeichne die Anzahl der richtig angekreuzten Fragen. Welche Verteilung hat X?

b) Mit welcher Wahrscheinlichkeit besteht der Kandidat die Prüfung?

c) Wie viele richtig angekreuzte Fragen müsste man von einem Prüfungskandidaten mindestens fordern, damit die Bestehenswahrscheinlichkeit höchstens 1 Prozent beträgt?

Aufgabe 2.2.6

Die Anzahl der Unfälle, die pro Tag an einem neu gebauten Kreisverkehr passieren, kann als Poisson-verteilte Zufallsgröße mit $\lambda = 1{,}9$ angesehen werden.

a) Wie viele Unfälle passieren an dieser Stelle täglich im Mittel?

b) Wie groß ist die Wahrscheinlichkeit, dass dort an einem Tag kein Unfall passiert?

c) Wie groß ist die Wahrscheinlichkeit, dass an einem Tag mehr als zwei Unfälle passieren?

d) Wie groß ist die Wahrscheinlichkeit, dass zwischen zwei aufeinander folgenden Unfällen höchsten ein Tag vergeht?

Aufgabe 2.2.7

Auf einer Palette liegen 20 Überraschungseier. Es sei bekannt, dass in genau 5 von ihnen die Figur „Anne-Mone" steckt. Eine Kundin kauft 8 Eier, die sie zufällig von der Palette auswählt.

a) X bezeichne die Anzahl von Anne-Mone-Figuren in den gekauften Eiern. Welche Verteilung hat die Zufallsvariable X?

b) Wie viele Anne-Mone-Figuren kann die Kundin in ihrer Auswahl erwarten?

c) Wie groß ist die Wahrscheinlichkeit, dass die Kundin mehr als eine „Anne-Mone" gekauft hat?

d) Unter Anwendung des Zentralen Grenzwertsatzes kann man davon ausgehen, dass X näherungsweise $N\left(2; \dfrac{18}{19}\right)$-verteilt und dann die in c) gesuchte Wahrscheinlichkeit mit $P(X > 1{,}5)$ zu berechnen ist. Welchen Wert erhält man jetzt?

Aufgabe 2.2.8

Ein Passagierflugzeug mit 361 Sitzplätzen ist ausgebucht. Das Körpergewicht eines Passagiers liegt im Mittel bei 79 kg und schwankt mit einer Standardabweichung von 20 kg. Das Gesamtgewicht aller 361 Fluggäste kann nach dem Zentralen Grenzwertsatz in guter Näherung als normalverteilt angesehen werden.

Wie groß ist die Wahrscheinlichkeit, dass das Gesamtgewicht der Fluggäste die kritische Grenze von 30.000 kg übersteigt?

Aufgabe 2.2.9

Für eine neu entstehende Eigenheimsiedlung soll die Trinkwasserkapazität bilanziert werden. Aus Erfahrung mit vergleichbaren Wohngebieten wird davon ausgegangen, dass der tägliche Wasserbedarf eines Einwohners im Mittel 90 Liter beträgt und mit der Standardabweichung von 30 Litern schwankt. Zur Vereinfachung wird außerdem angenommen, dass der tägliche Wasserbedarf eines Einwohners normalverteilt ist.

a) Wie groß ist die Wahrscheinlichkeit, dass ein zufällig ausgewählter Einwohner der Eigenheimsiedlung an einem zufällig ausgewählten Tag mehr als 150 Liter Wasser verbrauchen wird?

b) Wie groß sind Erwartungswert und Standardabweichung des täglichen Wasserbedarfs des gesamten Wohngebiets (= 256 Personen), wenn unterstellt wird, dass die Einwohner ihr Trinkwasser unabhängig voneinander verbrauchen?

Aufgabe 2.2.10

Die Länge von Schrauben der Größe M8 x 60, die in einer bestimmten Fabrik hergestellt werden, schwankt mit der Standardabweichung 0,2 mm um den Mittelwert 60 mm. Die Schraubenlänge kann als normalverteilt angesehen werden.

a) Wie groß ist die Wahrscheinlichkeit, dass eine zufällig herausgegriffene Schraube länger als 60,4 mm ist?

b) Wie groß ist die Wahrscheinlichkeit, dass eine zufällig herausgegriffene Schraube länger als 60 mm ist?

c) Im Rahmen der Qualitätskontrolle werden der laufenden Produktion 20 Schrauben zufällig entnommen. Wie groß ist die Wahrscheinlichkeit, dass mindestens 5 dieser Schrauben länger als 60 mm sind?

d) Approximieren Sie die in c) ermittelte Wahrscheinlichkeit mit Hilfe der Poisson-Verteilung und beurteilen Sie die Güte dieser Approximation.

Aufgabe 2.2.11

Mittels einer Abfüllmaschine werden X_1 Gramm Marmelade in X_2 Gramm schwere Dosen gefüllt. Sodann werden 100 gefüllte Dosen in eine X_3 Gramm schwere Kiste verpackt. Dabei seien X_1, X_2, X_3 (und ihre Wiederholungen) voneinander unabhängige Zufallsvariablen mit

$$E(X_1) = 155, \quad E(X_2) = 45, \quad E(X_3) = 1000 \ [g],$$
$$Var(X_1) = 16, \quad Var(X_2) = 9, \quad Var(X_3) = 1100 \ [g^2].$$

a) Bestimmen Sie Erwartungswert und Standardabweichung der Masse einer aus der Produktion zufällig ausgewählten gefüllten Dose.

b) Berechnen Sie Erwartungswert und Varianz einer gefüllten Kiste.

c) Welche Verteilung besitzt laut dem Zentralen Grenzwertsatz näherungsweise die gemeinsame Masse von 100 gefüllten Dosen?

d) Wie groß ist näherungsweise die Wahrscheinlichkeit, dass eine gefüllte Kiste mehr als 21,1 kg wiegt, wenn die Masse der leeren Kiste als normalverteilt angenommen wird?

Aufgabe 2.2.12

Eine Postbotin hat auf ihrer Tour zwei Tage vor Weihnachten genau 81 Pakete auszuliefern. Alle Pakete haben unterschiedliche Adressaten und unterschiedliche Absender.

a) Die Wahrscheinlichkeit, dass ein Adressat nicht zu Hause ist, betrage 0,05. Wie groß ist dann die Wahrscheinlichkeit, dass die Postbotin mehr als ein Paket wegen Abwesenheit des Adressaten nicht direkt zustellen kann?

b) Aus Erfahrung ist bekannt, dass ein Paket im Mittel 6,3 kg wiegt und sein Gewicht mit der Standardabweichung 3,0 kg streut.

   α) Welches mittlere Gewicht haben die 81 Pakete zusammen?

   β) Wie groß ist die Varianz des Gesamtgewichts?

   γ) Berechnen Sie unter Ausnutzung des Zentralen Grenzwertsatzes die Wahrscheinlichkeit, dass das Gewicht aller Pakete zusammen eine halbe Tonne nicht übersteigt.

3 Aufgaben zur schließenden Statistik

3.1 Punktschätzungen

Aufgabe 3.1.1

Es sei X_1, X_2, X_3, X_4 eine mathematische Stichprobe zu einem Merkmal X mit Erwartungswert μ und Varianz σ^2. μ ist unbekannt und soll aus der Stichprobe geschätzt werden. Zur Auswahl stehen die zwei Punktschätzungen

$$\hat{\mu}' = \frac{1}{2}\left(2X_1 - X_2 - X_3 + 2X_4\right),$$

$$\hat{\mu}'' = \frac{1}{6}\left(2X_1 + X_2 + X_3 + 2X_4\right).$$

a) Weisen Sie nach, dass beide Schätzer erwartungstreu für μ sind.

b) Welcher der beiden Schätzer ist der wirksamere?

c) Geben Sie eine erwartungstreue Punktschätzung für μ an, die noch wirksamer als $\hat{\mu}'$ und $\hat{\mu}''$ ist.

Aufgabe 3.1.2

Die beiden Analysten A und B arbeiten in verschiedenen Brokerhäusern und beurteilen laufend dieselbe börsennotierte Unternehmung U. Beide Analysten „liegen im Mittel richtig", was

$$E(X) = E(Y) = E(G) = \mu$$

bedeutet, wobei X (bzw. Y) die von Analyst A (bzw. B) verwendete Schätzfunktion für den Erwartungswert μ des Periodengewinns G ist. Es sei bekannt, dass A volatilere Schätzungen als B produziert, was durch

$$Var(X) = 1,5 \cdot Var(Y)$$

präzisiert sei. Ferner seien X und Y unkorreliert. Anlageberater Müller bildet aus X und Y mittels Gewichten a und b eine neue Schätzfunktion, nämlich

$$Z = a \cdot X + b \cdot Y$$

a) Bei welcher Wahl der Gewichte a und b ist Z erwartungstreu für μ ?

b) Welche unter den erwartungstreuen Schätzfunktionen aus a) hat die kleinste Varianz?

Aufgabe 3.1.3

Ein Merkmal X ist gleichmäßig stetig verteilt auf $[m - a; m + a]$, wobei $a > 0$ und m unbekannte Parameter sind.

a) Aus einer Stichprobe X_1, X_2, X_3 zu X werden die Stichprobenfunktionen

$$\hat{m}_1 = \frac{1}{3}\left(X_1 + X_2 + X_3\right) \text{ und } \hat{m}_2 = \frac{1}{4}X_1 + \frac{1}{2}X_2 + \frac{1}{4}X_3$$

gebildet.

α) Zeigen Sie, dass $\hat{m}_1$ und $\hat{m}_2$ erwartungstreue Schätzer für m sind.

β) Welche der beiden Punktschätzungen ist wirksamer?

b) Leiten Sie einen Momentenschätzer für den Parameter a her für den Fall, dass zu X eine Stichprobe $X_1,...,X_n$ vom Umfang n vorliegt.

Aufgabe 3.1.4

Die Verteilung eines Merkmals X hängt von einem Parameter $a > 0$ ab. Die Verteilungsdichte ist

$$f(x) = \begin{cases} \dfrac{1}{a} + \dfrac{x}{a^2} & , \text{ falls } -a \leq x \leq 0, \\ \dfrac{1}{a} - \dfrac{x}{a^2} & , \text{ falls } 0 \leq x \leq a, \\ 0 & \text{ sonst.} \end{cases}$$

a) Zeichnen Sie die Dichtefunktion für den Fall $a = 1$.

b) Beweisen Sie, dass X die Varianz $\sigma^2 = \dfrac{a^2}{6}$ hat.

c) Der Parameter a sei unbekannt und soll anhand einer Stichprobe $X_1,...,X_n$ zu X geschätzt werden. Geben Sie eine Punktschätzung nach der Momentenmethode an.

Aufgabe 3.1.5

Ein Konsument erhält eine Lieferung von $n = 12$ Artikeln, die auf einer Anlage mit der Ausschussquote $p \in [0;1]$ produziert wurden. Bei der Wareneingangskontrolle stellt sich heraus, dass unter den 12 Artikeln genau ein Artikel Ausschuss ist.

a) Es sei $X_1,...,X_{12}$ die Stichprobe mit $X_i = \begin{cases} 1, \text{ wenn der } i\text{-te Artikel Ausschuss ist,} \\ 0, \text{ wenn der } i\text{-te Artikel in Ordnung ist.} \end{cases}$

Wie lautet die Likelihood-Funktion zum unbekannten Parameter p für die vorliegende konkrete Stichprobe?

b) Als Produzent der Artikel kommen drei verschiedene Anlagen A1, A2 und A3 in Frage, die mit den Ausschussquoten $p_1 = 0,05$, $p_2 = 0,10$ bzw. $p_3 = 0,15$ produzieren. Bestimmen Sie nach dem Maximum-Likelihood-Prinzip, auf welcher Produktionsanlage die gelieferten Artikel höchstwahrscheinlich hergestellt wurden.

c) Wie würde hier allgemein die Maximum-Likelihood-Schätzung für p lauten, wenn keine bestimmten Ausschussquoten zur Auswahl ständen?

Aufgabe 3.1.6

Nach erfolgreich absolvierter Statistikklausur möchte eine Studentin drei Wochen auf Hawaii ausspannen. Aufenthaltszeiten am Flughafen findet sie besonders langweilig und möchte sie daher möglichst gering halten. Wartezeiten entstehen ihrer Erfahrung nach nur bei der Gepäckaufgabe; das Einchecken, das 30 Minuten vor Abflug erfolgen muss, um den Flug nicht zu versäumen, ist ohne Warten möglich.

Die Studentin hat mehrere Bekannte nach deren Wartezeiten am Gepäckschalter befragt und dabei folgende Antworten (Wartezeit in Minuten) erhalten:

$$10, 15, 10, 25, 40, 35, 20, 5.$$

Sie interpretiert dies als konkrete Stichprobe $(x_1, ..., x_8)$.

a) Die Studentin weiß, dass die Wartezeit exponential verteilt ist, kennt aber den Parameter λ nicht. Stellen Sie die Likelihoodfunktion $f(x_1, ..., x_8 \mid \lambda)$ auf, und berechnen Sie den Maximum-Likelihood-Schätzwert für λ unter Berücksichtigung der Stichprobe.

b) Berechnen Sie unter Verwendung der Ergebnisse aus a) die Wahrscheinlichkeit, dass die Studentin ihr Flugzeug verpasst, wenn sie 1 Stunde vor Abflug an der Gepäckaufgabe eintrifft.

Aufgabe 3.1.7

Ein Merkmal X sei diskret verteilt auf den positiven ganzen Zahlen mit den Einzelwahrscheinlichkeiten

$$P(X = k) = p \cdot (1-p)^{k-1} \qquad (k = 1, 2, 3, ...) \, .$$

Der Parameter $p \in (0; 1)$ ist unbekannt. Um ihn zu schätzen, liege eine Stichprobe $x_1, ..., x_n$ vom Umfang n vor.

a) Wie lautet die Likelihood-Funktion $L(x_1, ..., x_n; p)$ zu dieser Stichprobe?

b) Wie lautet die Likelihood-Funktion speziell für die konkrete Stichprobe $x_1 = 0$, $x_2 = 1$, $x_3 = 0$, $x_4 = 5$?

c) Wie groß ist der Maximum-Likelihood-Schätzwert für p im Falle der konkreten Stichprobe aus b)?

3.2   Bereichsschätzungen

Aufgabe 3.2.1

In einer Kelterei werden 1-Liter-Flaschen abgefüllt. Es ist bekannt, dass die Füllmenge X mit der Standardabweichung $\sigma = 5$ cm³ schwankt und dabei in guter Näherung normalverteilt ist. Um den mittleren Füllstand zu schätzen, sind $n = 91$ Flaschen zufällig ausgewählt, kontrolliert und daraus der empirische Kennwert $\bar{x} = 1003{,}03$ cm³ berechnet worden.

a) Bestimmen Sie ein Konfidenzintervall der Ordnung 0,95 für die mittlere Füllmenge μ. Was bedeutet dieses Intervall?

b) Angenommen, der empirische Kennwert $\bar{x} = 1003{,}03$ wären aus $n = 364$ Beobachtungen gewonnen worden. Wie genau würde sich die Länge des Konfidenzintervalls für μ verändern?

c) Weil Zweifel an der Angabe $\sigma = 5$ aufgekommen sind, wurde aus derselben Stichprobe vom Umfang 91 auch noch die empirische Standardabweichung $s = 5{,}52$ bestimmt. Geben Sie ein 90%-Vertrauensintervall für die Standardabweichung der Füllmenge an. Werden die Zweifel an der Streuungsangabe damit gestützt?

Aufgabe 3.2.2

Es sei eine normalverteilte Grundgesamtheit gegeben, aus der eine einfache Stichprobe vom Umfang 25 gezogen wird. Mit $1 - \alpha = 0{,}95$ ergibt sich das symmetrische Konfidenzintervall $\left(g_u; g_o \right)$ für den unbekannten Erwartungswert mit

$$\left(g_u; g_o \right) = \left(46{,}872; 55{,}128 \right).$$

a) Welches Stichprobenmittel hat die Stichprobe?

b) Die Standardabweichung sei bei Ziehung der Stichprobe unbekannt. Wie groß ist die Stichprobenvarianz?

c) Die Standardabweichung sei bei Ziehung der Stichprobe bekannt. Wie groß ist die Varianz?

Aufgabe 3.2.3

In einem 30-jährigen Fichtenbestand soll eine Schneise geschlagen werden. Um Erkenntnisse über die Holzmenge zu erhalten, werden von 16 zufällig ausgewählten Bäumen die Maße ermittelt. Für den Stammdurchmesser, für den eine Normalverteilung unterstellt werden kann, erhielt man folgende Werte (in cm):

21,3	20,6	22,0	25,4	22,1	22,9	21,8	22,2
22,5	21,4	23,9	24,1	23,0	21,0	22,5	19,7

a) Geben Sie einen Maximum-Likelihood-Schätzwert für den Erwartungswert und für die Standardabweichung des Stammdurchmessers an.

b) Bestimmen Sie ein 95%-Konfidenzintervall für die Varianz des Stammdurchmessers.

c) Interpretieren Sie das in b) bestimmte Intervall.

Aufgabe 3.2.4

Ein neu entwickelter schwefelarmer Kraftstoff wird bezüglich seines Verbrauchs X bei konstanten 120 km/h untersucht. Bei 150 gleichartigen PKW ergaben sich die Stichprobenrealisationen $x_1, x_2, ..., x_{150}$, für die folgende Größen bekannt sind:

$$\sum_{i=1}^{150} x_i = 1200, \quad \sum_{i=1}^{150} x_i^2 = 9749 \ .$$

Die Beobachtungen können in guter Näherung als normalverteilt angesehen werden.

a) Welches Schätzintervall ergibt sich für den erwarteten Verbrauch $\mu = E(X)$, falls ein Konfidenzniveau von 95 % zugrunde gelegt wird?

b) Es sei gesichert, dass die Standardabweichung σ von X sowie alle denkbaren Realisationen der Stichproben-Standardabweichung höchstens 1 betragen. Ab welchem Stichprobenumfang n ist gesichert, dass die Länge des Schätzintervalls zum Konfidenzniveau 99 % höchstens 0,2 beträgt?

Aufgabe 3.2.5

Aus früheren Untersuchungen ist bekannt, dass das verfügbare Monatseinkommen von Studierenden annähernd normalverteilt ist mit einer Standardabweichung von $\sigma = 85$ €. Aus einer Zufallsstichprobe vom Umfang $n = 289$ aus den rund 30000 Studierenden einer großen Universität errechnet sich ein durchschnittliches verfügbares Monatseinkommen von $\bar{x} = 510$ €.

a) Bestimmen Sie ein 95%-Konfidenzintervall für das Durchschnittseinkommen aller Studierenden.

b) Interpretieren Sie dieses Intervall.

Aufgabe 3.2.6

Ein Verlag führt eine Leseranalyse unter den Beziehern seiner Zeitschrift „Neue Medientechnik" durch. Eine einfache Zufallsstichprobe ergab unter anderem, dass 75 Prozent der befragten Leser mit dieser Zeitschrift zufrieden sind. Daraus wurde (ohne Stetigkeitskorrektur) das symmetrische 95-Prozent-Konfidenzintervall (0,61; 0,89) für den Anteil der zufriedenen Leser berechnet.

a) Was bedeutet das angegebene Intervall?

b) Eine Wiederholung der Umfrage mit dem vierfachen Stichprobenumfang brachte wieder einen Anteilswert von 0,75. Wie lautet das 95-Prozent-Konfidenzintervall jetzt?

Aufgabe 3.2.7

Ein Paketdienst-Unternehmen liefert die Pakete mit Kleintransportern aus. Im Fuhrpark befinden sich 360 Fahrzeuge, alle vom selben Typ. Eine Stichprobe vom Umfang $n = 31$ sollte Auskunft über den Kraftstoffverbrauch (Diesel) der eingesetzten Fahrzeuge geben. Aus den 31 Beobachtungswerten wurden das arithmetische Mittel $\bar{x} = 7{,}42$ (in l/100 km) und die Stichprobenstandardabweichung $s = 0{,}82$ berechnet.

a) Bestimmen Sie das Konfidenzintervall zum Niveau $1 - \alpha = 0{,}9$ für die Standardabweichung des Dieselverbrauchs, der als normalverteilt angesehen werden kann.

b) Interpretieren Sie das Ergebnis aus a).

Aufgabe 3.2.8

Die Höhe des Strafmaßes bei Kapitalverbrechen wird in jüngster Zeit oft kritisiert. Im Auftrag des Bundesjustizministeriums wurden deshalb 2000 Strafrechtsexperten in Deutschland befragt, welche Note (Schulnotensystem 1 = sehr gut, ..., 6 = ungenügend) sie dem geltenden Strafrecht bescheinigen und ob sie eine Strafrechtsreform für notwendig halten. Die Befragungsteilnehmer wurden nach dem uneingeschränkten Zufallsprinzip aus der Menge aller Strafrechtsexperten in Deutschland ausgewählt. Die erhobenen Daten sind in folgender Tabelle zusammengefasst:

Note\Reform	1	2	3	4	5	6	Summe
ja	0	50	300	850	200	100	1500
nein	50	100	200	150	0	0	500
Summe	50	150	500	1000	200	100	2000

a) Ermitteln Sie für die Grundgesamtheit aller Strafrechtsexperten in Deutschland ein Konfidenzintervall zum Konfidenzniveau $1 - \alpha = 0{,}95$ für den Erwartungswert der erteilten Note. Betrachten Sie die Schulnoten dabei als kardinal skaliertes Merkmal.

b) Es wird der Parameter "Anteil der Strafrechtsexperten, die eine Reform des Strafrechts für notwendig halten" betrachtet.

α) Ermitteln Sie für diesen Parameter ein Konfidenzintervall (ohne Stetigkeitskorrektur) zum Konfidenzniveau $1 - \alpha = 0{,}95$ aus obigen Daten.

β) Welcher Stichprobenumfang würde zum Konfidenzniveau von 99 % eine Intervalllänge garantieren, die kleiner oder gleich der Intervalllänge aus Teil α) ist, wenn als sicher angenommen werden darf, dass für den geschätzten Anteilswert $\hat{p} \in (0{,}6; 0{,}8)$ gilt?

Aufgabe 3.2.9

Ein Dozent möchte die Qualität von zwei verschiedenen Lehrmethoden anhand der erreichten Punktezahl in einer Klausur untersuchen. Dabei wird die Lehrmethode A ausschließlich auf die Gruppe 1 und Lehrmethode B nur auf die von Gruppe 1 disjunkte Gruppe 2 angewandt. Die Zufallsvariablen „erreichte Punktezahl" werden mit X (Lehrmethode A) bzw. Y (Lehrmethode B) bezeichnet. Ferner sei $Z = X - Y$. μ_x bzw. μ_y bzw. μ_z und σ_x bzw. σ_y bzw. σ_z seien die Erwartungswerte und Standardabweichungen von X bzw. Y bzw. Z. Je eine Stichprobe aus Gruppe 1 bzw. Gruppe 2 lieferte folgende Werte:

Punkte	10	20	30	40	50	60
Anzahl in Gruppe 1	13	4	7	15	6	5
Anzahl in Gruppe 2	11	6	6	11	8	8

Gehen Sie davon aus, dass die Punkte normalverteilt sind mit $\sigma_x = \sigma_y = 17$.

a) Bestimmen Sie jeweils die Realisierung der wirksamsten aller erwartungstreuen Schätzfunktionen für μ_x bzw. μ_y.

b) Berechnen Sie σ_z.

c) Geben Sie ein 95%-Konfidenzintervall für die Differenz $\mu_x - \mu_y$ der erwarteten Punktzahl unter Lehrmethode A und Lehrmethode B an.

d) Ist zum Signifikanzniveau 0,05 die Gleichheit der Erwartungswerte μ_x und μ_y auszuschließen? Verwenden Sie zur Begründung das Konfidenzintervall aus c).

Aufgabe 3.2.10

Ein Wetterdienst hat seine Internetseiten neu gestaltet und insbesondere die Wettervorhersage deutlich verbessert. Um den Erfolg des neuen Webauftritts zu messen, wurde danach an 21 zufällig ausgewählten Tagen jeweils die Anzahl der Zugriffe auf die Internetseiten registriert. Aus diesen $n = 21$ Beobachtungswerten, die sich in guter Näherung als normalverteilt erweisen, sind dann das arithmetische Mittel $\bar{x} = 5877$ und die empirische Varianz $s^2 = 150462{,}3$ berechnet worden.

a) Der Leiter des Wetterdienstes behauptet euphorisch, dass nunmehr im Mittel mindestens 6000 Zugriffe pro Tag auf die Internetseiten erfolgen. Verträgt sich diese Behauptung mit den beobachteten Zahlen? Testen Sie mit $\alpha = 0{,}05$.

b) Geben Sie ein 95%-Konfidenzintervall für die Standardabweichung an, mit der die Anzahl der Zugriffe pro Tag streut. Was konkret bedeutet das berechnete Intervall?

3.3   Signifikanztests

Aufgabe 3.3.1

In einem Supermarkt werden grüne Gurken für 0,69 € das Stück angeboten. Angeblich wiegt jede Gurke 400 g. Ein Kunde wählt zufällig 20 Gurken aus und legt sie auf die Waage. Dabei liest er folgende Werte ab [in g]:

| 403 | 402 | 399 | 403 | 393 | 403 | 405 | 400 | 397 | 412 |
| 400 | 404 | 409 | 414 | 406 | 419 | 393 | 403 | 400 | 396 |

Das Gewicht der Gurken kann als normalverteilt angesehen werden. Testen Sie zum Signifikanzniveau $\alpha = 0,05$, ob das durchschnittliche Gewicht der Gurken signifikant verschieden von 400 g ist.

Aufgabe 3.3.2

Die beim Ilmenauer Altstadtfest ausgeschenkte Füllmenge der Bierkrüge kann als normalverteilte Zufallsgröße mit dem Erwartungswert 0,5 [Liter] angesehen werden. Eine einfache Stichprobe ergab folgende ausgegebene Mengen (in Liter):

$$0,47 \quad 0,50 \quad 0,49 \quad 0,51 \quad 0,47 \quad 0,51 \quad 0,49 \quad 0,51 \quad 0,48 \quad 0,47$$

Kann zum Signifikanzniveau $\alpha = 0,05$ die Aussage „Die Varianz der Abfüllmenge ist kleiner als 0,01" bestätigt werden?

Aufgabe 3.3.3

Ein Wohnungsmakler stellt die Hypothese auf, dass die Wohnungsgröße in der Stadt mit der Standardabweichung $\sigma = 14$ m² streut. Dabei wird von der Annahme ausgegangen, dass die Wohnungsgröße der in dieser Stadt vorhandenen Wohnungen annähernd normalverteilt ist. Es liegen folgende Stichprobenwerte (Wohnungsgröße in m²) vor:

$$75 \qquad 70 \qquad 90 \qquad 40 \qquad 60 \qquad 58 \qquad 64 \qquad 80$$

Überprüfen Sie mittels eines geeigneten Tests und der Irrtumswahrscheinlichkeit $\alpha = 0,05$ die Hypothese des Wohnungsmaklers.

Aufgabe 3.3.4

Das Finanzamt einer Kreisstadt nimmt bei einer Firma für Autoreparaturen eine Betriebsprüfung vor und stellt bei der Prüfung von 250 Abbuchungsbelegen 20 fehlerhafte Belege fest. Die Beamten haben die Anweisung, bei einem signifikant über 5 % liegenden Anteil fehlerhafter Belege die Möglichkeit einer Steuerhinterziehung zu prüfen. Mit Hilfe eines

Signifikanztests zum Signifikanzniveau von 1 % soll nun untersucht werden, ob die Beamten eine entsprechende Prüfung auf Steuerhinterziehung einleiten müssen.

a) Formulieren Sie die dazu passende Nullhypothese.

b) Führen Sie den geeigneten Test durch.

c) Interpretieren Sie das Testergebnis sachbezogen.

Aufgabe 3.3.5

Ein Assistent am Lehrstuhl für Statistik ärgert sich über die schlechte Qualität eines bestimmten Kopiergerätes im 3. Stock. Von 16 an zufälligen Zeitpunkten unternommenen Kopierversuchen an diesem Gerät waren nur 6 erfolgreich. In den restlichen Fällen war das Gerät defekt. Der Assistent geht davon aus, dass es sich somit um eine einfache Stichprobe vom Umfang $n = 16$ handelt und möchte dem Kopiergerätehersteller statistisch beweisen, dass das beschriebene Gerät mit einer Wahrscheinlichkeit von mehr als 60 % defekt ist. Dazu verwendet er einen Signifikanztest.

a) Wie muss in diesem Test das Hypothesenpaar H_0 und H_1 lauten?

b) Wird der Assistent eher ein niedriges oder eher ein hohes Signifikanzniveau wählen (kurze Begründung!)

c) Führen Sie einen geeigneten Test zum Signifikanzniveau $\alpha = 0,2$ durch.

Aufgabe 3.3.6

Anhand einer Stichprobe soll der Frage nachgegangen werden, wie viele offene (nachzuholende) Prüfungen die Studenten der TU Ilmenau haben. Bei 100 zufällig ausgewählten Studierende konnten folgende Daten erhoben werden:

Anzahl offener Prüfungen	Häufigkeit
0	38
1	29
2	20
3	10
mehr als 3	3
	100

Überprüfen Sie zum Signifikanzniveau $\alpha = 0,05$, ob die Anzahl offener Prüfungen als Poisson-verteilt mit $\lambda = 1,2$ angesehen werden kann.

Aufgabe 3.3.7

In einem Getränkemarkt ist mittags zwischen 11 und 14 Uhr nicht viel los. Der Verkäufer hat eines Tages die drei Stunden in 36 Fünf-Minuten-Intervalle eingeteilt und gezählt, wie viele Kunden pro Intervall das Geschäft betreten. Das Ergebnis ist in der folgenden Häufigkeitstabelle enthalten:

Anzahl der Kunden	0	1	2	3	4
absolute Häufigkeit	7	16	8	4	1

a) Wie viele Kunden pro Intervall haben im Mittel das Geschäft betreten?

b) Testen Sie zum Signifikanzniveau $\alpha = 0,05$, ob die Anzahl der Kunden pro Fünf-Minuten-Intervall als Poisson-verteilt angesehen werden kann.

Aufgabe 3.3.8

In einem Unternehmen wird an einem 8-stündigen Arbeitstag die Anzahl X der Personen pro Minute an einem Kaffeeautomaten untersucht. Folgende Ergebnisse liegen vor:

Anzahl der Personen pro Minute	Häufigkeit
0	90
1	180
2	130
3	70
4	10

Die Realisierungen können als das Ergebnis einer einfachen Stichprobe betrachtet werden. Von der Unternehmensleitung wird angenommen, dass die Anzahl der Personen pro Minute an diesem Kaffeeautomaten einer Binomialverteilung mit den Parametern $n = 4$ und $p = 0,4$ genügt. Testen Sie diese Hypothese zum Signifikanzniveau $\alpha = 0,005$.

Aufgabe 3.3.9

Mit einem neu entwickelten Intelligenztest wurden die ersten 30 Probanden getestet. Sie erhielten die IQs

| 102 | 96 | 90 | 108 | 103 | 112 | 87 | 110 | 95 | 93 | 99 | 110 | 99 | 122 | 97 |
| 94 | 105 | 95 | 72 | 106 | 105 | 92 | 95 | 91 | 100 | 75 | 121 | 101 | 94 | 131 |

Aus diesen $n = 30$ Werten sind folgende empirischen Zentralmomente berechnet worden:

$$M_{Zen,2} = 148 \qquad M_{Zen,3} = 372,8 \qquad M_{Zen,4} = 82048$$

a) Berechnen Sie die empirische Schiefe und den empirischen Exzess.

b) Überprüfen Sie zum Signifikanzniveau $\alpha = 0,05$, ob der Intelligenzquotient als normalverteilt angesehen werden kann.

Aufgabe 3.3.10

Die folgende Tabelle enthält für Thüringen die Milchanlieferungen Y an Molkereien im Landkreis im Jahr 2006 und die Einwohnerzahl X am 31.12.2006:

Landkreis	Einwohnerzahl in 1000	Milchanlieferung in 1000 t
Eichsfeld	108,9	60,6
Nordhausen	92,6	34,3
Wartburgkreis	136,7	82,2
Unstrut-Hainich-Kreis	112,6	51,5
Kyffhäuserkreis	87,1	27,3
Schmalkalden-Meiningen	135,8	54,8
Gotha	142,5	41,7
Sömmerda	76,1	39,7
Hildburghausen	70,2	51,6
Ilm-Kreis	115,8	29,9
Weimarer Land	87,4	57,0
Sonneberg	63,1	16,7
Saalfeld-Rudolstadt	123,5	42,0
Saale-Holzland-Kreis	89,8	59,6
Saale-Orla-Kreis	92,1	110,3
Greiz	114,4	101,5
Altenburger Land	104,7	41,0

(Quelle: Statistisches Jahrbuch Thüringen, 2007)

Daraus sind folgende Kennwerte berechnet worden:

$$\bar{x} = 103,135 \qquad s_x = 23,591$$
$$\bar{y} = 53,041 \qquad s_y = 25,055$$

a) Bestimmen Sie den empirischen Korrelationskoeffizienten.

b) Gibt es einen signifikanten Zusammenhang zwischen Einwohnerzahl und Milchanlieferung? Unterstellen Sie Normalverteilung der Merkmale und testen Sie mit der Irrtumswahrscheinlichkeit $\alpha = 0,05$.

Aufgabe 3.3.11

In einer Behörde wurde an 25 zufällig ausgewählten Arbeitstagen des Jahres 2009 jeweils die Gesamtlänge Y aller abgehenden Telefonate ermittelt (in Minuten). Um die Abhängigkeit der „Telefonierfreudigkeit" vom Wetter zu untersuchen, wurde an diesen Tagen zusätzlich um 13 Uhr der Luftdruck X registriert (in Hektopascal). Aus den $n = 25$ Beobachtungspaaren sind dann

- die empirischen Varianzen $s_x^2 = 94,09$ bzw. $s_y^2 = 1263376$ und
- die empirische Kovarianz $s_{xy} = 3925$

berechnet worden.

a) Wie groß ist der empirische Korrelationskoeffizient? Was bedeutet dieser Wert in der vorliegenden Situation?

b) Unterstellen Sie normalverteilte Beobachtungen und prüfen Sie, ob die Gesprächsdauer signifikant ($\alpha = 0,05$) vom Luftdruck abhängt.

Aufgabe 3.3.12

2.000 zufällig ausgewählte erwerbstätige Personen wurden nach ihrem Berufsstand und dem ihres Vaters befragt. Dabei ergab sich folgendes Ergebnis:

Vater Kind	Arbeiter	Angestellter	Selbstständiger	
Arbeiter	350	50	50	450
Angestellter	550	700	100	1350
Selbständig	75	75	50	200
	975	825	200	2000

Prüfen Sie zum Signifikanzniveau $\alpha = 0,05$, ob der Berufsstand des Kindes unabhängig von dem des Vaters ist.

Aufgabe 3.3.13

Bei einer einfachen (zweidimensionalen) Stichprobe von $n = 400$ Studierenden, die an einer Klausur teilnahmen, stellte sich Folgendes heraus:

- 100 Klausurteilnehmer waren gut vorbereitet, davon bestanden 66 die Klausur.
- 270 Klausurteilnehmer waren mäßig vorbereitet, davon bestanden 165 die Klausur.
- Die restlichen Klausurteilnehmer waren schlecht vorbereitet, von diesen fielen 21 durch.

Testen Sie zum Signifikanzniveau $\alpha = 0,01$ mittels eines geeigneten Tests, ob das Bestehen der Klausur unabhängig vom Vorbereitungsgrad ist.

Aufgabe 3.3.14

Eine regionale Tageszeitung lässt per Telefon ihre Leser befragen, wie gut sie sich durch die Zeitung informiert fühlen. Zur Auswahl stehen die Antworten gut, mäßig, schlecht. Außerdem wurde nach dem Alter des Urteilenden gefragt. Hier das Ergebnis:

Bewertung Alter in Jahren	gut	mäßig	schlecht
unter 20	24	11	5
20 bis 40	32	17	11
über 40	64	22	14

a) Berechnen Sie den normierten Kontingenzkoeffizienten. Was bedeutet dieser Wert?

b) Kann man sagen, dass die Meinung der Leser über ihre Zeitung signifikant vom Alter abhängt? Testen Sie mit $\alpha = 0{,}01$.

Aufgabe 3.3.15

Ein langjähriger Besucher des Ilmenauer Altstadtfestes will seine Vermutung, dass ein Zusammenhang zwischen der Füllmenge der verkauften Biere (Sollmenge 0,5 Liter) und der Qualität der am gleichen Stand verkauften Bratwürste besteht, prüfen. Zu diesem Zweck werden zweihundert Mal je ein Bier und eine Wurst an einem Stand gekauft. Bezüglich der Füllmenge der Biere werden die Kategorien „maximal 0,48 Liter", „mehr als 0,48 Liter und maximal 0,52 Liter" und „mehr als 0,52 Liter" betrachtet. Die Ausprägungen der Wurstqualität sind „sehr gut", „in Ordnung" und „miserabel". Die Erhebung bringt folgende Ergebnisse mit sich:

- 80 Biere hatten eine Füllmenge von maximal 0,48 Liter, 40 Biere hatten eine Füllmenge von mehr als 0,52 Liter;
- 100 Bratwürste waren „in Ordnung" und 40 waren „miserabel";
- 10-mal war die Wurst „sehr gut" und die Biermenge maximal 0,48 Liter;
- 10-mal war die Wurst „sehr gut" und die Biermenge größer als 0,52 Liter;
- 50-mal war die Wurst „in Ordnung" und die Biermenge maximal 0,48 Liter;
- 20-mal war die Wurst „in Ordnung" und die Biermenge größer als 0,52 Liter.

Kann die eingangs aufgeführte Vermutung zum Signifikanzniveau $\alpha = 0{,}01$ bestätigt werden?

Aufgabe 3.3.16

Nach Aufhebung der Preisbindung will sich der Hersteller einer Digitalkamera über die Endverkaufspreise in Berlin und Hamburg informieren. Die Erhebung der Preise in 41 bzw. 61 zufällig ausgewählten Einzelhandelsgeschäften in Berlin und in Hamburg ergaben die folgenden arithmetischen Mittel und Stichprobenvarianzen:

$$\overline{x}_B = 659\ \text{€},\qquad \overline{x}_H = 669\ \text{€},\qquad s_B^2 = 17{,}1\ \text{€}^2,\qquad s_H^2 = 16{,}8\ \text{€}^2$$

Testen Sie unter der Annahme der Normalverteiltheit und der Varianzhomogenität mit einem Signifikanzniveau von 0,05 die Hypothese, dass sich die durchschnittlichen Verkaufspreise in Berlin und Hamburg nicht unterscheiden.

Aufgabe 3.3.17

Ein Verbraucherinstitut lobt den neuen Autoreifen „Super speed". Er habe eine signifikant höhere Laufleistung als das Vorgängermodell „High speed". Das Institut hatte von jedem Typ 6 Reifen getestet und aus den Laufleistungen empirisches Mittel bzw. empirische Standardabweichung berechnet:

- Laufleistung „Super speed": $\overline{x}_{SS} = 45500\ \text{km}$ $s_{SS} = 4231\ \text{km}$
- Laufleistung „High speed": $\overline{x}_{HS} = 40167\ \text{km}$ $s_{HS} = 3312\ \text{km}$

Dabei wird vorausgesetzt, dass die Laufleistung der Reifen normalverteilt ist und für beide Typen die gleiche Varianz besitzt. Überprüfen Sie mit einer Irrtumswahrscheinlichkeit von 0,05 die Behauptung des Verbraucherinstituts.

Aufgabe 3.3.18

Die Müller OHG führt die kurzfristige Erfolgsrechnung auf monatlicher Basis durch. Die folgende Tabelle enthält die absoluten Häufigkeiten der verkauften Stückzahlen eines Investitionsgutes für zwei repräsentative Testmärkte auf monatlicher Basis.

Stückzahl i	0	1	2	3	4	5
$h_1(i)$ zu Markt 1	8	6	3	4	4	9
$h_2(i)$ zu Markt 2	0	4	8	8	6	5

Der zuständige Abteilungsleiter behauptet, dass das Verkaufsrisiko, gemessen durch die Varianz der verkauften Stückzahl, im Markt 2 kleiner ist als im Markt 1.

a) Der Abteilungsleiter möchte diese Aussage statistisch belegen. Geben Sie das dazu zu untersuchende Hypothesenpaar an.

b) Gehen Sie in beiden Märkten von einer Normalverteilung der verkauften Stückzahl aus und überprüfen Sie das Hypothesenpaar aus Teilaufgabe a) mit einem geeigneten Testverfahren ($\alpha = 0{,}05$).

Aufgabe 3.3.19

In einer Stichprobe von 21 neu emittierten Unternehmensanleihen mit einem Rating von AAA wies die Laufzeit eine empirische Varianz von 40 (Jahren im Quadrat) auf. In einer anderen Stichprobe von 13 neu emittierten Unternehmensanleihen mit einem Rating von

CCC betrug die empirische Varianz der Laufzeit dagegen nur 12. Ist die Varianz der Laufzeit bei den AAA-Papieren signifikant größer als bei den CCC-Papieren? Unterstellen Sie Normalverteilung und testen Sie mit einem Signifikanzniveau von $\alpha = 0,05$.

Aufgabe 3.3.20

Auf einer Werkzeugmaschine werden Radachsen produziert. Anhand einer Zufallsstichprobe vom Umfang 51 wurde errechnet, dass ein bestimmter Durchmesser mit der Standardabweichung 0,024 mm streut. Nach einer Generalüberholung der Werkzeugmaschine wurde wieder eine Stichprobe vom Umfang 51 gezogen. Diesmal ergab sich eine empirische Standardabweichung von 0,021 mm.

Gibt es einen signifikanten Unterschied in den Varianzen vor und nach der Überholung? Testen Sie mit $\alpha = 0,10$. (Der Durchmesser kann als normalverteilt angesehen werden.)

Aufgabe 3.3.21

An einer Klausur nahmen 58 Studenten der Medienwirtschaft, 16 der Wirtschaftsinformatik und 26 des Wirtschaftsingenieurwesens teil. Im Durchschnitt (arithmetisches Mittel) erreichten die drei Studiengänge die Punktzahlen

$$\overline{x}_{MW} = 65, \quad \overline{x}_{WI} = 70 \quad \text{bzw.} \quad \overline{x}_{WIW} = 71.$$

Das empirische Mittel und die empirische Varianz der Punktzahl aller 100 Teilnehmer betragen

$$\overline{x} = 67,36 \quad \text{bzw.} \quad s^2 = 238,2125.$$

Setzen Sie voraus, dass die Punktzahlen der drei Studiengänge mit derselben Varianz normalverteilt sind, und überprüfen Sie mittels Varianzanalyse, ob es einen signifikanten Unterschied zwischen den 3 Studiengängen gibt ($\alpha = 0,05$).

Aufgabe 3.3.22

Auf dem Gothaer Frühlingsfest sollen vier Stände, an denen Bier verkauft wird, bezüglich der Füllmenge der 0,5-Liter-Gläser untersucht werden. Die Füllmengen an den einzelnen Ständen werden als normalverteilte Zufallsvariablen mit ein und derselben Varianz angesehen.

a) Testen Sie die Hypothese, dass an jedem dieser Stände die gleiche Füllmenge zu erwarten ist, zum Signifikanzniveau $\alpha = 0,05$, wobei folgende Werte gemessen wurden:
   - Stand 1: 0,48; 0,47; 0,47; 0,50
   - Stand 2: 0,55; 0,51
   - Stand 3: 0,51; 0,50; 0,46; 0,49
   - Stand 4: 0,46; 0,47; 0,48; 0,47

b) Mit einer weiteren Stichprobe soll untersucht werden, ob die sich aus der Stichprobe aus a) ergebende Vermutung, dass der Erwartungswert der Füllmenge an Stand 4 kleiner als an Stand 2 ist, statistisch bestätigt werden. Welcher Test ist anzuwenden, und welche Hypothesen H_0 und H_1 sind aufzustellen?

c) Mit welchem Test würden Sie für Stand 3 untersuchen, ob die Füllmenge signifikant kleiner als der Sollwert ist? Welche Hypothesen H_0 und H_1 sind zu wählen, wenn die Wahrscheinlichkeit, dass fälschlicherweise auf eine Unterschätzung des Sollwertes geschlossen wird, durch einen kleinen Wert α nach oben beschränkt werden soll?

Aufgabe 3.3.23

Bei 10 Blutproben wurde der Alkoholgehalt (in ‰) durch zwei verschiedene Verfahren bestimmt. Dabei ergaben sich folgende Wertepaare:

Verfahren 1	0,77 0,82 0,93 1,02 1,19 0,39 0,68 0,85 0,78 0,53
Verfahren 2	0,78 0,85 0,94 0,98 1,24 0,38 0,70 0,87 0,79 0,51

Testen Sie zum Signifikanzniveau $\alpha = 0,05$ die Nullhypothese, dass positive und negative Differenzen der durch beide Verfahren gewonnenen Messwerte gleich wahrscheinlich sind.

4 Aufgaben zur Datenanalyse

4.1 Klassifikationsverfahren

Aufgabe 4.1.1

In der folgenden Datenmatrix wurden für fünf Champagner die Merkmale Süße, Alkoholgehalt (in Vol. %) und Preis (in Euro) erhoben.

	Süße	Alkoholgehalt	Preis
Charles Heidsieck (1)	sehr trocken	12,5	35
Moët & Chandon Brut (2)	trocken	12	28
Piper-Heidsieck Brut (3)	trocken	12,5	32
Pommery Brut (4)	trocken	12	25
Veuve Clicquot Ponsardin (5)	sehr trocken	12,5	30

a) Geben Sie die Skalierung der Merkmale an.

b) Begründen Sie ohne Rechnung, dass eine einfache Regression mit dem Merkmal Alkoholgehalt als abhängige und dem Merkmal Preis als unabhängige Variable nicht zu sinnvollen Ergebnissen führen kann.

c) Berechnen Sie eine Distanzmatrix $D = (d_{ij})_{5,5}$ mit Hilfe einer linearhomogenen Aggregation geeigneter merkmalsweiser Distanzen, wobei die Gewichtungen so zu wählen sind, dass alle drei Merkmale gleich stark in den aggregierten Distanzindex eingehen und dabei $d_{ij} \in [0; 3]$ für alle $i, j = 1,\ldots,5$ gilt.

d) Ermitteln Sie eine Hierarchie mit Hilfe des Single Linkage Verfahrens und interpretieren Sie die 2-Klassen-Lösung anhand der Datenmatrix.

Aufgabe 4.1.2

Für die Objektmenge $N = \{1, 2, 3, 4, 5, 6\}$ sei folgende Distanzmatrix D gegeben:

$$D = \begin{array}{c|ccccc} & 2 & 3 & 4 & 5 & 6 \\ \hline 1 & 6 & 5 & 1 & 4 & 4 \\ 2 & & 5 & 4 & 2 & 4 \\ 3 & & & 4 & 4 & 2 \\ 4 & & & & 3 & 3 \\ 5 & & & & & 3 \end{array}$$

a) Ermitteln Sie mit Hilfe der Startheuristik eine Zerlegung der Objektmenge in 3 Klassen, wobei das Objekt 1 als erstes Klassenzentrum gewählt werden soll.

b) Ermitteln Sie mit Hilfe der Startheuristik eine Überdeckung der Objektmenge mit 3 Klassen, wobei das Objekt 1 als erstes Klassenzentrum und der Radius d_{max} mit 4 gewählt werden sollen.

c) Ermitteln Sie mit Hilfe der Startheuristik eine Überdeckung der Objektmenge mit 3 Klassen, wobei das Objekt 1 als erstes Klassenzentrum und der Radius d_{max} mit 5 gewählt werden sollen.

d) Ermitteln Sie eine Complete Linkage Hierarchie, zeichnen Sie das zugehörige Dendrogramm und bestimmen Sie eine geeignete exhaustive und disjunkte Klassifikation der Objekte.

Aufgabe 4.1.3

Als neuer Datenanalyst eines Tiefkühllebensmittelproduzenten sind Sie beauftragt worden, Kategorien möglichst ähnlicher Produkte zu erstellen. Die Produktdaten sind in folgender Datenmatrix zusammengefasst.

Fischart (Objekt-Nr.)	Quecksilber-belastung	Fettgehalt in g/kg	Calciumgehalt in mg/kg	Aus dem Golf von Mexiko
Makrele (1)	niedrig	5	27	nein
Lachs (2)	niedrig	7	20	nein
Sardine (3)	mittel	10	40	nein
Thunfisch (4)	hoch	15	35	ja

a) Geben Sie die Skalierung der Merkmale an.

b) Ist die Berechnung von Mahalanobis-Distanzen zwischen den Objekten in der oben gegebenen Datenmatrix möglich?

c) Berechnen Sie eine Distanzmatrix für die 4 Objekte mit den Merkmalen Fettgehalt und Calciumgehalt unter Verwendung der City-Block-Distanz. Gewichten Sie hierbei die einzelnen Merkmale jeweils mit der Inversen der Spannweite.

d) Verwenden Sie die in c) gefundene Distanzmatrix zur Ermittlung einer Hierarchie mit Hilfe des Single Linkage Verfahrens. Zeichnen Sie den Güteindex der jeweils auf den einzelnen Hierarchieebenen resultierenden Klassifikationen in Abhängigkeit der Klassenanzahl und machen Sie eine Aussage über die optimale Anzahl von Klassen.

Aufgabe 4.1.4

Zur Analyse des Kreditkartenmarktes wurden die Daten von 4 Kreditkarten zu 5 Merkmalen erhoben. Es ergab sich die folgende Datenmatrix:

Kreditkarte	Jahrespreis Hauptkarte	Jahrespreis Zusatzkarte	Auslands-provision	Bargeld-provision	Zusatz-leistungen[1]
American Express	95 €	25 €	1,00 %	4,0 %	R
Eurocard	40 €	30 €	1,00 %	3,0 %	V
Visa Card	35 €	25 €	1,50 %	3,0 %	-
Diners Club	145 €	0 €	1,75 %	3,5 %	V,R

1) V = Verkehrsmittelunfallversicherung, R = Reiseprivathaftpflichtversicherung

a) Bestimmen Sie eine aggregierte Distanzmatrix D. Berechnen Sie dazu für jedes der 5 Merkmale eine adäquate Distanzmatrix. Bei der anschließenden Aggregation ist dann die Summe aller jeweils auf das Intervall [0;1] normierten merkmalsweisen Distanzen zu bilden. Geben Sie die zur Aggregation verwendete Formel explizit an. (Die Distanzen sind auf 2 Dezimalstellen zu runden.)

b) Gehen Sie im Folgenden von der Distanzmatrix

	Eurocard	Visa Card	Diners Club
American Express	2,06	2,08	3,19
Eurocard		1,45	3,75
Visa Card			3,53

aus, die sich auf Basis einer anderen, als der in a) durchgeführten Aggregation ergibt. Bestimmen Sie eine Hierarchie mit Hilfe des Complete Linkage Verfahrens, zeichnen Sie das entsprechende Dendrogramm und ermitteln Sie eine geeignete Klassifikation auf Basis des Ellenbogenkriteriums.

Aufgabe 4.1.5

Für die Objektmenge $N = \{1, 2, 3, 4\}$ sei folgende Distanzmatrix D gegeben, wobei die Distanz d zwischen den Objekten 3 und 4 unbekannt ist.

$$D = \begin{array}{c|ccc} & 2 & 3 & 4 \\ \hline 1 & 3 & 3 & 2 \\ 2 & & 3 & 1 \\ 3 & & & d \end{array}$$

Bestimmen Sie für alle möglichen Werte der unbekannten Distanz d eine Hierarchie mit Hilfe des Average Linkage Verfahrens.

Aufgabe 4.1.6

Gegeben sei die folgende quantitative Datenmatrix $A = (a_{ik})_{n,m}$, in der für $m = 2$ Merkmale die Ausprägungen von $n = 5$ Objekten enthalten sind, mit:

$$A = \begin{pmatrix} 8 & 8 \\ 16 & 8 \\ 14 & 18 \\ 18 & 8 \\ 14 & 8 \end{pmatrix}$$

a) Berechnen Sie eine Distanzmatrix mit Hilfe der Mahalanobis-Distanz und gehen Sie kurz auf die Vorteile der Mahalanobis-Distanz ein.

b) Bestimmen Sie eine Hierarchie mit Hilfe des Complete Linkage Verfahrens. Verwenden Sie dabei die Mahalanobis-Distanz und zeichnen Sie das entsprechende Dendrogramm.

c) Bestimmen Sie ausgehend von der in b) ermittelten Hierarchie mit Hilfe des Ellenbogenkriteriums eine geeignete disjunkte und exhaustive Klassifikation der Objekte.

Aufgabe 4.1.7

Gegeben sei eine Datenmatrix $A = (a_{ik})_{n,m}$, in der für $m = 3$ Merkmale die Ausprägungen von $n = 4$ Objekten enthalten sind, mit

$$A = \begin{pmatrix} 3 & 2 & 2 \\ 2 & 0 & 0 \\ 2 & 2 & 2 \\ 3 & 0 & 4 \end{pmatrix}.$$

Die zur Datenmatrix A zugehörige Kovarianzmatrix $S = (s_{kl})_{m,m}$ ist bereits mit

$$S = \begin{pmatrix} 0{,}25 & 0 & 0{,}5 \\ 0 & 1 & 0 \\ 0{,}5 & 0 & 2 \end{pmatrix}$$

berechnet worden.

a) Berechnen Sie eine Distanzmatrix mit Hilfe der Mahalanobisdistanz und beurteilen Sie das Ergebnis hinsichtlich der Möglichkeiten einer Klassifikation.

b) Überprüfen Sie bitte unter Verwendung des KMEANS-Verfahrens, ob die Klassifikation $\mathcal{K} = \{\{1,3\}; \{2,4\}\}$ austauschinvariant ist.

Aufgabe 4.1.8

Für die Objektmenge $N = \{1, \ldots, 6\}$ sei folgende Distanzmatrix D gegeben:

$$
D =
\begin{array}{c|ccccc}
 & 2 & 3 & 4 & 5 & 6 \\
\hline
1 & 4 & 3 & 2 & 8 & 6 \\
2 &   & 5 & 4 & 3 & 1 \\
3 &   &   & 5 & 1 & 8 \\
4 &   &   &   & 5 & 6 \\
5 &   &   &   &   & 7 \\
\end{array}
$$

a) Ermitteln Sie mit Hilfe der Startheuristik und dem Güteindex

$$
b(\mathcal{K}) = \sum_{K \in \mathcal{K}} \frac{1}{|K|} \sum_{\substack{i,j \in K \\ i<j}} d(i,j)
$$

die hinsichtlich des Ellenbogenkriteriums optimale Klassenanzahl $s^* \in \{1, \ldots, 6\}$ für eine Zerlegung der Objektmenge, wobei das Objekt 5 als erstes Klassenzentrum gewählt werden soll. Geben Sie die für die optimale Klassenzahl resultierende Klassifikation an.

b) Verbessern Sie nun die Startklassifikation $\mathcal{K}^0 = \{\{3,4\}; \{1,5\}; \{2,6\}\}$ mit Hilfe des CLUDIA-Verfahrens und des Güteindex

$$
b(\mathcal{K}) = \sum_{K \in \mathcal{K}} \frac{2}{|K|(|K|-1)} \sum_{\substack{i,j \in K \\ i<j}} d(i,j)
$$

bestmöglich.

Aufgabe 4.1.9

Gegeben sei die folgende quantitative Datenmatrix $A = (a_{ik})_{n,m}$, in der für $m = 2$ Merkmale die Ausprägungen von $n = 7$ Objekten enthalten sind:

$$
A =
\begin{pmatrix}
-2 & 1 \\
-1 & 2 \\
-1 & -2 \\
0 & -1 \\
1 & -1 \\
2 & 2 \\
3 & 2
\end{pmatrix}
$$

a) Berechnen Sie eine Distanzmatrix $D = (d_{ij})_{n,n}$ mit Hilfe der quadrierten euklidischen Dis–tanz

$$
d_{ij} = \sum_{k=1}^{m} \left(a_{ik} - a_{jk} \right)^2 .
$$

b) Verbessern Sie ausgehend von der in a) berechneten Distanzmatrix $D = (d_{ij})_{n,n}$ die folgende Startklassifikation $\mathcal{K}^0 = \{\{1\};\{2,6,7\};\{3,4,5\}\}$ mit Hilfe des KMEANS-Verfahrens und des Güteindex

$$b(\mathcal{K}) = \sum_{K \in \mathcal{K}} \frac{1}{|K|^2} \sum_{\substack{i,j \in K \\ i<j}} d_{ij}$$

bestmöglich.

c) Erläutern Sie kurz, wovon das Ergebnis der Austauschverfahren im Wesentlichen abhängt.

Aufgabe 4.1.10

Im Rahmen einer empirischen Studie wurden bei $n = 4$ Personen Daten bezüglich der $m = 3$ Merkmale Alter, Körpergröße (in cm) und Monatseinkommen (in Euro) erfragt. Die resultierende Datenmatrix $A = (a_{ik})_{4,3}$ mit a_{ik} = „Ausprägung des Merkmals k bei Person i" enthält jedoch aufgrund von Antwortverweigerungen fehlende Daten und sei wie folgt gegeben:

$$A = \begin{pmatrix} 30 & 180 & 4000 \\ & 170 & 3000 \\ 20 & 190 & \\ & 180 & \end{pmatrix}$$

Zur Bestimmung einer auf A basierenden Distanzmatrix $D = (d_{ij})_{4,4}$ mit d_{ij} = „Distanz zwischen Person i und Person j" soll eine gewichtete L_p-Distanz zur Anwendung kommen, bei der fehlende Daten berücksichtigt werden können. Diese ergibt sich gemäß

$$d_{ij} = \left[\frac{|M|}{|M_{ij}|} \sum_{k \in M_{ij}} \gamma_k \left| a_{ik} - a_{jk} \right|^p \right]^{\frac{1}{p}} \text{ mit}$$

$$M = \{1, \ldots, m\}$$
$$M_{ij} = \{k : v_{ik} = 1 \wedge v_{jk} = 1\}$$
$$v_{ik} = \begin{cases} 1 & \text{falls } a_{ik} \text{ vorhanden} \\ 0 & \text{sonst} \end{cases}$$

a) Interpretieren Sie die oben dargestellte gewichtete L_p-Distanz im Vergleich zu der Ihnen bekannten L_p-Distanz im Fall vollständiger Daten.

b) Berechnen Sie die Distanzmatrix D mit $p = 1$ und

$$\gamma_k = \frac{1}{\max_i \{a_{ik} : v_{ik} = 1\} - \min_i \{a_{ik} : v_{ik} = 1\}} \quad (k = 1, 2, 3).$$

c) Welche Objekte sollten auf Basis der Ergebnisse aus b) bei einer Klassifikation in zwei Klassen auf jeden Fall in einer Klasse sein?

4.2   Repräsentationsverfahren

Aufgabe 4.2.1

Für die Mobiltelefonhersteller Motorola (M), Nokia (N), Samsung (S) und SonyEricsson (SE) soll eine Repräsentation im zweidimensionalen Raum durchgeführt werden. Mit Hilfe von Paarvergleichen wurde folgende vollständige Präordnung ermittelt, wobei $\precsim$ „ähnlicher als oder gleichähnlich" bedeutet:

$$\left(S,SE\right)\precsim\left(N,SE\right)\precsim\left(N,S\right)\precsim\left(M,S\right)\precsim\left(M,SE\right)\precsim\left(M,N\right)$$

a) Berechnen Sie ausgehend von der vollständigen Präordnung der Objektpaare und der Startkonfiguration

$$x_{Motorola}^{0}=\begin{pmatrix}1\\1\end{pmatrix},\ x_{Nokia}^{0}=\begin{pmatrix}8\\4\end{pmatrix},\ x_{Samsung}^{0}=\begin{pmatrix}4\\4\end{pmatrix},\ x_{SonyEricsson}^{0}=\begin{pmatrix}3\\2\end{pmatrix}$$

den normierten Stress und bewerten Sie diesen. Verwenden Sie dabei die City-Block-Metrik.

b) Verbessern Sie die Konfiguration mit Hilfe des Gradientenverfahrens (Schrittweite $\lambda_0 = 0,2$) bis die Repräsentation gemäß Kruskal als sehr gut bezeichnet werden kann.

c) Stellen Sie sowohl die Startkonfiguration als auch die resultierende Endkonfiguration grafisch dar und gehen Sie kurz auf die Schwierigkeiten bei der Interpretation dieser Repräsentation mittels MDS ein.

Aufgabe 4.2.2

a) Beschreiben Sie kurz die Zielsetzungen der Faktorenanalyse.

b) Welche Voraussetzung muss bei Anwendung der Faktorenanalyse bezüglich des Datenmaterials erfüllt sein?

c) In der Faktorenanalyse wird die Datenmatrix A mit den Dimensionen $(n \times m)$ in eine neue Matrix X mit den Dimensionen $(n \times q)$ überführt. Warum versucht man dabei, sich auf die Werte $q = 1$, $q = 2$ oder $q = 3$ zu beschränken?

Gehen Sie im Folgenden von einer Datenmatrix mit den Dimensionen (10×3) aus, für die eine 2-dimensionale Repräsentation mit Hilfe der Hauptkomponentenanalyse durchgeführt werden soll. Dabei ergab sich folgende Kovarianzmatrix S:

$$S=\begin{pmatrix}\frac{1}{8}&0&0\\0&\frac{3}{16}&0\\0&0&\frac{1}{50}\end{pmatrix}$$

d) Geben Sie die Erklärungsanteile für die beiden ersten Hauptkomponenten an.

e) Erstellen Sie die Faktorladungsmatrix F.

f) Geben Sie die Kommunalitäten der Merkmale an und erläutern Sie, wie die Merkmale in die ersten beiden Hauptkomponenten eingehen.

Aufgabe 4.2.3

Gegeben ist die nachfolgend angegebene Datenmatrix von Unternehmensdaten aus der Region. Die Ausprägungen von 0 (sehr schlecht) bis 4 (sehr gut) stellen das Abschneiden der Unternehmen in verschiedenen Ratingkategorien dar.

	Liquidität	Verschuldung	Branchenwachstum
Unternehmen 1	4	4	4
Unternehmen 2	4	0	4
Unternehmen 3	0	4	2
Unternehmen 4	0	0	2

Zusätzlich wurde bereits die folgende Kovarianzmatrix berechnet:

$$S = \begin{pmatrix} 4 & 0 & 2 \\ 0 & 4 & 0 \\ 2 & 0 & 1 \end{pmatrix}$$

a) Berechnen Sie die Korrelationen zwischen den drei Merkmalen.

b) Bestimmen Sie die Eigenwerte der Kovarianzmatrix.

c) Stellen Sie den Sachverhalt graphisch in $q = 2$ und $q = 1$ Dimensionen dar. Wie viel Informationsverlust müssen Sie in beiden Fällen jeweils in Kauf nehmen?

d) Lassen sich anhand der eindimensionalen Darstellung aus c) Klassenstrukturen erkennen? Wenn ja, welche?

e) Lassen sich anhand der zweidimensionalen Darstellung aus c) Klassenstrukturen erkennen? Wenn ja, welche?

Aufgabe 4.2.4

Für die Objektmenge $N = \{1, 2, 3\}$ sei folgende Distanzmatrix D gegeben, wobei die Distanz d zwischen den Objekten 1 und 3 unbekannt ist:

$$D = \begin{array}{c|cc} & 2 & 3 \\ \hline 1 & 2 & d \\ 2 & & 10 \end{array}$$

Für eine eindimensionale Darstellung mit Hilfe der Multidimensionalen Skalierung ist von folgender Startkonfiguration auszugehen:

$$X^0 = \begin{pmatrix} 0 \\ 2 \\ 6 \end{pmatrix}$$

a) Berechnen Sie die Distanzmatrix $\hat{D}$ für die Startkonfiguration mit Hilfe der City-Block-Metrik.

b) Berechnen Sie für alle möglichen Werte der unbekannten Distanz d den normierten Stress der Startkonfiguration, so dass neben der Monotoniebedingung auch die Gleichheitsbedingung erfüllt ist.

c) Gehen Sie im Folgenden von $d = 20$ aus. Verbessern Sie – sofern notwendig – die Startlösung mit Hilfe des Gradientenverfahrens, wobei die Schrittweite $\lambda = 0,5$ zu wählen ist. Das Verfahren ist abzubrechen, sobald der Stresswert einer sich ergebenden Konfiguration als sehr gut bezeichnet werden kann.

d) Gehen Sie im Folgenden von $d = 10$ aus. Verbessern Sie – sofern notwendig – die Startlösung mit Hilfe des Gradientenverfahrens, wobei die Schrittweite $\lambda = 0,5$ zu wählen ist. Das Verfahren ist abzubrechen, sobald der Stresswert einer sich ergebenden Konfiguration als sehr gut bezeichnet werden kann.

Aufgabe 4.2.5

Gegeben sei eine Datenmatrix $A = (a_{ik})_{n,m}$, in der für $m = 3$ Merkmale die Ausprägungen von $n = 4$ Objekten enthalten sind, mit

$$A = \begin{pmatrix} 4 & 4 & 2 \\ 2 & 0 & 0 \\ 6 & 2 & 2 \\ 2 & 0 & 4 \end{pmatrix}.$$

Zur Durchführung einer Hauptkomponentenanalyse ist bereits die zugehörige Kovarianzmatrix $S = (s_{kl})_{m,m}$ mit

$$S = \begin{pmatrix} 2,75 & 1,75 & 0 \\ 1,75 & 2,75 & 0 \\ 0 & 0 & 2 \end{pmatrix}$$

berechnet worden.

a) Bestimmen Sie die paarweisen Korrelationen zwischen den drei Merkmalen.

b) Berechnen Sie ausgehend von der Kovarianzmatrix S die Faktorladungsmatrix $F = (f_{kp})_{m,q}$ sowie die Faktorwertematrix $X = (x_{ip})_{n,q}$ für $q = m$.

c) Geben Sie die Erklärungsanteile für die einzelnen Hauptkomponenten an.

Aufgabe 4.2.6

Bei der Durchführung einer Hauptkomponentenanalyse ergibt sich folgende Kovarianzmatrix S:

$$S = \begin{pmatrix} 10 & 7 & -10 & 0 & 0 \\ 7 & 4{,}9 & -7 & 0 & 0 \\ -10 & -7 & 10 & 0 & 0 \\ 0 & 0 & 0 & 40 & 0 \\ 0 & 0 & 0 & 0 & 30 \end{pmatrix}$$

a) Wie viel Prozent der Gesamtinformation kann mit einer Hauptkomponente dargestellt werden?

b) Wie viel Prozent der Gesamtinformation kann mit zwei Hauptkomponenten dargestellt werden?

c) Geben Sie die Kommunalitäten der Merkmale bei einer Repräsentation auf Basis von zwei Hauptkomponenten an.

d) Bestimmen Sie auf Basis der Kovarianzmatrix S die Korrelationsmatrix $R = (r_{kl})_{5,5}$ mit $r_{kl} = $ „Korrelation zwischen Merkmal k und Merkmal l".

e) Wie viel Prozent der Gesamtinformation kann mit drei Hauptkomponenten dargestellt werden?

f) Geben Sie die Kommunalitäten der Merkmale bei einer Repräsentation auf Basis von drei Hauptkomponenten an.

Aufgabe 4.2.7

Ausgehend von einer Datenmatrix A mit 4 Objekten, die durch 2 Merkmale beschrieben werden, wird eine Repräsentation im zweidimensionalen Raum mittels der Hauptkomponentenanalyse durchgeführt. Für die Faktorladungsmatrix F und die Faktorwertematrix X ergeben sich folgende Werte:

$$F = \begin{pmatrix} 0{,}6 & 0{,}8 \\ 0.8 & -0{,}6 \end{pmatrix}$$

$$X = \begin{pmatrix} 40 & 5 \\ 10 & 0 \\ 40 & 5 \\ 10 & 10 \end{pmatrix}$$

a) Berechnen Sie die Datenmatrix A.

b) Geben Sie die Erklärungsanteile der beiden Hauptkomponenten an, ohne die Eigenwerte der zur Datenmatrix A zugehörigen Kovarianzmatrix S zu berechnen.

c) Geben Sie die Kovarianzmatrix C der Faktorwertematrix X an.

d) Berechnen Sie die Kovarianzmatrix S der Datenmatrix A mit Hilfe der in c) ermittelten Kovarianzmatrix C.

e) Überprüfen Sie die in b) durchgeführten Berechnungen, indem Sie die Eigenwerte der Kovarianzmatrix S ermitteln.

Aufgabe 4.2.8

Gegeben sei eine Datenmatrix $A = (a_{ik})_{n,m}$, in der für $m = 2$ Merkmale die Ausprägungen von $n = 5$ Objekten enthalten sind, mit

$$A = \begin{pmatrix} 11 & 3 \\ 10 & 0 \\ 12 & 1 \\ 9 & 2 \\ 8 & 4 \end{pmatrix}.$$

a) Ermitteln Sie die Korrelationsmatrix $R = (r_{kl})_{m,m}$ der Merkmale mit

$$r_{kl} = \frac{\sum_{i=1}^{n}(a_{ik} - \bar{a}_{\bullet k})(a_{il} - \bar{a}_{\bullet l})}{\sqrt{\sum_{i=1}^{n}(a_{ik} - \bar{a}_{\bullet k})^2 \sum_{i=1}^{n}(a_{il} - \bar{a}_{\bullet l})^2}}, \quad \bar{a}_{\bullet k} = \frac{1}{n}\sum_{i=1}^{n}a_{ik}$$

und berechnen Sie den Informationsgehalt von R.

b) Führen Sie auf Basis der Korrelationsmatrix R eine Hauptkomponentenanalyse durch, indem Sie das zugehörige Eigenwertproblem lösen und sowohl die entsprechende Faktorladungsmatrix als auch die resultierende Faktorwertematrix bestimmen.

c) Berechnen Sie, wie viel Information verloren geht, wenn eine Lösung mit nur einem Faktor gewählt wird.

d) Wie verändert sich die Faktorwertematrix, wenn für die 5 Objekte ein weiteres drittes Merkmal mit

$$a^3 = \begin{pmatrix} 2 \\ 3 \\ 6 \\ 4 \\ 5 \end{pmatrix}$$

gegeben ist?

Aufgabe 4.2.9

Für die Automarken Audi (A), BMW (BMW), Mercedes Benz (MB) und Volkswagen (VW) soll eine Repräsentation im zweidimensionalen Raum durchgeführt werden, um eine Vorstellung über die aktuelle Marktsituation zu erlangen. Dazu liegen folgende Paarvergleiche der Automarken anhand einer Rating-Skala vor:

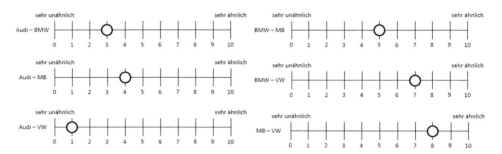

a) Ermitteln Sie mit Hilfe dieser Paarvergleiche eine Rangordnung der Objektpaare. Berechnen Sie anschließend ausgehend von dieser vollständigen Präordnung der Objektpaare und der Startkonfiguration

$$x^0_{Audi} = \begin{pmatrix} 10 \\ 4 \end{pmatrix}, \; x^0_{BMW} = \begin{pmatrix} 3 \\ 2 \end{pmatrix}, \; x^0_{MercedesBenz} = \begin{pmatrix} 2 \\ 7 \end{pmatrix}, \; x^0_{VW} = \begin{pmatrix} 1 \\ 3 \end{pmatrix}$$

den normierten Stress und bewerten Sie diesen. Verwenden Sie dabei die City-Block-Metrik.

b) Verbessern Sie die Konfiguration mit Hilfe des Gradientenverfahrens (Schrittweite $\lambda_0 = 0{,}2$) bis die Repräsentation gemäß Kruskal als sehr gut bezeichnet werden kann.

c) Stellen Sie sowohl die Startkonfiguration als auch die resultierende Endkonfiguration grafisch dar.

d) Welchen Vorteil hätte die Berechnung der Distanzen mit Hilfe der euklidischen Distanz anstelle der City-Block-Distanz bezüglich der Interpretation der Konfiguration?

Aufgabe 4.2.10

Gegeben sei eine Datenmatrix $A = (a_{ik})_{n,m}$, in der für $m = 3$ Merkmale die Ausprägungen von $n = 5$ Objekten enthalten sind, mit

$$A = \begin{pmatrix} 2 & 2 & -1 \\ 1 & -2 & 2 \\ 0 & -1 & 0 \\ -1 & 0 & -2 \\ -2 & 1 & 1 \end{pmatrix}.$$

a) Ermitteln Sie die Korrelationsmatrix $R = (r_{kl})_{m,m}$ der Merkmale mit

$$r_{kl} = \frac{\sum_{i=1}^{n}\left(a_{ik} - \overline{a}_{\bullet k}\right)\left(a_{il} - \overline{a}_{\bullet l}\right)}{\sqrt{\sum_{i=1}^{n}\left(a_{ik} - \overline{a}_{\bullet k}\right)^2 \sum_{i=1}^{n}\left(a_{il} - \overline{a}_{\bullet l}\right)^2}}, \quad \overline{a}_{\bullet k} = \frac{1}{n}\sum_{i=1}^{n} a_{ik}$$

und berechnen Sie die größten beiden Eigenwerte sowie die entsprechenden Eigenvektoren von R.

b) Interpretieren Sie die Ergebnisse aus a) im Sinne einer Hauptkomponentenanalyse von A und geben Sie dabei die in diesem Fall resultierenden Faktorladungen, Faktorwerte und Erklärungsanteile der beiden Faktoren an.

c) Stellen Sie die Faktorwertematrix aus b) grafisch dar und erläutern Sie, wie die ursprünglichen drei Merkmale durch die beiden Faktoren erklärt werden.

4.3   Identifikationsverfahren

Aufgabe 4.3.1

Ein Eiscremehersteller möchte mögliche Werbestrategien für sein neues Produkt Pingusoft testen. Dazu werden zwei Werbeaussagen

- A: cool in the pool
- B: soft und cremig

entwickelt und in zwei Werbemedien (Anzeige und TV-Spot) platziert. In ausgewählten Testmärkten werden über vier Sommermonate kombinierter Werbung folgende Absatzmengen (in Tonnen) registriert:

	TV-Spot mit A				TV-Spot mit B			
Anzeige mit A	55	60	65	60	30	35	45	50
Anzeige mit B	20	25	55	60	55	50	65	70

a) Stellen Sie ein additives Modell auf, mit dem die Absatzmenge durch einen durchschnittlichen Grundabsatz, den Einzeleinflüssen der unterschiedlichen Anzeigen bzw. TV-Spots sowie der entsprechenden Wechselwirkungseinflüsse erklärt werden kann.

b) Überprüfen Sie das in a) aufgestellte Modell auf Signifikanz, wobei eine Irrtumswahrscheinlichkeit von 5 Prozent zugelassen sein soll.

c) Überprüfen Sie bei einer Irrtumswahrscheinlichkeit von jeweils 5 Prozent, ob signifikante Einzeleinflüsse der geschalteten Anzeigen bzw. TV-Spots auf die Absatzmenge vorliegen.

d) Können bei einer Irrtumswahrscheinlichkeit von 5 Prozent signifikante Wechselwir-
    kungen zwischen Anzeigen und TV-Spots festgestellt werden?

e) Welche Werbestrategie ist aufgrund der Ergebnisse zu empfehlen?

Aufgabe 4.3.2

Im Rahmen einer kleinen Studie zur Analyse des Zusammenhangs von Preis Y [in Geldein-
heiten], Vollmilchpulver X_1 [in Mengeneinheiten] und Kakao X_2 [in Mengeneinheiten] von
Schokolade liegt für acht Produkte $P_1, \ldots, P_8$ folgendes Ergebnis vor:

Produkt	Preis [in GE]	Vollmilchpulver [in ME]	Kakao [in ME]
P_1	3	1	2
P_2	8	3	4
P_3	4	1	4
P_4	6	1	4
P_5	6	3	4
P_6	5	1	2
P_7	7	3	6
P_8	9	3	6

a) Formulieren Sie ein geeignetes Modell zur Erklärung des abhängigen (quantitativen)
    Merkmals Preis Y mittels der unabhängigen (quantitativen) Merkmale Vollmilchpulver
    X_1 und Kakao X_2. Ermitteln Sie für die acht Produkte die Schätzwerte für das abhängige
    Merkmal Preis auf Basis der ermittelten Modellparameter.

    Verwenden Sie zur Berechnung der Schätzwerte der Modellparameter die Invertierung
    der Matrix $\left(X^T X\right)$ mit

$$\left(X^T X\right)^{-1} = \begin{pmatrix} \frac{9}{8} & 0 & -\frac{1}{4} \\ 0 & \frac{1}{4} & -\frac{1}{8} \\ -\frac{1}{4} & -\frac{1}{8} & \frac{1}{8} \end{pmatrix}$$

b) Gehen Sie für die Beurteilung der Güte der Modellschätzung von einem korrigierten
    Bestimmtheitsmaß $\bar{R}^2$ von 0,6 aus und testen Sie das Gesamtmodell auf Signifikanz
    zum Niveau $\alpha = 0,05$.

c) Erklären Sie kurz das Problem der Multikollinearität von Merkmalen in der multiplen
    Regressionsanalyse und geben Sie ein Beispiel für ein drittes unabhängiges (quantitati-
    ves) Merkmal Kakaobutter X_3 an, das zur Multikollinearität der Merkmale führen wür-
    de.

Aufgabe 4.3.3

Ein Unternehmen will die Effektivität seiner Werbemaßnahmen im Internet überprüfen. Es wurden zwei Bannerdesigns und zwei Stellen auf der Webseite zur Platzierung erprobt. In folgender Tabelle sind die Ergebnisse des Experiments gegeben.

		Generierte Tagesumsätze				
Bannerart	Platzierungsort	Tag 1	Tag 2	Tag 3	Tag 4	Tag 5
A	1	50	20	35	35	10
A	2	30	35	40	55	50
B	1	20	25	15	10	20
B	2	70	65	60	55	50

a) Stellen Sie ein additives Modell auf, das den Tagesumsatz durch einen erwarteten Grundumsatz, Einzelwirkungen der Bannerarten und Platzierungsorte sowie Wechselwirkungen zwischen den Faktoren berücksichtigt.

b) Überprüfen Sie zum Signifikanzniveau $\alpha = 5\,\%$ das in a) aufgestellte Modell auf Signifikanz. Interpretieren Sie das Ergebnis.

c) Überprüfen Sie zum Signifikanzniveau $\alpha = 5\,\%$, ob die jeweiligen Einzeleinflüsse und Wechselwirkungen signifikant sind.

d) Welche Kombination aus Platzierungsort und Bannerart ist anhand der Ergebnisse zu empfehlen?

Hinweis: Sie können davon ausgehen, dass die Daten die Annahmen für die Tests in den Aufgabenteilen b) und c) erfüllen.

Aufgabe 4.3.4

Gegeben sei die nachfolgend angegebene Datenmatrix $A = (a_{ik})_{n,m}$, in der für $m = 3$ Merkmale die Ausprägungen von $n = 8$ Objekten enthalten sind:

$$A = \begin{pmatrix} 11 & 1 & 0 \\ 14 & 0 & 2 \\ 12 & 0 & 1 \\ 10 & -2 & 0 \\ 6 & 0 & -2 \\ 1 & -3 & 0 \\ 18 & 4 & 0 \\ 8 & 0 & -1 \end{pmatrix}.$$

Die Spalte a^1 von A repräsentiert die abhängige (quantitative) Variable y, die durch die unabhängigen (quantitativen) Variablen x_1 und x_2 in den Spalten a^2 bzw. a^3 erklärt werden soll.

a) Formulieren Sie ein geeignetes Modell zur Erklärung der abhängigen Variable y und ermitteln Sie für die 8 Objekte die Schätzwerte für die abhängige Variable auf Basis der ermittelten Modellparameter.

b) Geben Sie deskriptiv an, wie gut das Modell die abhängige Variable erklärt.

Aufgabe 4.3.5

Gegeben sei die nachfolgend angegebene Datenmatrix $A = (a_{ik})_{n,m}$, in der für $m = 3$ Merkmale die Ausprägungen von $n = 12$ Objekten enthalten sind:

$$A = \begin{pmatrix} 4 & \text{Plakatwerbung} & \text{Thüringen} \\ 8 & \text{Plakatwerbung} & \text{Thüringen} \\ 10 & \text{Plakatwerbung} & \text{Bayern} \\ 12 & \text{Plakatwerbung} & \text{Bayern} \\ 16 & \text{Radiowerbung} & \text{Thüringen} \\ 18 & \text{Radiowerbung} & \text{Thüringen} \\ 14 & \text{Radiowerbung} & \text{Bayern} \\ 20 & \text{Radiowerbung} & \text{Bayern} \\ 24 & \text{Fersehwerbung} & \text{Thüringen} \\ 26 & \text{Fersehwerbung} & \text{Thüringen} \\ 28 & \text{Fersehwerbung} & \text{Bayern} \\ 30 & \text{Fersehwerbung} & \text{Bayern} \end{pmatrix}.$$

Die erste Spalte a^1 von A enthält die Daten des abhängigen (quantitativen) Merkmals „Absatzmenge in Tausend Stück", das durch die beiden unabhängigen (nominalen) Merkmale „Werbeart" und „Absatzgebiet", repräsentiert durch die Spalten a^2 und a^3, erklärt werden soll.

a) Formulieren Sie ein geeignetes Modell zur Erklärung des abhängigen Merkmals und ermitteln Sie die Schätzwerte für die Modellparameter.

b) Testen Sie das Modell auf Signifikanz zum Niveau $\alpha = 5\,\%$.

Aufgabe 4.3.6

Im Rahmen einer kleinen Studie untersuchten Studenten die Jahresgehälter von Frauen und Männern in Abhängigkeit von der Branche. Die Untersuchung erfolgte bei je 15 Frauen und Männern, die gleichmäßig auf die drei Branchen Consulting, IT und Medizin verteilt waren. In der nachfolgenden Tabelle sind die erhobenen Daten zusammengefasst, wobei die Werte in der Spalte „Männer" bereits die Mittelwerte der drei Branchen darstellen, während die Werte in der Spalte „Frauen" den einzelnen Jahresgehältern je Branche entsprechen.

Branche	Jahresgehalt in Tausend Euro		
	Frauen		Männer
Consulting	58 43 52 60 62		59
IT	57 52 59 69 63		70
Medizin	42 45 37 39 42		51

a) Berechnen Sie die Abweichungsquadratsumme, die auf die Unterschiede in der Kombination aus Geschlecht und Branche zurückzuführen ist

b) Überprüfen Sie zum Signifikanzniveau $\alpha = 0,05$, ob ein signifikanter Unterschied zwischen den Branchen bzw. den Geschlechtern besteht, wenn für die Gesamtvarianz ein Wert von 4500 ermittelt wurde.

c) Welche Auswirkungen auf die Testergebnisse aus b) hätten annähernd gleiche Werte für die Jahresgehälter in den einzelnen Zellen der obigen Tabelle, wenn vorausgesetzt wird, dass die entsprechenden Mittelwerte der Zellen gleich bleiben?

Aufgabe 4.3.7

Im Rahmen einer kleinen Studie wurde die erreichte Punktzahl in einer Klausur von Frauen und Männern in Abhängigkeit von der Koffeindosis, die sie vor der Klausur zu sich nahmen, untersucht. Die Untersuchung erfolgte bei je 15 Frauen und Männern, denen gleichmäßig verteilt die drei Koffeindosen hoch, mittel und gering verabreicht wurden.

Geschlecht	Koffeindosis		
	hoch	mittel	gering
Männer	22 25 22 21 22	15,6	?
Frauen	18 19 17 21 19	?	14,6

Die Werte in der Spalte „Koffeindosis hoch" sind jeweils die einzelnen erreichten Punktzahlen von Männern bzw. Frauen, während die Werte in den Zellen „Männer | Koffeindosis mittel" und „Frauen | Koffeindosis gering" bereits die Mittelwerte der entsprechenden erreichten Punktzahl darstellen.

Die Werte für die Zellen „Männer | Koffeindosis gering" und „Frauen | Koffeindosis mittel", die mit einem „?" gekennzeichnet sind, sind leider verloren gegangen. Allerdings wissen Sie, dass die Frauen im Schnitt 17,0 Punkte erreicht haben und dass die durchschnittlich erreichte Punktzahl bei einer geringen Koffeindosis 13,5 Punkte betrug.

a) Berechnen Sie die Abweichungsquadratsumme, die auf die Unterschiede in der Kombination aus Koffeindosis und Geschlecht zurückzuführen ist.

b) Überprüfen Sie zum Signifikanzniveau $\alpha = 0,01$, ob signifikante Einzeleinflüsse der verabreichten Koffeindosis bzw. des Geschlechts auf die erreichte Punktzahl in der Klausur vorliegen, wenn für die Gesamtvarianz ein Wert von 348,7 ermittelt wurde.

c) Können bei einer Irrtumswahrscheinlichkeit von 1 % signifikante Wechselwirkungen zwischen der verabreichten Koffeindosis und dem Geschlecht festgestellt werden?

Aufgabe 4.3.8

Ein Automobilhersteller möchte die Zuverlässigkeit eines Lieferanten mit Hilfe der Merkmale Bestellmenge und Lieferfrist erklären. Dazu liegen die folgenden Daten von insgesamt vier bereits abgeschlossenen Bestellvorgängen zugrunde:

Bestellmenge (in Stück)	60	60	120	40
Lieferfrist (in Tagen)	10	6	6	2
Zuverlässige Lieferung	ja	ja	nein	nein

a) Formulieren Sie ein geeignetes Modell zur Erklärung des abhängigen (binären) Merkmals „Lieferzuverlässigkeit" und berechnen Sie die Modellparameter.

b) Geben Sie deskriptiv an, wie gut das Modell die abhängige Variable erklärt.

c) Welche Menge dürfte das Unternehmen bei einer eingeräumten Lieferfrist von 4 Tagen höchstens bestellen, damit die Lieferung auf Basis des aufgestellten und geschätzten Modells noch als zuverlässig eingestuft werden kann?

Aufgabe 4.3.9

Gegeben sei der folgende Ergebnisoutput einer zweifaktoriellen Varianzanalyse von insgesamt 40 Beobachtungswerten.

Varianzquelle	Freiheitsgrade	Summe der quadratischen Abweichung	Mittlere quadratische Abweichung	Teststatistik
Faktor A	?	?	?	6,42
Faktor B	?	8,1	8,1	?
Wechselwirkung	?	?	?	?
Reststreuung	?	84,8	2,65	
Summe	39	150,4		

a) Berechnen Sie die fehlenden (d.h. die mit einem Fragezeichen angedeuteten) Größen des Ergebnisoutputs auf zwei Dezimalstellen.

b) Bestimmen Sie zum Signifikanzniveau $\alpha = 0,05$, ob der Faktor A und der Wechselwirkungseffekt signifikant sind.

Aufgabe 4.3.10

Im Rahmen einer Risikobeurteilung (Rating-Analyse) wurden die Anleihen von fünf Unternehmen von einer Rating-Agentur auf Basis eines Unternehmens- sowie eines Branchenscores beurteilt. Unternehmens- und Branchenscore können jeweils Werte aus dem Intervall [0; 100] annehmen, wobei ein höherer Scoringwert eine größere Zinszahlungs- und Tilgungskraft des Unternehmens andeutet. Die Beurteilung der Unternehmen erfolgt mit Hilfe der Symbole A bzw. B, die angeben, dass die Zinszahlungs- und Tilgungskraft des Unternehmens als gut bzw. als gefährdet eingestuft wird. Es liegt folgende Datenmatrix zugrunde:

Unternehmen	Unternehmensscore	Branchenscore	Rating-Urteil
1	40	40	B
2	80	40	A
3	70	90	A
4	90	40	A
5	70	40	B

a) Stellen Sie unter Verwendung der beiden Merkmale Unternehmens- und Branchenscore ein geeignetes Erklärungsmodell für das Rating-Urteil der Agentur auf, und schätzen Sie die Modellparameter.

   Hinweis: Bei allen Zwischenergebnissen ist eine Genauigkeit von 4 Dezimalstellen erforderlich!

b) Beurteilen Sie die Güte des in a) ermittelten Modells.

c) Bestimmen Sie auf Basis des in a) geschätzten Modells das Rating-Urteil für die Anleihe eines 6. Unternehmens, für das ein Unternehmensscore von 40 und ein Branchenscore von 90 ermittelt wurden.

5 Aufgaben zum Data Mining

5.1 Assoziationsanalyse

Aufgabe 5.1.1

Die folgende Tabelle enthält die Daten von 15 Bestellungen, die von verschiedenen Gästen eines Cafés aufgegeben wurden. Dabei bezeichnet ein Wert von 1, dass der Artikel in der entsprechenden Bestellung enthalten war, während ein Wert von 0 angibt, dass dieser Artikel in der Bestellung nicht enthalten war.

Bestellung	Croissant	Latte	Mocha	Scone	Tee
1	1	0	1	1	0
2	1	1	0	1	0
3	1	1	0	1	1
4	1	1	0	0	1
5	0	1	0	0	0
6	0	0	0	0	1
7	1	1	0	0	0
8	1	0	1	0	0
9	1	0	0	0	1
10	1	1	1	0	0
11	1	0	0	0	1
12	1	1	0	0	1
13	1	0	1	0	0
14	1	0	0	1	1
15	1	1	0	1	0

a) Bestimmen Sie alle häufigen Itemmengen mit Hilfe des Apriori-Algorithmus. Gehen Sie dabei davon aus, dass eine Bestellkombination relevant ist, sobald mindestens 40 % der Gäste diese Bestellung getätigt haben.

b) Bestimmen Sie ausgehend von den häufigen Itemmengen aus a) alle Assoziationsregeln, die für mindestens 50 % der jeweils relevanten Fälle auch Gültigkeit besitzen.

c) Berechnen Sie den Lift für alle in b) gefundenen Regeln. Erklären Sie anhand der Regel

„Wenn Latte bestellt wird, dann wird auch ein Croissant bestellt" die Bedeutung des Lifts im Vergleich zur Confidence. Ist diese Regel für das Café interessant?

Aufgabe 5.1.2

Die nachfolgend angegebenen 15 Transaktionen stammen aus der Datenbank eines Schnell-restaurants und beinhalten die gemeinsam gekauften Produkte aus einer Menge von sechs verschiedenen Artikeln.

Transaktion	Gekaufte Produkte
1	Pommes; Soft-Drink
2	Apfeltasche; Pommes
3	Hamburger; Soft-Drink
4	Eis; Pommes
5	Apfeltasche; Hamburger; Salat; Soft-Drink
6	Hamburger; Pommes; Soft-Drink
7	Pommes; Salat; Soft-Drink
8	Hamburger; Pommes; Salat; Soft-Drink
9	Hamburger; Pommes
10	Hamburger; Pommes; Salat; Soft-Drink
11	Hamburger; Pommes; Salat
12	Pommes; Soft-Drink
13	Soft-Drink
14	Eis; Soft-Drink
15	Hamburger; Salat; Soft-Drink

a) Bestimmen Sie alle interessanten Assoziationsregeln, wenn eine Regel dann als interessant eingestuft wird, sobald sie in mindestens 30 % der Transaktionen vorkommt und für mindestens 60 % der jeweils relevanten Fälle auch Gültigkeit besitzt.

b) Mit welcher Wahrscheinlichkeit kauft ein Kunde „Pommes" bzw. „Salat"? Um welchen Faktor verändern sich diese Wahrscheinlichkeiten, wenn bekannt ist, dass der Kunde auch „Hamburger" kauft? Wie wird dieser Faktor bezeichnet?

5.2   Entscheidungsbäume

Aufgabe 5.2.1

Gegeben sind die nachfolgend betrachteten Tage im Leben eines Ehepaars:

Tag	Vorhersage	Temperatur	Luftfeuchtigkeit	Wind	Aktivität
1	sonnig	heiß	hoch	nein	Fernsehen
2	sonnig	heiß	hoch	ja	Fernsehen
3	bedeckt	heiß	hoch	nein	Wandern
4	Regen	mild	hoch	nein	Wandern
5	Regen	kühl	normal	nein	Wandern
6	Regen	kühl	normal	ja	Fernsehen
7	bedeckt	kühl	normal	ja	Wandern
8	sonnig	mild	hoch	nein	Fernsehen
9	sonnig	kühl	normal	nein	Wandern
10	Regen	mild	normal	nein	Wandern
11	sonnig	mild	normal	ja	Wandern
12	bedeckt	mild	hoch	ja	Wandern
13	bedeckt	heiß	normal	nein	Wandern
14	Regen	mild	hoch	ja	Fernsehen

a) Um die Entscheidungen über gemeinsame Aktivitäten für den Rest der Familie transparent zu machen, entscheidet sich das Ehepaar zur Konstruktion eines Entscheidungsbaums. Welches Attribut ist am besten geeignet, die Tage nach der gemeinsamen Aktivität zu trennen, wenn der Gini-Index als Kriterium verwendet wird?

b) Das Ehepaar hat den nachfolgend angegebenen Entscheidungsbaum erstellt:

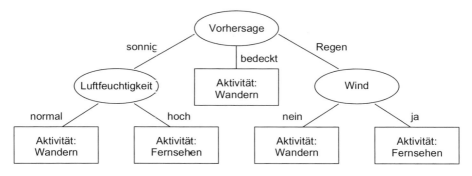

α) Die Eltern des Ehepaars empfinden die Baumstruktur als verwirrend und wollen lieber eine verbal ausformulierte Regelbasis. Welche fünf Regeln lassen sich auf Basis des Entscheidungsbaums ableiten?

β) Die Kinder des Ehepaars wollen wissen, mit welcher Aktivität sie am nächsten Tag rechnen können. Der Wetterbericht für den nächsten Tag lautet: Bei sonnigem Wetter mit milder Temperatur soll der Wind wehen und die Luftfeuchtigkeit hoch sein. Welche Freizeitaktivität können die Kinder auf Basis des gegebenen Entscheidungsbaums und der vorliegenden Wettervorhersage an diesem Tag erwarten?

Aufgabe 5.2.2

Ein Versicherungsunternehmen möchte ein System zur automatischen Klassifizierung von Neukunden in eine Tarifgruppe entwickeln. Nach Abwägung der grundsätzlichen methodischen Möglichkeiten entscheidet sich die Versicherung dazu, die Klassifikation mit Hilfe eines Entscheidungsbaums durchzuführen. Zur Erstellung des Entscheidungsbaums sollen die folgenden Daten von Bestandskunden herangezogen werden:

Kunde	Altersgruppe	Geschlecht	Familienstand	Tarifgruppe
1	[16;25]	weiblich	ledig	1
2	[16;25]	weiblich	verheiratet	1
3	[16;25]	männlich	ledig	2
4	(25;55]	weiblich	ledig	1
5	(25;55]	männlich	verheiratet	2
6	(25;55]	weiblich	verheiratet	2
7	[16;25]	männlich	verheiratet	2
8	[16;25]	weiblich	ledig	2
9	(25;55]	männlich	verheiratet	1
10	(55;90]	weiblich	verheiratet	2
11	(55;90]	männlich	verheiratet	2
12	(55;90]	weiblich	ledig	1

a) Welches der drei Merkmale Altersgruppe, Geschlecht und Familienstand erweist sich als das trennschärfste Merkmale bei der Erstellung des Entscheidungsbaums, wenn eine maximale Reduzierung der Entropie als Zielkriterium verfolgt wird?

b) Das Versicherungsunternehmen hat von der Muttergesellschaft die nachfolgend dargestellten fünf Regeln genannt bekommen, nach denen konzernweit eine Klassifikation von Neukunden in die Tarifgruppen erfolgen soll:

Nr.	Regel
1	Wenn Altersgruppe = [16;25] und Geschlecht = weiblich, dann Tarifgruppe = 2
2	Wenn Altersgruppe = [16;25] und Geschlecht = männlich, dann Tarifgruppe = 1
3	Wenn Altersgruppe = (25;55] und Familienstand = ledig, dann Tarifgruppe = 2
4	Wenn Altersgruppe = (25;55] und Familienstand = verheiratet, dann Tarifgruppe = 1
5	Wenn Altersgruppe = (55;90], dann Tarifgruppe = 2

Konstruieren Sie die zugehörige Baumstruktur.

Teil 2
Lösungen zu den Übungsaufgaben

6 Lösungen zur beschreibenden Statistik

6.1 Häufigkeitsverteilungen und statistische Maßzahlen

Lösung zur Aufgabe 1.1.1

a) Das arithmetische Mittel berechnet sich für gehäufte Daten nach der Formel

$$\bar{x} = \frac{1}{n}\sum_j a_j \cdot h_j = \frac{580000}{200000} = 2,90 \; [\text{€}]$$, wobei die Zahlenwerte der unten stehenden Arbeits-

tabelle entnommen sind.

b) In der folgenden Arbeitstabelle sind die Ausprägungen a_j der Stückkosten in aufsteigender Reihenfolge aufgelistet, weil man zur Bestimmung des Medians die geordneten Beobachtungswerte benötigt:

Erzeugnis	Kosten a_j	Häufigkeit h_j	$a_j \cdot h_j$	kumulierte Häufigkeit H_j
D	2,50	42000	105000	42000
B	2,50	68000	170000	110000
E	3,00	44000	132000	154000
C	3,50	26000	91000	180000
A	4,10	20000	82000	200000
		200000	580000	

Da der Stichprobenumfang $n = 200000$ eine gerade Zahl ist, berechnet sich der Median

nach der Formel $x_{Med} = \frac{1}{2}\left(x^*_{\frac{n}{2}} + x^*_{\frac{n}{2}+1}\right) = \frac{x^*_{100000} + x^*_{100001}}{2}$, also als Mittelwert des 100000. und

100001. Wertes in der geordneten Beobachtungsreihe. Wie man der Arbeitstabelle entnehmen kann, ist das jeweils die Zahl 2,50, so dass sich als Median 2,50 € ergibt.

Der Modalwert lautet ebenfalls 2,50 €, weil diese Kosten am häufigsten vorkommen.

c) $\bar{x} = \frac{1}{0,9 \cdot n}\sum_j \left(1,1 \cdot a_j\right)\cdot\left(0,9 \cdot h_j\right) = 1,1\cdot\frac{1}{n}\sum_j a_j h_j = 1,1\cdot 2,90\,€ = 3,19\,€$

Die mittleren Verpackungskosten pro Stück steigen um 10 Prozent.

Lösung zur Aufgabe 1.1.2

a) Die sekundäre Häufigkeitstabelle:

Klasse	h_i	f_i	Klassenmitte
[10; 20)	1	0,05	15
[20; 40)	4	0,20	30
[40; 60)	10	0,50	50
[60; 80)	3	0,15	70
[80; 100)	2	0,10	90
	20	1,00	

b) Geeignet ist hier ein Histogramm, weil man damit auch nicht äquidistante Klasseneinteilungen darstellen kann.

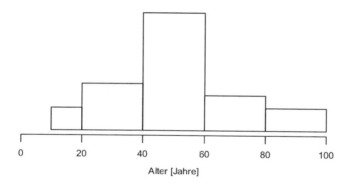

Alter [Jahre]

c) Die beiden empirischen Kennwerte berechnet man näherungsweise mit Hilfe der obigen Häufigkeitstabelle, indem man die Klassenmitten $\tilde{a}_j$ statt der Ausprägungen benutzt.

Für das arithmetische Mittel:

$$\tilde{x} = \frac{1}{n}\sum_{j=1}^{m} \tilde{a}_j \cdot h_j = \frac{1}{20}(15 \cdot 1 + 30 \cdot 4 \ldots + 90 \cdot 2) = \frac{1025}{20} = 51,25 \quad [\text{Jahre}].$$

Für die empirische Varianz:

$$s^2 \approx \frac{1}{n-1}\left(\sum_{j=1}^{m} \tilde{a}_j^2 \cdot h_j - n \cdot \tilde{x}^2\right) = \frac{1}{19}\left(15^2 \cdot 1 + 30^2 \cdot 4 + \ldots + 90^2 \cdot 2 - 20 \cdot 51,25^2\right) =$$

$$= \frac{59725 - 20 \cdot 2626,5625}{19} = \frac{7193,75}{19} \approx 387,62 \quad [\text{Jahre}^2].$$

Lösung zur Aufgabe 1.1.3

a) Die Skala ist kardinal.

b) Die primäre Häufigkeitstabelle:

a_j	h_j	F_j
3126	2	0,0625
3127	5	0,2188
3128	6	0,4062
3129	6	0,5934
3130	7	0,8125
3131	4	0,9375
3132	1	0,9688
3133	1	1,0000

c) Das Häufigkeitspolygon:

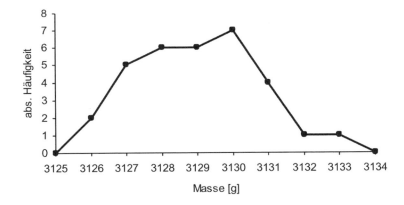

d) Die empirischen Kennwerte berechnet man am besten mit Hilfe der obigen Häufig-keitstabelle.

Das arithmetische Mittel: $\bar{x} = \dfrac{1}{n}\sum\limits_{j=1}^{k} a_j \cdot h_j = \dfrac{1}{32}(3126\cdot 2 + ... + 3133\cdot 1) = \dfrac{100128}{32} = 3129$ [g].

Zur Bestimmung der Standardabweichung berechnet man zunächst die Varianz

$$s^2 = \frac{1}{n-1}\left(\sum_{j=1}^{k} a_j^2 \cdot h_j - n\cdot \bar{x}^2\right) = \frac{1}{31}\left(3126^2 \cdot 2 + ... + 3133^2 \cdot 1 - 32\cdot 3129^2\right) = \frac{92}{31} \approx 2,9677 \ [g^2].$$

Die empirische Standardabweichung ist dann $s = \sqrt{s^2} = \sqrt{\dfrac{92}{31}} \approx 1,723$ [g].

e) Wie man der Häufigkeitstabelle entnehmen kann, hat der Wert 3130 die größte Häufigkeit, das ist folglich der Modalwert $x_{Mod} = 3130$.

Die relativen Summenhäufigkeiten F_j überschreiten bei den Ausprägungen 3128, 3129 bzw. 3130 die 25-, 50- bzw. 75-Prozent-Grenze. Damit sind $x_{0,25} = 3128$, $x_{Med} = 3129$ und $x_{0,75} = 3130$ die empirischen Quartile [jeweils in g].

Die Spannweit beträgt $R = x_{max} - x_{min} = 3133 - 3126 = 7$ [g].

Lösung zur Aufgabe 1.1.4

a) Die beiden Modalwerte sind $x_{Mod}^A = 3$ bzw. $x_{Mod}^B = 2$.

b) Die beiden Stichprobenumfänge sind 100 bzw. 50. Aus den beiden Mittelwerten

$$\overline{x}_A = \frac{1}{100}(1 \cdot 10 + 2 \cdot 20 + 3 \cdot 40 + 4 \cdot 20 + 5 \cdot 10) = 3$$

$$\overline{x}_B = \frac{1}{50}(1 \cdot 10 + 2 \cdot 20 + 3 \cdot 10 + 4 \cdot 10 + 0 \cdot 10) = 2,4$$

berechnet man das gemeinsame arithmetische Mittel $\overline{x}_{Ges} = \frac{1}{100 + 50}(100 \cdot 3 + 50 \cdot 2,4) = 2,8$.

c) Man kann jeweils die Formel $s^2 = \frac{1}{n-1}\left(\sum_{j=1}^{k} a_j^2 \cdot h_j - n \cdot \overline{x}^2\right)$ zur Berechnung der beiden Varianzen benutzen:

$$s_A^2 = \frac{1}{99}\left(1^2 \cdot 10 + 2^2 \cdot 20 + 3^2 \cdot 40 - 4^2 \cdot 20 + 5^2 \cdot 10 - 100 \cdot 3^2\right) = \frac{1020 - 900}{99} \approx 1,2121$$

$$s_B^2 = \frac{1}{49}\left(1^2 \cdot 10 + 2^2 \cdot 20 + 3^2 \cdot 10 + 4^2 \cdot 10 + 5^2 \cdot 0 - 50 \cdot 2,4^2\right) = \frac{340 - 288}{49} \approx 1,0612.$$

Daraus bestimmt man die gemeinsame Varianz

$$s_{Ges}^2 = \frac{1}{149}\left(1020 + 340 - 150 \cdot 2,8^2\right) = \frac{1}{149}\left(1360 - 1176\right) \approx 1,2349.$$

d) Die Klasse [0,5; 1,5) hat die Breite 1. Ihre Häufigkeit von 20 wird durch ein Rechteck mit dem Flächeninhalt $1 \cdot 20 = 20$ repräsentiert. Also entspricht der Flächeninhalt der absoluten Häufigkeit.

Die Klasse [3,5; 5,5) hat die Breite 2. Ihre Häufigkeit 40 muss gleich dem Flächeninhalt von $2 \cdot$ Balkenhöhe sein, was mit einer Balkenhöhe von 20 erreicht wird.

Lösung zur Aufgabe 1.1.5

a) Die statistischen Grundbegriffe haben hier folgende Bedeutung:
   - Grundgesamtheit: Alle Tage des 1. Quartals 2010
   - Merkmal: Anzahl der Zugriffe
   - Ausprägungen: 5366, 5367, …, 6687
   - Skalenart: kardinal
   - Stichprobenumfang: $n = 21$

b) Es sei $x_1^*, x_2^*, …, x_n^*$ die aufsteigend geordnete Beobachtungsreihe. Da der Stichprobenumfang ungerade ist, berechnen sich die Quartile zu

$$x_{Med} = x_{\frac{n+1}{2}}^* = x_{11}^* = 5808, \qquad x_{0,25} = x_{\lceil\frac{n}{4}\rceil}^* = x_6^* = 5558, \qquad x_{0,75} = x_{\lceil\frac{3n}{4}\rceil}^* = x_{16}^* = 6140,$$

wobei $\lceil … \rceil$ Aufrunden auf die nächste ganze Zahl bedeutet.

c) Der Box-Whisker-Plot:

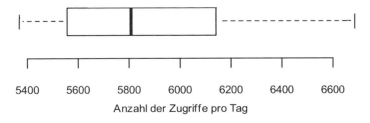

5400   5600   5800   6000   6200   6400   6600

Anzahl der Zugriffe pro Tag

Lösung zur Aufgabe 1.1.6

a)

Anzahl der Störfälle	Absolute Häufigkeit	Absolute Summenhäufigkeit
0	85	85
1	74	159
2	63	222
3	51	273
4	27	300
5	20	320
6	16	336
7	12	348
8	9	357
9	6	363
10	2	365

b) $\bar{x} = \dfrac{1}{n}\sum_{j=1}^{k} a_j \cdot h_j = \dfrac{1}{365}(0 \cdot 85 + 1 \cdot 74 + 2 \cdot 63 + \ldots + 8 \cdot 9 + 9 \cdot 6 + 10 \cdot 2) = \dfrac{887}{365} \approx 2,430$

$s = \sqrt{\dfrac{1}{n-1}\left(\sum_{j=1}^{k} a_j^2 \cdot h_j - n \cdot \bar{x}^2\right)} \approx \sqrt{\dfrac{1}{364}\left(0^2 \cdot 85 + \ldots + 10^2 \cdot 2 - 365 \cdot 2{,}43^2\right)} \approx 2,337$

Der Wert für $\bar{x}$ bedeutet, dass im Mittel 2,43 Störfälle pro Tag auftraten.

c) Der Modalwert ist der häufigste Beobachtungswert, mithin $x_{Mod} = 0$.

Zur Bestimmung der Quartile wird die aufsteigend geordnete Beobachtungsreihe $x_1^*, x_2^*, \ldots, x_n^*$ benötigt, die man mit Hilfe der Häufigkeitstabelle nachempfinden kann. Da der Stichprobenumfang $n = 365$ ungerade ist, berechnen sich die Quartile zu

$$x_{0,25} = x^*_{\left\lceil \frac{n}{4} \right\rceil} = x^*_{92} = 1, \qquad x_{Med} = x^*_{\frac{n+1}{2}} = x^*_{183} = 2, \qquad x_{0,75} = x^*_{\left\lceil \frac{3n}{4} \right\rceil} = x^*_{274} = 4,$$

wobei $\lceil \ldots \rceil$ Aufrunden auf die nächste ganze Zahl bedeutet.

Der Box-Whisker-Plot:

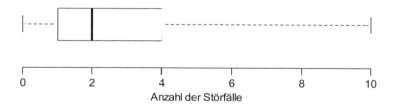

d) Die Verteilung ist rechts schief.

Lösung zur Aufgabe 1.1.7

a) Das Merkmal ist kardinal skaliert.

b) Zunächst muss die sekundäre Häufigkeitstabelle erstellt werden:

Klasse	Häufigkeit	Klassenbreite	Höhe des Balkens
[18 – 20)	7	2	14
[20 – 24)	16	4	16
[24 – 28)	10	4	10

Wenn im Histogramm als Balkenhöhe für die zweite und dritte Klasse die absolute Häufigkeit genommen wird, muss bei der halb so breiten ersten Klasse die doppelte absolute Häufigkeit als Balkenhöhe verwendet werden, damit die Flächeninhalte proportional zur Häufigkeit sind.

Das Histogramm:

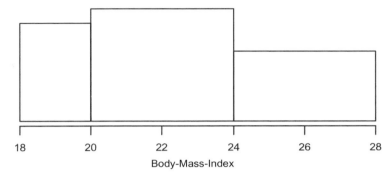

Body-Mass-Index

Lösung zur Aufgabe 1.1.8

a) Die gegebene Häufigkeitstabelle wird um eine Spalte mit den kumulierten Häufigkeiten ergänzt, um die Quartile besser ablesen zu können.

Anzahl der Patienten	Häufigkeit	Summenhäufigkeit
0	54	54
1	73	127
2	43	170
3	27	197
4	11	208
5	2	210
Summe	210	

Das arithmetische Mittel:

$$\bar{x} = \frac{1}{n}\sum_{j=1}^{k} a_j \cdot h_j = \frac{1}{210}(0 \cdot 52 + 1 \cdot 72 + 2 \cdot 43 + 3 \cdot 28 + 4 \cdot 12 + 5 \cdot 3) = \frac{294}{210} = 1,4$$

Die empirische Varianz:

$$s^2 = \frac{1}{n-1}\left(\sum_{j=1}^{k} a_j^2 \cdot h_j - n \cdot \bar{x}^2\right) = \frac{1}{209}\left(0^2 \cdot 54 + 1^2 \cdot 73 + ... + 5^2 \cdot 2 - 210 \cdot 1,4^2\right) \approx 1,447$$

Am häufigsten kam 1 Patient zur Schmerzsprechstunde, das ist dann also der Modalwert $x_{Mod} = 1$.

Den Median und die beiden Quartile bestimmt man mit Hilfe der aufsteigend geordneten Beobachtungsreihe $x_1^*, x_2^*, \dots, x_n^*$, die man anhand der Summenhäufigkeiten leicht
nachempfinden kann. Weil der Beobachtungsumfang $n = 210$ wohl durch 2, nicht aber
durch 4 ohne Rest teilbar ist, berechnen sich der Median gemäß der Formel

$$x_{Med} = \frac{1}{2}\left(x_{\frac{n}{2}}^* + x_{\frac{n}{2}+1}^* \right) = \frac{1}{2}(x_{105}^* + x_{106}^*) = \frac{1+1}{2} = 1 \text{ und die beiden Quartile gemäß den Formeln}$$

$$x_{0,25} = x_{\left\lceil \frac{n}{4} \right\rceil}^* = x_{53}^* = 0 \text{ bzw. } x_{0,75} = x_{\left\lceil \frac{3n}{4} \right\rceil}^* = x_{158}^* = 2 \text{, woraus ein Quartilsabstand von } Q = 2 \text{ folgt.}$$

b) Im Mittel nimmt 1 Patient die Schmerzsprechstunde wahr.

c) Das Histogramm:

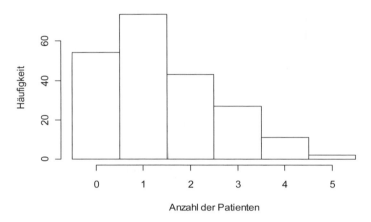

d) Die Verteilung ist rechts schief.

Lösung zur Aufgabe 1.1.9

Zur näherungsweisen Berechnung des empirischen Mittels werden die (nicht genau bekannten) Ausprägungen durch die Klassenmitten ersetzt. Zum Zeichnen des Histogramms
sind außerdem die Klassenbreiten von Bedeutung, damit man die Höhen der Balken so
bestimmen kann, dass die Flächeninhalte proportional zur Häufigkeit sind.

Klassenmitte $\tilde{a}_j$	Klassenbreite	Häufigkeit h_j	Balkenhöhe
0,5	1	5	5,0
3,0	4	20	5,0
12,5	15	75	5,0
40,0	40	20	0,5
		120	

a) Die Entfernung zwischen Wohnung und Arbeitsplatz beträgt durchschnittlich

$$\tilde{x} = \frac{1}{n}\sum_{j=1}^{m}\tilde{a}_j \cdot h_j = \frac{1}{120}(0,5\cdot 5 + 3\cdot 20 + 12,5\cdot 75 + 40\cdot 20) = \frac{1800}{20} = 15 \ [\mathrm{km}].$$

b) Alle Mitarbeiter zusammen bekommen im Jahr einen Erstattungsbetrag in Höhe von $1800\cdot 220\cdot 0,42\,€ = 166320\,€$.

c) Das Histogramm:

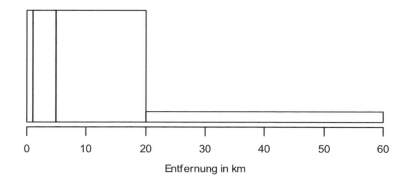

Entfernung in km

Lösung zur Aufgabe 1.1.10

a) Die Begriffe bedeuten hier:
   - Grundgesamtheit: Alle privaten Haushalte Thüringens im November 2008
   - 1 Merkmal: Anzahl der Kinder
   - Ausprägungen: 0,1, 2, …, 6
   - Skalenart: kardinal
   - Stichprobenumfang: $n = 700$

b)

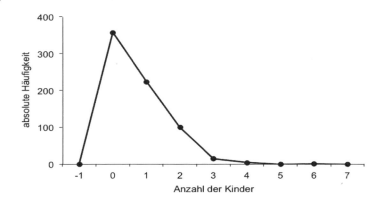

Anzahl der Kinder

c) Das arithmetische Mittel beträgt $\bar{x} = \frac{1}{n}\sum_{j=1}^{k} a_j \cdot h_j = \frac{1}{700}(0 \cdot 357 + 1 \cdot 223 + ... + 6 \cdot 1) = \frac{490}{700} = 0{,}7$.

Zwecks Berechnung der Zentralmomente wird eine Arbeitstabelle erstellt:

a_j	h_j	$a_j - \bar{x}$	$(a_j - \bar{x})^2 \cdot h_j$	$(a_j - \bar{x})^3 \cdot h_j$
0	357	-0,7	174,93	-122,451
1	223	0,3	20,07	6,021
2	100	1,3	169,00	219,700
3	15	2,3	79,35	182,505
4	4	3,3	43,56	143,748
5	0	4,3	0	0
6	1	5,3	28,09	148,877
Summe	700		515	578,400

Die beiden Zentralmomente ergeben sich zu $M_{Zen,2} = \frac{1}{n}\sum_{i=1}^{k}(a_i - \bar{x})^2 \cdot h_j = \frac{515}{700} \approx 0{,}736$ und

$M_{Zen,3} = \frac{1}{n}\sum_{i=1}^{k}(a_i - \bar{x})^3 \cdot h_j = \frac{578{,}4}{700} \approx 0{,}826$.

Daraus folgt dann die empirische Schiefe $Sch = \frac{M_{Zen,3}}{\left(M_{Zen,2}\right)^{1,5}} \approx \frac{0{,}826}{\left(\sqrt{0{,}736}\right)^3} \approx 1{,}31$.

d) Wegen $Sch > 0$ ist die Verteilung rechts schief.

Lösung zur Aufgabe 1.1.11

a) Die Häufigkeitstabelle kann man mit Hilfe einer Strichliste erstellen:

a_i	Striche	h_i	H_i
0	卌	5	5
1	卌 卌 III	13	18
2	卌 IIII	9	27
3	卌 II	7	34
4	II	2	36 = n

b) Das arithmetische Mittel: $\bar{x} = \frac{1}{n}\sum_{j=1}^{k} a_j \cdot h_j = \frac{1}{36}(0 \cdot 5 + 1 \cdot 13 + ... + 4 \cdot 2) = \frac{60}{36} = \frac{5}{3}$.

Die empirische Standardabweichung:

$$s = \sqrt{\frac{1}{n-1}\left(\sum_{j=1}^{k} a_j^2 \cdot h_j - n \cdot \overline{x}^2\right)} \approx \sqrt{\frac{1}{35}\left(0^2 \cdot 5 + \ldots + 4^2 \cdot 2 - 36 \cdot \left(\frac{5}{3}\right)^2\right)} \approx 1{,}121 .$$

Der Median und die beiden Quartile werden mit Hilfe der aufsteigend geordneten Beobachtungsreihe $x_1^*, x_2^*, \ldots, x_n^*$ bestimmt. Weil der Beobachtungsumfang $n = 36$ ohne Rest durch 4 teilbar ist, ergeben sich der Median

$$Med = \frac{1}{2}\left(x_{18}^* + x_{19}^*\right) = \frac{1}{2}\left(1 + 2\right) = 1{,}5$$

und die Quartile

$$x_{0{,}25} = \frac{1}{2}\left(x_9^* + x_{10}^*\right) = \frac{1}{2}\left(1 + 1\right) = 1{,}0 \text{ und } x_{0{,}75} = \frac{1}{2}\left(x_{27}^* + x_{28}^*\right) = \frac{1}{2}\left(2 + 3\right) = 2{,}5 .$$

c) Der Box-Whisker-Plot:

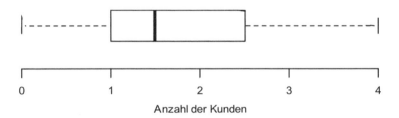

Anzahl der Kunden

d) Die Häufigkeitsverteilung ist rechts schief.

Lösung zur Aufgabe 1.1.12

a) Der mittlere Wachstumsfaktor ist das geometrische Mittel der einzelnen Wachstumsfaktoren: $\overline{c}_{geo} = \sqrt[9]{1{,}05 \cdot 1{,}07 \cdot 1{,}09 \cdot 1{,}04 \cdot \ldots \cdot 1{,}02} \approx \sqrt[9]{1{,}68528} \approx 1{,}0597 .$

Die mittlere Wachstumsrate wird aus dem mittleren Wachstumsfaktor berechnet: $\overline{r} = (\overline{c}_{geo} - 1) \cdot 100\% \approx 5{,}97 \% .$

b) Mit $x_{2011} = 12{,}46 \cdot 1{,}05 \cdot 1{,}07 \cdot \ldots \cdot 1{,}02 \approx 12{,}46 \cdot 1{,}68528 \approx 21$ ergibt sich für das Jahr 2011 ein Produktionsvolumen von rund 21 Millionen Euro.

c) Es wird unterstellt, dass die Produktionsmenge in den folgenden zwei Jahren genau so wächst wie bisher im Mittel. Damit ergeben sich die Werte $\hat{x}_{2012} \approx 21 \cdot 1,0597 \approx 22,25$ und $\hat{x}_{2013} \approx 21 \cdot 1,0597^2 \approx 23,58$ [jeweils in Millionen Euro].

Lösung zur Aufgabe 1.1.13

a) Die Anzahl der Erwerbspersonen beträgt $\dfrac{74400}{0,093} + \ldots + \dfrac{110400}{0,092} = 5.700.000$.

b) Die Arbeitslosenquote des gesamten Bundeslandes ist der Quotient aus der Anzahl aller Arbeitslosen und der Anzahl der Erwerbspersonen des Bundeslandes,

$$\frac{74400 + 100800 + \ldots + 110400}{5700000} = \frac{568300}{5700000} \approx 0,0997 \text{, also rund 9,97 Prozent.}$$

Lösung zur Aufgabe 1.1.14

a) Es bezeichne $\left(x_i^*\right) = (1, 2, 2, 5, 5, 10)$ die geordnete Beobachtungsreihe und $MS = \displaystyle\sum_{i=1}^{6} x_j^* = 25$

die Merkmalssumme. R_3 ergibt sich dann mit $R_3 = \dfrac{1}{MS} \displaystyle\sum_{j=n-2}^{n} x_j^* = \dfrac{1}{25}(5+5+10) = 0,8$.

b) Den End- und die Knickpunkte der Lorenzkurve kann man der folgenden Arbeitstabelle mit $F_0 = 0$, $F_j = \dfrac{1}{n}\displaystyle\sum_{i=1}^{j} h_i$ und $S_0 = 0$, $S_j = \dfrac{1}{MS}\displaystyle\sum_{i=1}^{j} a_i \cdot h_i$ entnehmen:

a_j	h_j	F_j	$a_j \cdot h_j$	S_j	$F_{j-1} - F_j$
1	1	1/6	1	1/25	1/6
2	2	3/6	4	1/5	4/6
5	2	5/6	10	3/5	8/6
10	1	1	10	1	11/6
			25		

Gezeichnet werden schließlich die Punkte $\left(F_j; S_j\right)$ für $j = 0, 1, \ldots, 4$. Dies sind die Punkte

$$\left(0;0\right), \left(\frac{1}{6};\frac{1}{25}\right), \left(\frac{1}{2};\frac{1}{5}\right), \left(\frac{5}{6};\frac{3}{5}\right), \left(1;1\right).$$

Die Lorenzkurve:

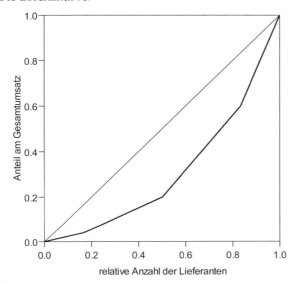

relative Anzahl der Lieferanten

c) Die letzte Spalte der Arbeitstabelle wird zur Berechnung des Gini-Koeffizienten benötigt:

$$G = \left[\frac{1}{MS} \sum_{j=1}^{4} (F_{j-1} + F_j) \cdot a_j \cdot h_j \right] - 1 = \frac{1}{25} \left(\frac{1}{6} + \frac{16}{6} + \frac{80}{6} + \frac{110}{6} \right) - 1 = \frac{207}{25 \cdot 6} - 1 = 0,38 \ . \text{ Daraus folgt}$$

der normierte Gini-Koeffizient $G_{norm} = \dfrac{n}{n-1} \cdot G = \dfrac{6}{5} \cdot G = 0,456$.

6.2   Zusammenhänge zwischen Merkmalen

Lösung zur Aufgabe 1.2.1

Zu der gegebenen Kontingenztafel werden die Randsummen gebildet und damit die Erwartungshäufigkeiten nach der Formel $e_{ij} = \dfrac{h_{i\bullet} \cdot h_{\bullet j}}{n}$ berechnet:

h_{ij}				
20	18	12	50	
30	3	7	40	
10	15	5	30	
60	36	24	120 = n	

e_{ij}			
25	15	10	
20	12	8	
15	9	6	

Das pearsonsche Chi-Quadrat beträgt dann $\chi^2 = \sum_{i=1}^{3} \sum_{j=1}^{3} \frac{(h_{ij} - e_{ij})^2}{e_{ij}} \approx 19{,}71$, woraus der Kontin-

genzkoeffizient $C = \sqrt{\dfrac{\chi^2}{n + \chi^2}} \approx \sqrt{\dfrac{19{,}71}{139{,}71}} \approx 0{,}376$ resultiert. Dieser Koeffizient muss noch um

den Faktor $\sqrt{\dfrac{\min(k,m)}{\min(k,m) - 1}}$ korrigiert werden, wobei $k = 3$ und $m = 3$ die Anzahl der Zeilen

bzw. Spalten in der Kontingenztafel sind. Der korrigierte Kontingenzkoeffizient ist mithin

$C_{korr} = \sqrt{\dfrac{3}{2}} \cdot C \approx 0{,}46$.

Dieser Wert lässt sich als (leichte) Abhängigkeit zwischen Haar- und Augenfarbe interpretieren.

Lösung zur Aufgabe 1.2.2

a) Berechnet werden soll der korrigierte Kontingenzkoeffizient. Die dazu benötigten Erwartungshäufigkeiten $e_{ij} = \dfrac{h_{i\bullet} \cdot h_{\bullet j}}{n}$ stehen in der folgenden Tabelle:

e_{ij}			
	137,5	112,5	250
	412,5	337,5	750
	550	450	1000 = n

Daraus berechnet man die Kenngröße

$$\chi^2 = \sum_i \sum_j \frac{(h_{ij} - e_{ij})^2}{e_{ij}} = \left(\frac{2{,}5^2}{137{,}5} + \frac{2{,}5^2}{112{,}5} + \frac{2{,}5^2}{412{,}5} + \frac{2{,}5^2}{337{,}5} \right) \approx 0{,}13468$$

und schließlich den korrigierten Kontingenzkoeffizienten

$$C_{korr} = \sqrt{\frac{\min(k,m)}{\min(k,m) - 1}} \cdot \sqrt{\frac{\chi^2}{\chi^2 + n}} \approx \sqrt{\frac{2}{1}} \cdot \sqrt{\frac{0{,}13468}{1000{,}13468}} \approx 0{,}016 \ .$$

b) Es besteht kein nennenswerter Zusammenhang zwischen Erkrankung und Geschlechtszugehörigkeit.

c) Es fällt auf, dass sich alle Häufigkeiten in der Kontingenztafel genau verdoppelt haben. Damit verdoppeln sich auch der Stichprobenumfang n, die Erwartungshäufigkeiten und das χ^2, was wiederum bedeutet, dass $\sqrt{\dfrac{\chi^2}{\chi^2+n}}$ und damit der Kontingenzkoeffizient unverändert bleiben: $C_{korr} \approx 0,016$.

Lösung zur Aufgabe 1.2.3

a) Die Erwartungshäufigkeiten sind hier:

e_{ij}			
56	22	22	100
84	33	33	150
140	55	55	250

Daraus berechnet man das pearsonsche Chi-Quadrat $\chi^2 = \sum_i \sum_j \dfrac{(h_{ij} - e_{ij})^2}{e_{ij}} \approx 0,40855$ und

den Kontingenzkoeffizienten $C = \sqrt{\dfrac{\chi^2}{n+\chi^2}} \approx \sqrt{\dfrac{0,40855}{250,41}} \approx 0,0404$. Durch Korrektur mit

dem Faktor $\sqrt{\dfrac{\min(2,3)}{\min(2,3)-1}} = \sqrt{\dfrac{2}{2-1}} = \sqrt{2}$ erhält man schließlich $C_{korr} \approx 0,057$.

b) Der Kontingenzkoeffizient ist nahe bei null, so dass die Verteilung der Wörter nicht von der Erzählung abhängt. Es ist auf diese Weise kein Unterschied zwischen den Erzählungen nachweisbar.

Lösung zur Aufgabe 1.2.4

a) Es bezeichne X die Studiendauer und Y die Abschlussnote. Zunächst werden die Rangzahlen für beide Merkmale getrennt bestimmt und in die folgende Arbeitstabelle eingetragen:

$Rg(x_i)$	9	8	7	6	5	3,5	3,5	1,5	1,5	
$Rg(y_i)$	9	8	6	7	2	5	4	1	3	Summe
$Rg(x_i)^2$	81	64	49	36	25	12,25	12,25	2,25	2,25	284,0
$Rg(y_i)^2$	81	64	36	49	4	25	16	1	9	285,0
$Rg(x_i) \cdot Rg(y_i)$	81	64	42	42	10	17,5	14	1,5	4,5	276,5

Der entsprechende Rangkorrelationskoeffizient wird mit $c_n = \dfrac{n(n+1)^2}{4} = 225$ nach der

Formel $r_{SP} = \dfrac{\sum\limits_{i=1}^{n} Rg(x_i)\ Rg(y_i) - c_n}{\sqrt{\left[\sum\limits_{i=1}^{n} Rg(x_i)^2 - c_n\right]\cdot\left[\sum\limits_{i=1}^{n} Rg(y_i)^2 - c_n\right]}}$ berechnet. Mit den Summen aus der

Arbeitstabelle ergibt sich dann $r_{SP} = \dfrac{276,5 - 225}{\sqrt{[284 - 225]\cdot[285 - 225]}} \approx 0,8656$.

b) Es gibt eine Abhängigkeit zwischen Studiendauer und Abschlussnote. Je länger das Studium dauert, desto schlechter ist die Abschlussnote.

Lösung zur Aufgabe 1.2.5

a) Da keine Beobachtungswerte mehrfach auftreten, kann man den Rangkorrelationskoef-

fizient mit der Formel $r_{sp} = 1 - \dfrac{6\cdot\sum\limits_{i=n}^{n}(Rg(x_i) - Rg(y_i))^2}{(n-1)\cdot n\cdot(n+1)}$ berechnen. Dazu wird die Arbeits-

tabelle mit den Rangzahlen erstellt:

$Rg(x_i)$	$Rg(y_i)$	$(Rg(x_i) - Rg(y_i))^2$
2	1	1
4	3	1
3	2	1
1	4	9
5	6	1
7	5	4
6	7	1
8	8	0
9	9	0
Summe		18

Daraus ergibt sich der Wert $r_{SP} = 1 - \dfrac{6\cdot 18}{8\cdot 9\cdot 10} = \dfrac{17}{20} = 0,85$.

b) Der Wert würde derselbe bleiben, weil der neue Preis die Reihenfolge der Preise und damit die Rangzahlen nicht verändert.

c) Es besteht ein relativ hoher, gleichgerichteter Zusammenhang zwischen Preis und Sitz-komfort.

Lösung zur Aufgabe 1.2.6

a) Geeignet ist hier ein Rangkorrelationskoeffizient. Den nach Spearman kann man mit der

Formel $r_{sp} = 1 - \dfrac{6 \cdot \sum\limits_{i=1}^{n}(Rg(x_i) - Rg(y_i))^2}{(n-1) \cdot n \cdot (n+1)}$ berechnen, da keine mehrfachen Ränge zu verge-

ben sind. Die Ränge und die quadratischen Abweichungen stehen in der folgenden Arbeitstabelle:

	$Rg(x_i)$	$Rg(y_i)$	$(Rg(x_i) - Rg(y_i))^2$
A	1	1	0
B	3	3	0
C	8	8	0
D	5	5	0
E	7	7	0
F	6	6	0
G	9	9	0
H	10	10	0
I	2	4	4
J	4	2	4
			8

Daraus resultiert der Wert $r_{sp} = 1 - \dfrac{6 \cdot 8}{9 \cdot 10 \cdot 11} \approx 0,9515$.

b) Da der Rangkorrelationskoeffizient nahe bei 1 liegt, stimmen die beiden Bewertungen weitgehend überein.

c) Diese nachträgliche Änderung hat keinen Einfluss auf das Ergebnis, da die Rangplätze gleich bleiben.

d) $r_{sp} = 1$, da jetzt die x-Reihe und die y-Reihe völlig identische Rangzahlen haben.

6.3   Lineare Regression

Lösung zur Aufgabe 1.3.1

a) Der betragsmäßig relativ große Korrelationskoeffizient bedeutet, dass zwischen dem Quadratmeterpreis und der Wohnfläche ein annähernd linearer Zusammenhang besteht. Das negative Vorzeichen weist auf die gegenläufige Richtung dieser Abhängigkeit hin: je größer die Wohnfläche, desto kleiner der Quadratmeterpreis.

b) Die optimalen Regressionskoeffizienten $\hat{a}$ und $\hat{b}$ in dem Ansatz $y = a + b \cdot x$ lassen sich

mit den Formeln $\hat{b} = r \cdot \dfrac{s_y}{s_x}$ und $\hat{a} = \bar{y} - \hat{b} \cdot \bar{x}$ berechnen. Dazu müssen zunächst die empi-

rischen Mittelwerte und Standardabweichungen der x-Werte (Wohnfläche) und der y-Werte (Quadratmeterpreis) bestimmt werden. Man berechnet

$$\bar{x} = \frac{1}{8}\sum_{i=1}^{8} x_i = 86 \text{ und } s_x = \sqrt{\frac{1}{7}\sum_{i=1}^{8}(x_i - \bar{x})^2} \approx 24{,}4949 \text{ bzw.}$$

$$\bar{y} = \frac{1}{8}\sum_{i=1}^{8} y_i = 11{,}1 \text{ und } s_y = \sqrt{\frac{1}{7}\sum_{i=1}^{8}(y_i - \bar{y})^2} \approx 0{,}4971 .$$

Die Regressionskoeffizienten sind somit $\hat{b} = r \cdot \dfrac{s_y}{s_x} \approx -0{,}9748 \cdot \dfrac{0{,}4971}{24{,}4949} \approx -0{,}0918$ und

$\hat{a} = \bar{y} - \hat{b} \cdot \bar{x} \approx 11{,}1 + 0{,}0198 \cdot 86 \approx 12{,}8$. Die Gleichung der Regressionsgeraden lautet also $y = -0{,}0198 \cdot x + 12{,}8$.

c) Das Bestimmtheitsmaß bei einer linearen Regression ist das Quadrat des Korrelations-koeffizienten, $B = r^2 \approx 0{,}95$. Das bedeutet hier, dass 95 % der Varianz der y-Werte allein durch die Gerade erzeugt werden.

d) Eine 65 m² große Wohnung hätte einen durchschnittlichen Quadratmeterpreis von $\hat{y}(65) = 12{,}8 - 0{,}0198 \cdot 65 = 11{,}513 \,[\text{€}/\text{m}^2]$ und damit eine sich ergebende Monatsnetto-miete von $\hat{y}(65) \cdot 65 \approx 11{,}513 \cdot 65 \approx 748 \,[\text{€}]$.

Lösung zur Aufgabe 1.3.2

Die Tageshöchsttemperatur als unabhängige Einflussgröße werde mit X bezeichnet, die davon abhängige Besucherzahl mit Y. Die geforderten empirischen Kennwerte kann man mit Hilfe der folgenden Arbeitstabelle berechnen, wobei die arithmetischen Mittel $\bar{x} = \dfrac{174}{6} = 29$ bzw. $\bar{y} = \dfrac{1500}{6} = 250$ benutzt worden sind:

x_i	y_i	$x_i - \bar{x}$	$y_i - \bar{y}$	$(x_i - \bar{x})^2$	$(y_i - \bar{y})^2$	$(x_i - \bar{x}) \cdot (y_i - \bar{y})$
35	340	6	90	36	8100	540
25	150	-4	-100	16	10000	400
28	250	-1	0	1	0	0
32	300	3	50	9	2500	150
26	240	-3	-10	9	100	30
28	220	-1	-30	1	900	30
174	1500	Summe		72	21600	1150

a) Da beide Merkmale kardinal skaliert sind, ist der empirische Korrelationskoeffizient von Bravais und Pearson als Abhängigkeitsmaß gut geeignet. Er berechnet sich gemäß

$$r_{xy} = \frac{\sum\limits_{i=1}^{n}(x_i - \bar{x})(y_i - \bar{y})}{\sqrt{\left(\sum\limits_{i=1}^{n}(x_i - \bar{x})^2\right) \cdot \left(\sum\limits_{i=1}^{n}(y_i - \bar{y})^2\right)}} = \frac{1150}{\sqrt{72 \cdot 21600}} \approx 0{,}922 \ .$$

b) Der Anstieg der Regressionsgeraden ist nach der Formel $\hat{b} = \dfrac{\sum\limits_{i=1}^{n}(x_i - \bar{x})(y_i - \bar{y})}{\sum\limits_{i=1}^{n}(x_i - \bar{x})^2}$ zu be-

rechnen. Die Summen entnimmt man der oben stehenden Arbeitstabelle, mit denen sich

$\hat{b} = \dfrac{1150}{72} \approx 15{,}97$ ergibt und der Achsenabschnitt $\hat{a} = \bar{y} - \hat{b} \cdot \bar{x} \approx 250 - 15{,}97 \cdot 29 \approx -213{,}19$

folgt.

c) Die zu erwartende Besucherzahl erhält man, indem man die Temperatur $x = 30$ in die Gleichung der Regressionsgeraden einsetzt: $\hat{y}(30) \approx 15{,}97 \cdot 30 - 213{,}19 \approx 265{,}91$. Es ist also mit etwa 266 Besuchern zu rechnen.

Lösung zur Aufgabe 1.3.3

a) Das Streudiagramm mit der unter b) berechneten Regressionsgeraden:

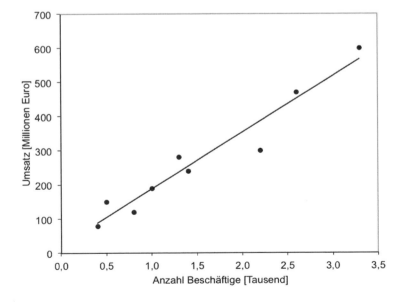

b) Mit Hilfe der Arbeitstabelle

x_i	y_i	$x_i - \bar{x}$	$y_i - \bar{y}$	$(x_i - \bar{x})^2$	$(y_i - \bar{y})^2$	$(x_i - \bar{x}) \cdot (y_i - \bar{y})$
0,4	80	-1,1	-190	1,21	36100	209
0,5	150	-1,0	-120	1,00	14400	120
0,8	120	-0,7	-150	0,49	22500	105
1,0	190	-0,5	-80	0,25	6400	40
1,3	280	-0,2	10	0,04	100	-2
1,4	240	-0,1	-30	0,01	900	3
2,2	300	0,7	30	0,49	900	21
2,6	470	1,1	200	1,21	40000	220
3,3	600	1,8	330	3,24	108900	594
13,5	2430	Summe		7,94	230200	1310

berechnet man zunächst die empirischen Kennwerte

$$\bar{x} = \frac{1}{9}\sum_{i=1}^{9} x_i = \frac{13,5}{9} = 1,5 \text{ und } \bar{y} = \frac{1}{9}\sum_{i=1}^{9} y_i = \frac{2430}{9} = 270 \text{ sowie}$$

$$s_x = \sqrt{\frac{1}{8}\sum_{i=1}^{9}(x_i - \bar{x})^2} = \sqrt{\frac{7,94}{8}} \approx 0,969 \text{ und } s_y = \sqrt{\frac{1}{8}\sum_{i=1}^{9}(y_i - \bar{y})^2} = \sqrt{\frac{230200}{8}} \approx 169,6$$

und damit den empirischen Korrelationskoeffizienten

$$r_{xy} = \frac{\frac{1}{n-1}\left(\sum_{i=1}^{n}(x_i - \bar{x})(y_i - \bar{y})\right)}{s_x \cdot s_y} = \frac{\frac{1}{8} \cdot 1310}{0,996 \cdot 169,6} \approx 0,969$$

und schließlich auch die Regressionkoeffizienten

$$\hat{b} = r_{xy} \cdot \frac{s_y}{s_x} \approx 0,969 \cdot \frac{169,6}{0,996} \approx 165 \text{ und } \hat{a} = \bar{y} - \hat{b} \cdot \bar{x} \approx 270 - 165 \cdot 1,5 \approx 22,52 \,.$$

Die Gleichung der Regressionsgeraden lautet also $y = 22,52 + 165 \cdot x$.

c) Der durch die Gerade erzeugte Anteil an der Varianz der y-Werte entspricht dem Bestimmtheitsmaß $B = r_{xy}^2 \approx 0,969^2 \approx 0,939$. Die Gerade hat somit einen Anteil von 93,9 % an dieser Varianz.

d) Der y-Wert auf der Regressionsgeraden zum Argument $x = 2$ [Tausend Beschäftigte] ist $\hat{y}(2) \approx 22,5 + 165 \cdot 2 = 352,5$. Das bedeutet, dass man einen Jahresumsatz von rund 352,5 Millionen Euro erwarten kann.

Lösung zur Aufgabe 1.3.4

a) Die Regressionskoeffizienten kann man aus den gegebenen Kennwerten berechnen:

$$\hat{b} = r_{xy} \cdot \frac{s_y}{s_x} = 0,8945 \cdot \frac{20,42}{16,6} \approx 1,1 \text{ und } \hat{a} = \overline{y} - \hat{b} \cdot \overline{x} = 145,1 - 1,1 \cdot 41 \approx 100 .$$

Die Gleichung der Regressionsgeraden lautet also $y = 1,1 \cdot x + 100$.

b) Der systolische Blutdruck einer 50-jährigen Frau entspricht dem y-Wert der Regressionsgeraden zum Argument $x = 50$: $\hat{y}(50) = 1,1 \cdot 50 + 100 = 155$.

c) $B = r_{xy}^2 = 0,8945^2 \approx 0,8$ bedeutet, dass 80 % der Varianz der y-Werte von der Geraden erzeugt werden.

Lösung zur Aufgabe 1.3.5

a) Das geeignete Zusammenhangsmaß ist der empirische Korrelationskoeffizient r_{xy}. Mit der Bezeichnung der Faschingsdauer als X und des Quartalsumsatzes als Y berechnet man z. B. mit einer Arbeitstabelle wie in der Lösung zur Aufgabe 1.3.3 zunächst die arithmetischen Mittel $\overline{x} = \dfrac{360}{6} = 60$ und $\overline{y} = \dfrac{5220}{6} = 870$ und danach die Summen

$\sum\limits_{i=1}^{6}(x_i - \overline{x})^2 = 98$, $\sum\limits_{i=1}^{6}(y_i - \overline{y})^2 = 10816$ und $\sum\limits_{i=1}^{6}(x_i - \overline{x})(y_i - \overline{y}) = 898$. Daraus folgt schließlich

der Korrelationskoeffizient $r_{xy} = \dfrac{\sum\limits_{i=1}^{6}(x_i - \overline{x})(y_i - \overline{y})}{\sqrt{\left(\sum\limits_{i=1}^{6}(x_i - \overline{x})^2\right) \cdot \left(\sum\limits_{i=1}^{6}(y_i - \overline{y})^2\right)}} = \dfrac{898}{\sqrt{98 \cdot 10816}} \approx 0,8722$.

b) Die Regressionskoeffizienten sind $\hat{b} = \dfrac{\sum\limits_{i=1}^{6}(x_i - \overline{x})(y_i - \overline{y})}{\sum\limits_{i=1}^{6}(x_i - \overline{x})^2} = \dfrac{898}{98} \approx 9,163$ [1000 €/Tag] bzw.

$\hat{a} = \overline{y} - \hat{b} \cdot \overline{x} \approx 870 - 9,163 \cdot 60 = 320,22$ [1000 €]. Die Gleichung der Regressionsgeraden lautet somit $y = 9,163 \cdot x + 320,22$.

- Um den voraussichtlichen Umsatz zu ermitteln, benutzt man die Regressionsgerade an der Stelle $x = 75$. Das ergibt $\hat{y}(75) = 9,163 \cdot 75 + 320,22 = 1007,445$ [Tausend €].

- Der Umsatz pro Faschingstag entspricht dem Anstieg der Regressionsgeraden. Jeder Tag schlägt dementsprechend mit 9163 Euro zu Buche.

Lösung zur Aufgabe 1.3.6

a) Der Ansatz $y = a \cdot e^{bx}$ wird durch Logarithmieren in den Parametern linearisiert. Das führt zu dem Ersatzproblem $\ln y = \ln a + b \cdot x$, das durch eine lineare Regression für die Beobachtungspaare $(x_i, \ln y_i)$ gelöst werden kann. Die zu ermittelnden Parameter sind jetzt $\ln a$ und b. Gemäß den Lösungsformeln für die Regressionskoeffizienten einer linearen Regression sind diese zu berechnen nach

$$\hat{b} = \frac{\sum x_i \ln y_i - n \cdot \overline{x} \cdot \overline{\ln y}}{\sum x_i^2 - n \cdot \overline{x}^2} \quad \text{bzw.} \quad \widehat{\ln a} = \overline{\ln y} - \hat{b} \cdot \overline{x}.$$

Hier ist $n = 8$, und die benötigten Summen entnimmt man der folgenden Arbeitstabelle:

x_i	y_i	x_i^2	$\ln y_i$	$x_i \cdot \ln y_i$
7,4	6	54,76	1,79	13,26
23,1	11	533,61	2,40	55,39
37,5	12	406,25	2,48	93,18
42,2	20	780,84	3,00	126,42
51,5	35	2652,25	3,56	183,10
61,9	34	3831,61	3,53	218,28
76,3	71	5821,69	4,26	325,24
87,8	99	7708,84	4,60	403,45
387,7	288	23789,85	25,61	1418,33

Die Mittelwerte sind

$$\overline{x} = \frac{1}{n}\sum_{i=1}^{n} x_i = \frac{387,7}{8} \approx 48,46 \quad \text{und} \quad \overline{\ln y} = \frac{1}{n}\sum_{i=1}^{n} \ln y_i = \frac{25,61}{8} \approx 3,2 \,,$$

woraus

$$\hat{b} \approx \frac{1418,33 - 8 \cdot 48,46 \cdot 3,2}{23789,85 - 8 \cdot 48,46^2} \approx 0,035 \quad \text{und} \quad \widehat{\ln a} \approx 3,20 - 0,035 \cdot 48,46 \approx 1,5$$

folgt. Der Parameter $\widehat{\ln a}$ ist noch zurückzutransformieren, was $\hat{a} \approx e^{1,5} \approx 4,48$ ergibt und schließlich zu der Regressionsfunktion $y = 4,48 \cdot \exp(0,035 \cdot x)$ führt.

b) Die zu erwartende Anzahl von Verkehrsunfällen wird durch die Regressionsfunktion an der Stelle $x = 30$ wiedergegeben: $\hat{y}(30) \approx 4,48 \cdot \exp(0,035 \cdot 30) \approx 12,8$. Die Stadt hätte ungefähr mit 13 Verkehrsunfällen rechnen müssen.

6.4   Indexzahlen

Lösung zur Aufgabe 1.4.1

a) Der Preisindex nach Laspeyres ist

$$P^L_{Nov,Dez} = \frac{\sum_i p_{Dez,i} \cdot q_{Nov,i}}{\sum_i p_{Nov,i} \cdot q_{Nov,i}} = \frac{6,5 \cdot 200 + 8,5 \cdot 400 + 9,5 \cdot 200}{6 \cdot 200 + 7,5 \cdot 400 + 9 \cdot 200} = 1,1 .$$

Das bedeutet eine mittlere Preissteigerung um 10 Prozent.

Der Preisindex nach Paasche ist

$$P^P_{Nov,Dez} = \frac{\sum_i p_{Dez,i} \cdot q_{Dez,i}}{\sum_i p_{Nov,i} \cdot q_{Dez,i}} = \frac{6,5 \cdot 300 + 8,5 \cdot 200 + 9,5 \cdot 200}{6 \cdot 300 + 7,5 \cdot 200 + 9 \cdot 200} \approx 1,088 .$$

Das bedeutet eine mittlere Preissteigerung um rund 8,8 Prozent.

b) $$P^L_{Dez,Nov} = \frac{\sum_i p_{Nov,i} \cdot q_{Dez,i}}{\sum_i p_{Dez,i} \cdot q_{Dez,i}} = \frac{1}{P^P_{Nov,Dez}} \approx \frac{1}{1,088} \approx 0,9191 .$$

$$P^P_{Dez,Nov} = \frac{\sum_i p_{Nov,i} \cdot q_{Nov,i}}{\sum_i p_{Dez,i} \cdot q_{Nov,i}} = \frac{1}{P^L_{Nov,Dez}} = \frac{1}{1,100} \approx 0,9091 .$$

Lösung zur Aufgabe 1.4.2

a) $$P^L_{2006,2007} = \frac{\sum_i p_{2007,i} \cdot q_{2006,i}}{\sum_i p_{2006,i} \cdot q_{2006,i}} = \frac{6711}{7361} \approx 0,912 .$$

b) Die Preise sind im Mittel um 8,8 % gefallen, wobei die Produktionsmengen des Jahres 2006 zugrunde gelegt wurden.

c) $$Q^P_{2006,2007} = \frac{\sum_i p_{2007,i} \cdot q_{2007,i}}{\sum_i p_{2007,i} \cdot q_{2006,i}} = \frac{7362}{6711} \approx 1,097 .$$

d) Es gilt $U = P^L \cdot Q^P \approx 0,912 \cdot 1,097 \approx 1,000$. Der Umsatz hat sich kaum verändert.

Lösung zur Aufgabe 1.4.3

a) Der Umsatzindex: $U_{0t} = \dfrac{\sum\limits_{i} p_{ti} \cdot q_{ti}}{\sum\limits_{i} p_{0i} \cdot q_{0i}} = \dfrac{81200 + 22000 + 63840}{67200 + 19200 + 41400} = \dfrac{167040}{127800} \approx 1,307$.

b) Der Preisindex nach Paasche : $P_{0t}^{P} = \dfrac{\sum\limits_{i} p_{ti} \cdot q_{ti}}{\sum\limits_{i} p_{0i} \cdot q_{ti}} = \dfrac{167040}{135200} \approx 1,236$.

Der Mengenindex nach Laspeyres: $Q_{0t}^{L} = \dfrac{\sum\limits_{i} p_{0i} \cdot q_{ti}}{\sum\limits_{i} p_{0i} \cdot q_{0i}} = \dfrac{135200}{127800} \approx 1,058$.

Die Umsatzsteigerung geht zu rund 24 % auf die Preissteigerung und zu rund 6 % auf die Mengensteigerung zurück.

Lösung zur Aufgabe 1.4.4

a) Umsatz im Dezember 2010: $\sum\limits_{i} p_{2010,i} \cdot q_{2010,i} = 6254,50\,€$

Umsatz im Dezember 2011: $\sum\limits_{i} p_{2011,i} \cdot q_{2011,i} = 5806,40\,€$

b) Der Umsatzindex: $U_{2010,2011} = \dfrac{\sum\limits_{i} p_{2011,i} \cdot q_{2011,i}}{\sum\limits_{i} p_{2010,i} \cdot q_{2010,i}} = \dfrac{5806,4}{6254,5} \approx 0,928$.

Der Preisindex: $P_{2010,2011}^{L} = \dfrac{\sum\limits_{i} p_{2011,i} \cdot q_{2010,i}}{\sum\limits_{i} p_{2010,i} \cdot q_{2010,i}} = \dfrac{6390,1}{6254,5} \approx 1,022$.

Der Umsatz bei schwarzem Tee ist von 2010 auf 2011 um rund 7,2 % gefallen.

Lösung zur Aufgabe 1.4.5

a) Mengenindex nach Laspeyres: $Q_{2009,2010}^{L} = \dfrac{\sum\limits_{i=1}^{6} p_{2009,i} \cdot q_{2010,i}}{\sum\limits_{i=1}^{6} p_{2009,i} \cdot q_{2009,i}} = \dfrac{38160\,€}{38395\,€} \approx 99,387941138\,\%$

Mengenindex nach Paasche: $Q_{2009,2010}^{P} = \dfrac{\sum\limits_{i=1}^{6} p_{2010,i} \cdot q_{2010,i}}{\sum\limits_{i=1}^{6} p_{2010,i} \cdot q_{2009,i}} = \dfrac{42220\,€}{42480\,€} \approx 99,387947269\,\%$

Der Unterschied beträgt: $Q_{2009,2010}^{L} - Q_{2009,2010}^{P} \approx 6 \cdot 10^{-8}$.

b) Der Preis des Weins ist im Mittel um 10,64 % gestiegen, wobei die Verkaufsmengen von 2010 zugrunde gelegt wurden.

c) Der Indexwert ändert sich nicht, weil sich der Faktor zur Umrechnung von brutto auf netto herauskürzt.

7 Lösungen zur Wahrscheinlichkeitsrechnung

7.1 Wahrscheinlichkeiten

Lösung zur Aufgabe 2.1.1

a) G_1 sei das zufällige Ereignis, dass mindestens einer der anwesenden Hörer am 27. Mai Geburtstag hat. G_0 sei das dazu komplementäre Ereignis, dass an diesem Tag keiner Geburtstag hat. Die Wahrscheinlichkeit, dass ein bestimmter Hörer an diesem Tag nicht Geburtstag hat, beträgt aufgrund der unterstellten Voraussetzungen $\frac{364}{365}$. Wenn man nun noch davon ausgeht, dass die anwesenden Studierenden ihre Geburtstage unabhängig voneinander haben, ergibt sich $P(G_1) = 1 - P(G_0) = 1 - \left(\frac{364}{365}\right)^n$.

b) Die Anzahl n der anwesenden Studierenden muss so groß sein, dass die Ungleichung $1 - \left(\frac{364}{365}\right)^n > \frac{1}{2}$ oder gleichbedeutend $\left(\frac{364}{365}\right)^n < \frac{1}{2}$ erfüllt ist. Die letzte Ungleichung wird durch Logarithmieren umgeformt zur Ungleichung $n \cdot \ln\frac{364}{365} < \ln\frac{1}{2}$. Das ist äquivalent zu $n > \dfrac{\ln\frac{1}{2}}{\ln\frac{364}{365}} \approx \dfrac{-0{,}69315}{-2{,}7435} \approx 252{,}65$. Es müssen also mindestens 253 Hörer anwesend sein.

Lösung zur Aufgabe 2.1.2

A_i bezeichne das Ereignis, dass der Kunde i das Angebot wahrnimmt ($i = 1, 2$). Gegeben sind die Wahrscheinlichkeiten $P(A_1) = P(A_2) = 0{,}2$. Gesucht ist in beiden Teilaufgaben die Wahrscheinlichkeit $P(A_1 \cup A_2)$, so dass die Formel $P(A_1 \cup A_2) = P(A_1) + P(A_2) - P(A_1 \cap A_2)$ benutzt werden kann.

a) Wegen der Unabhängigkeit der Ereignisse A_1 und A_2 gilt $P(A_1 \cap A_2) = P(A_1) \cdot P(A_2)$ und somit $P(A_1 \cup A_2) = 0{,}2 + 0{,}2 - 0{,}2 \cdot 0{,}2 = 0{,}36$.

b) Wegen der Unvereinbarkeit der Ereignisse A_1 und A_2 gilt $P(A_1 \cap A_2) = P(\emptyset) = 0$ und somit $P(A_1 \cup A_2) = 0{,}2 + 0{,}2 - 0 = 0{,}40$.

Lösung zur Aufgabe 2.1.3

Es bezeichne M die Anzahl der Defekten in der gesamten Tagesproduktion. Da die Wahrscheinlichkeit, zu Beginn der Prüfung ein defektes Werkstück zu ziehen, 2 % beträgt, muss

$$0{,}02 = \frac{M}{1800} \text{ und deshalb } M = 0{,}02 \cdot 1800 = 36 \text{ sein.}$$

Es bezeichne weiterhin k die (gesuchte) Anzahl der Defekten in der bisherigen Stichprobe vom Umfang 24. Die Wahrscheinlichkeit, dass das 25. gezogene Werkstück defekt sein

wird, beträgt dann $\dfrac{M-k}{1800-24} = \dfrac{36-k}{1776}$, da noch aus 1776 Werkstücken, von denen $36-k$

Stück defekt sind, ausgewählt werden kann. Da also $\dfrac{36-k}{1776} = \dfrac{3}{148}$ sein muss, gilt folglich

$k = 36 - \dfrac{3}{148} \cdot 1776 = 0$. Es war somit kein defektes unter den ersten 24 gezogenen Werkstücken.

Lösung zur Aufgabe 2.1.4

Es bezeichne M_i das Ereignis, dass der zufällig entnommene Schuh auf Maschine i gefertigt wurde ($i = 1, 2$), und F, dass dieser Schuh einen Fehler hat. Die gegebenen Wahrscheinlichkeiten sind dann $P(M_1) = 0{,}3$ und $P(M_2) = 0{,}7$ bzw. $P(F \mid M_1) = 0{,}1$ und $P(F \mid M_2) = 0{,}05$. Gesucht ist die bedingte Wahrscheinlichkeit $P(M_1 \mid F)$.

Zur Lösung bietet sich die bayessche Formel an:

$$P(M_1 \mid F) = \frac{P(F \mid M_1) \cdot P(M_1)}{P(F \mid M_1) \cdot P(M_1) + P(F \mid M_2) \cdot P(M_2)} = \frac{0{,}1 \cdot 0{,}3}{0{,}1 \cdot 0{,}3 + 0{,}05 \cdot 0{,}7} \approx 0{,}4615 \, .$$

Lösung zur Aufgabe 2.1.5

D_1 bezeichne das Ereignis, dass das zuerst entnommene Teil defekt ist.

D_2 bezeichne das Ereignis, dass das zuletzt entnommene Teil defekt ist.

a) Gesucht ist die Wahrscheinlichkeit des zu D_1 komplementären Ereignisses. Nach der

laplaceschen Formel ist die Wahrscheinlichkeit des Ereignisses D_1 gleich $\dfrac{2}{8}$. Damit gilt

$$P(\bar{D}_1) = 1 - P(D_1) = 1 - \frac{2}{8} = \frac{3}{4} \, .$$

b) Nach der Entnahme des ersten Teils sind noch 7 Teile im Paket, davon 2 defekte. Nach der laplaceschen Formel gilt dann $P(D_2 \mid \bar{D}_1) = \dfrac{2}{7}$.

c) Es gilt $P(D_1 \cap D_2) = P(D_2 \mid D_1) \cdot P(D_1) = \dfrac{1}{7} \cdot \dfrac{2}{8} = \dfrac{1}{28}$.

d) Mit dem Ergebnis aus c) gilt $P(D_1 \cup D_2) = P(D_1) + P(D_2) - P(D_1 \cap D_2) = \dfrac{1}{4} + \dfrac{1}{4} - \dfrac{1}{28} = \dfrac{13}{28}$.

e) Dieser Versuch kann durch die Ergebnismenge Ω beschrieben werden, die aus allen Möglichkeiten besteht, 4 Teile aus 8 Teilen auszuwählen. Gesucht ist die Wahrscheinlichkeit des Ereignisses A. Die Menge A enthält alle Entnahmemöglichkeiten mit 2 aus 2 defekten und 2 aus 6 guten Teilen. Für die Mächtigkeiten dieser Mengen (Kombinationen ohne Wiederholung) gilt $|A| = \dbinom{2}{2} \cdot \dbinom{6}{2}$ bzw. $|\Omega| = \dbinom{8}{4}$. Daraus folgt die gesuchte

Wahrscheinlichkeit $P(A) = \dfrac{|A|}{|\Omega|} = \dfrac{\dbinom{2}{2} \cdot \dbinom{6}{2}}{\dbinom{8}{4}} = 1 \cdot \dfrac{6 \cdot 5}{2 \cdot 1} \cdot \dfrac{4 \cdot 3 \cdot 2 \cdot 1}{8 \cdot 7 \cdot 6 \cdot 5} = \dfrac{3}{14}$.

Lösung zur Aufgabe 2.1.6

Mit E sei das zufällige Ereignis bezeichnet, dass der Motor einwandfrei ist. Gesucht ist die Wahrscheinlichkeit des Gegenereignisses zu E.

Weiterhin bezeichne D_i das Ereignis, dass das i-te Einzelteil defekt ist ($i = 1, 2, \ldots, 12$). Gegeben sind (nach geeigneter Umnummerierung) die Wahrscheinlichkeiten $P(D_1) = P(D_2) = 0{,}02$ und $P(D_3) = P(D_4) = 0{,}01$ und $P(D_5) = \ldots = P(D_{12}) = 0{,}001$.

Wegen der Unabhängigkeit der Ereignisse $D_1, \ldots, D_{12}$ gilt dann

$$P(\bar{E}) = 1 - P(E) = 1 - P(\bar{D}_1 \cap \bar{D}_2 \cap .. \cap \bar{D}_{12}) = 1 - P(\bar{D}_1) \cdot P(\bar{D}_2) \cdot \ldots \cdot P(\bar{D}_{12}) =$$
$$= 1 - (1 - 0{,}02)^2 \cdot (1 - 0{,}01)^2 \cdot (1 - 0{,}001)^8 \approx 1 - 0{,}9338 = 0{,}0662.$$

Lösung zur Aufgabe 2.1.7

Zur Lösung der Aufgabe werden zunächst Bezeichnungen für zufällige Ereignisse eingeführt. Eine zufällig ausgewählte Flasche ist

- R: eine Pfandflasche,
- F: eine pfandfreie Flasche,
- E_R: als Pfandflasche erkannt worden,
- E_F: als pfandfreie Flasche erkannt worden.

Die gegebenen (bedingten) Wahrscheinlichkeiten lassen sich dann wie folgt zuordnen:

$P(F) = 0,02, \quad P(E_F \mid F) = 0,995$ und $P(E_R \mid R) = 0,99$.

Da R das zu F komplementäre Ereignis ist, gilt außerdem $P(R) = 0,98$.

a) Gesucht ist die Wahrscheinlichkeit $P(E_F)$. Zu ihrer Berechnung kann man die Formel der totalen Wahrscheinlichkeit verwenden:

$$P(E_F) = P(E_F \mid F) \cdot P(F) + P(E_F \mid R) \cdot P(R) = 0,995 \cdot 0,02 + 0,01 \cdot 0,98 =$$
$$= 0,0199 + 0,0098 = 0,0297.$$

Das bedeutet, dass 2,97 Prozent aller Flaschen vom Automaten zurückgewiesen werden.

b) Gesucht ist die bedingte Wahrscheinlichkeit $P(F \mid E_F)$. Zu ihrer Berechnung benutzt man am besten die bayessche Formel zusammen mit dem Ergebnis aus a):

$$P(F \mid E_F) = \frac{P(E_F \mid F) \cdot P(F)}{P(E_F)} = \frac{0,0199}{0,0297} \approx 0,67 \, .$$

Mit einer Wahrscheinlichkeit von 0,67 handelt es sich um eine pfandfreie Flasche.

Lösung zur Aufgabe 2.1.8

Es werden folgende zufällige Ereignisse gebraucht:
- A: Das zufällig ausgewählte Unternehmen hat das Prädikat A.
- B: Das zufällig ausgewählte Unternehmen hat das Prädikat B.
- C: Das zufällig ausgewählte Unternehmen hat das Prädikat C.
- E: Das zufällig ausgewählte Unternehmen ist nach 3 Jahren erfolgreich.

Gegeben sind die Wahrscheinlichkeiten:

$P(A) = 0,24 \; P(B) = 0,58 \; P(C) = 0,4$ bzw. $P(E \mid A) = 0,7 \; P(E \mid B) = 0,5 \; P(E \mid C) = 0,4$

a) Gesucht ist die Wahrscheinlichkeit $P(E)$, die man nach der Formel der totalen Wahrscheinlichkeit berechnet:

$$P(E) = P(E \mid A) \cdot P(A) + P(E \mid B) \cdot P(B) + P(E \mid C) \cdot P(C) =$$
$$= 0,7 \cdot 0,24 + 0,5 \cdot 0,58 + 0,4 \cdot 0,18 = 0,53$$

b) Hier geht es um die Wahrscheinlichkeiten, dass das Unternehmen zur Kategorie A, B bzw. C gehört, jeweils unter der Bedingung, dass das Ereignis E nicht eingetreten ist, also um $P(A \mid \bar{E})$, $P(B \mid \bar{E})$ und $P(C \mid \bar{E})$. Gemäß der Formel von Bayes ergibt sich:

$$P(A \mid \bar{E}) = \frac{P(\bar{E} \mid A) \cdot P(A)}{P(\bar{E})} = \frac{0,3 \cdot 0,24}{0,47} \approx 0,153$$

$$P(B \mid \overline{E}) = \frac{P(\overline{E} \mid B) \cdot P(B)}{P(\overline{E})} = \frac{0,5 \cdot 0,58}{0,47} \approx 0,617$$

$$P(C \mid \overline{E}) = \frac{P(\overline{E} \mid C) \cdot P(C)}{P(\overline{E})} = \frac{0,6 \cdot 0,18}{0,47} \approx 0,230$$

Das Unternehmen hatte höchstwahrscheinlich das Prädikat B.

c) In dieser Teilaufgabe spielen andere Ereignisse eine Rolle. Es wird zweckmäßig sein, die folgenden Bezeichnungen einzuführen:

- E_A: Ein Unternehmen mit dem Prädikat A ist nach 3 Jahren erfolgreich.
- E_B: Ein Unternehmen mit dem Prädikat B ist nach 3 Jahren erfolgreich.
- E_C: Ein Unternehmen mit dem Prädikat C ist nach 3 Jahren erfolgreich.

Gesucht ist die Wahrscheinlichkeit $P(E_A \cup E_B \cup E_C)$, die man mit Hilfe der Formel von De Morgan berechnen kann. Dabei wird ebenfalls die Unabhängigkeit der Ereignisse E_A, E_B und E_C gewürdigt:

$$P(E_A \cup E_B \cup E_C) = 1 - \overline{P(E_A \cup E_B \cup E_C)} = 1 - P(\overline{E}_A \cap \overline{E}_B \cap \overline{E}_C) =$$
$$= 1 - P(\overline{E}_A) \cdot P(\overline{E}_B) \cdot P(\overline{E}_C) = 1 - 0,3 \cdot 0,5 \cdot 0,6 = 0,91.$$

Lösung zur Aufgabe 2.1.9

Das Tor, für das sich der Kandidat entschieden hat, sei Tor 1. Es bezeichne weiterhin

- A_i das zufällige Ereignis, dass sich das Auto hinter Tor i befindet ($i = 1, 2, 3$),
- M_j das zufällige Ereignis, dass der Moderator das Tor j öffnet ($j = 2, 3$).

Die Rechnung wird ohne Beschränkung der Allgemeingültigkeit für den Fall durchgeführt, dass der Moderator Tor 2 öffnet. Gesucht sind damit die beiden bedingten Wahrscheinlichkeiten $P(A_1 \mid M_2)$ und $P(A_3 \mid M_2)$. Man berechnet sie nach der Formel von Bayes, z. B.

$$P(A_3 \mid M_2) = \frac{P(M_2 \mid A_3) \cdot P(A_3)}{P(M_2 \mid A_1) \cdot P(A_1) + P(M_2 \mid A_2) \cdot P(A_2) + P(M_2 \mid A_3) \cdot P(A_3)}.$$

Jetzt wird noch unterstellt, dass der Moderator in dem Fall, dass das Auto hinter Tor 1 steht, eines der beiden anderen Tore zum Öffnen rein zufällig im Chancenverhältnis 50:50 auswählt.

Weil also $P(A_1) = P(A_2) = P(A_3) = \frac{1}{3}$, $P(M_2 \mid A_1) = \frac{1}{2}$, $P(M_2 \mid A_2) = 0$ und $P(M_2 \mid A_3) = 1$ folgt

$$P(A_3 \mid M_2) = \frac{1 \cdot \dfrac{1}{3}}{\dfrac{1}{2} \cdot \dfrac{1}{3} + 0 \cdot \dfrac{1}{3} + 1 \cdot \dfrac{1}{3}} = \frac{2}{3}.$$ Wegen $P(A_2 \mid M_2) = 0$ muss $P(A_1 \mid M_2) = 1 - P(A_3 \mid M_2) = \frac{1}{3}$

gelten. Der Kandidat sollte sich deshalb stets für das andere Tor entscheiden.

Lösung zur Aufgabe 2.1.10

G bezeichne das zufällige Ereignis, dass der Bewerber für die Tätigkeit geeignet ist.

B bezeichne das zufällige Ereignis, dass der Bewerber den Eignungstest besteht.

Gegeben sind die Wahrscheinlichkeit $P(B) = 0,25$ und die bedingten Wahrscheinlichkeiten $P(G|B) = 0,95$ und $P(G|\bar{B}) = 0,30$.

a) Hier ist die Wahrscheinlichkeit des Ereignisses G gesucht, die man mit der Formel der totalen Wahrscheinlichkeit ausrechnen kann:

$$P(G) = P(G|B) \cdot P(B) + P(G|\bar{B}) \cdot P(\bar{B}) = 0,95 \cdot 0,25 + 0,30 \cdot 0,75 = 0,4625.$$

b) Zu berechnen ist die bedingte Wahrscheinlichkeit $P(B|G)$, was mit der bayesschen Formel möglich ist:

$$P(B|G) = \frac{0,95 \cdot 0,25}{0,4625} = 0,5135.$$

7.2   Verteilungen und Grenzwertsätze

Lösung zur Aufgabe 2.2.1

a) Die Ungleichung von Tschebyschew lautet $P\big(|X - E(X)| \geq \varepsilon\big) \leq \dfrac{Var(X)}{\varepsilon^2}$ für jedes $\varepsilon > 0$.

Als Zufallsvariable X soll man hier $\bar{X} = \dfrac{1}{n}\sum_{i=1}^{n} X_i$ nehmen. Diese Zufallsvariable hat

den Erwartungswert $E(\bar{X}) = E\left(\dfrac{1}{n}\sum_{i=1}^{n} X_i\right) = \dfrac{1}{n}\sum_{i=1}^{n} E(X_i) = p$

und die Varianz $Var(\bar{X}) = Var\left(\dfrac{1}{n}\sum_{i=1}^{n} X_i\right) = \dfrac{1}{n^2}\sum_{i=1}^{n} Var(X_i) = \dfrac{1}{n} \cdot p \cdot (1-p)$,

weil $E(X_i) = 1 \cdot p + 0 \cdot (1-p) = p$ und $Var(X_i) = (1-p)^2 \cdot p + (0-p)^2 \cdot (1-p) = p \cdot (1-p)$. Wird nun noch $\varepsilon = 0,01$ gesetzt, so erhält man die gewünschte Abschätzung

$$P\big(|\bar{X} - p| \geq 0,01\big) \leq \frac{Var(\bar{X})}{0,01^2} = 10000 \cdot \frac{p(1-p)}{n}.$$

b) Das Produkt $p \cdot (1-p)$ kann für $0 \leq p \leq 1$ maximal $\dfrac{1}{4}$ sein (an der Stelle $p = 0,5$). Deshalb gilt $10000 \cdot \dfrac{p(1-p)}{n} \leq \dfrac{10000}{4n} = \dfrac{2500}{n}$. Die Forderung $P\left(\left|\bar{X}-p\right| \geq 0,01\right) \leq 0,06$ ist also auf je-

den Fall erfüllt, wenn $\dfrac{2500}{n} \leq 0,06$. Das ist gleichbedeutend mit $n \geq \dfrac{250000}{6} \approx 41666,7$.

Die obere Schranke für die Wahrscheinlichkeit ist somit ab $n = 41667$ garantiert.

Lösung zur Aufgabe 2.2.2

X bezeichne die zufällige Anzahl der wartenden Kunden.

a) Es gilt $P(X > 3) = 0$, weil die Zufallsvariable X keine Werte größer als 3 annehmen kann.

b) Die Verteilungsfunktion $F(x) = P(X \leq x)$:

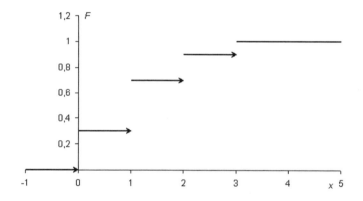

c) Der Erwartungswert: $E(X) = 0 \cdot 0,3 + 1 \cdot 0,4 + 2 \cdot 0,2 + 3 \cdot 0,1 = 1,1$.

Die Varianz: $Var(X) = E(X^2) - E(X)^2 = 0^2 \cdot 0,3 + 1^2 \cdot 0,4 + 2^2 \cdot 0,2 + 3^2 \cdot 0,1 - 1,1^2 = 0,89$.

Zur Berechnung der Schiefe wird das dritte Zentralmoment benötigt, das wie folgt berechnet wird: $E(X - E(X))^3 = -1,1^3 \cdot 0,3 - 0,1^3 \cdot 0,4 + 0,9^3 \cdot 0,2 + 1,9^3 \cdot 0,1 = 0,432$.

Damit erhält man die Schiefe $S = \dfrac{E(X - E(X))^3}{\sqrt{Var(X)^3}} = \dfrac{0,432}{\sqrt{0,89^3}} \approx 0,5145$.

d) Da $S > 0$, ist die Verteilung rechts schief.

Lösung zur Aufgabe 2.2.3

a) Da eine Dichte existiert, ist X stetig verteilt.

b) Das Integral über die Dichte muss 1 sein: $\int\limits_{-\infty}^{\infty} f(x)\,dx = \int\limits_{1}^{\infty} \frac{c}{x^2}\,dx = c \cdot \left.\frac{-1}{x}\right|_{1}^{\infty} = c$. Das ist genau

dann der Fall, wenn $c = 1$ gilt.

c) $F(x) = P(X \leq x) = \int\limits_{-\infty}^{x} f(t)\,dt = \begin{cases} 0 & \text{für } x < 1 \\ \int\limits_{1}^{x} \frac{1}{t^2}\,dt = \left.\frac{-1}{t}\right|_{1}^{x} & \text{für } x \geq 1 \end{cases} = \begin{cases} 0 & \text{für } x < 1 \\ 1 - \dfrac{1}{x} & \text{für } x \geq 1 \end{cases}$

d) Gesucht ist die Wahrscheinlichkeit $P(X \leq 10)$, die sich mit Hilfe der in c) berechneten

Verteilungsfunktion unmittelbar bestimmen lasst: $P(X \leq 10) = F(10) = \dfrac{9}{10}$.

Lösung zur Aufgabe 2.2.4

X bezeichne die zufällige Anzahl der roten Kugeln in der Stichprobe.

a) X ist hypergeometrisch verteilt mit $N = 7$, $M = 2$ und $n = 4$. Es gilt

$$P(X = 2) = \frac{\binom{M}{2}\cdot\binom{N-M}{n-2}}{\binom{N}{n}} = \frac{\binom{2}{2}\cdot\binom{5}{2}}{\binom{7}{4}} = \frac{2}{7} \approx 0,2857 \quad \text{und} \quad P(X = 3) = 0.$$

b) Jetzt ist X binomial verteilt mit $n = 4$ und $p = \dfrac{M}{N} = \dfrac{2}{7}$. Es gilt

$$P(X = 2) = \binom{4}{2}\cdot\left(\frac{2}{7}\right)^2\cdot\left(1 - \frac{2}{7}\right)^2 = 6 \cdot \frac{2^2}{7^2}\cdot\frac{5^2}{7^2} = 6 \cdot \frac{100}{7^4} \approx 0,2499$$

und

$$P(X = 3) = \binom{4}{3}\cdot\left(\frac{2}{7}\right)^3\cdot\left(1 - \frac{2}{7}\right)^1 = 4 \cdot \frac{2^3}{7^3}\cdot\frac{5}{7} = 4 \cdot \frac{40}{7^4} \approx 0,0666.$$

Lösung zur Aufgabe 2.2.5

a) X ist binomial verteilt mit $n = 8$ und $p = \dfrac{1}{4}$. Die Einzelwahrscheinlichkeiten einer sol-

chen Verteilung sind $P(X = k) = \binom{n}{k} p^k (1-p)^{n-k}$ für $k = 0, 1, \ldots, n$.

b) Gesucht ist die Wahrscheinlichkeit $P(X \geq 5)$. Es gilt:

$$P(X \geq 5) = P(X = 5) + P(X = 6) + P(X = 7) + P(X = 8) =$$

$$= \binom{8}{5} \cdot \left(\frac{1}{4}\right)^5 \left(\frac{3}{4}\right)^3 + \binom{8}{6}\left(\frac{1}{4}\right)^6\left(\frac{3}{4}\right)^2 + \binom{8}{7}\left(\frac{1}{4}\right)^7\left(\frac{3}{4}\right) + \binom{8}{8}\left(\frac{1}{4}\right)^8 \approx$$

$$\approx 0{,}023071 + 0{,}003845 + 0{,}000367 + 0{,}000015 \approx 0{,}0273.$$

c) Wie man der Teilaufgabe b) entnimmt, reichen 5 richtig angekreuzte Fragen als Grenze für das Bestehen der Prüfung nicht aus. Nimmt man aber 6 richtig angekreuzte Fragen als Grenze, erhält man

$$P(X \geq 6) \approx 0{,}003845 + 0{,}000367 + 0{,}000015 \approx 0{,}0042 \,,$$

womit die Bestehenswahrscheinlichkeit unter 1 % fällt.

Lösung zur Aufgabe 2.2.6

Es bezeichne X die zufällige Anzahl der Unfälle pro Tag. Die Einzelwahrscheinlichkeiten dieser diskreten Zufallsvariablen sind $P(X = k) = \dfrac{\lambda^k}{k!} e^{-\lambda}$ für $k = 0, 1, 2, \ldots$

a) Die mittlere Anzahl der Unfälle entspricht dem Erwartungswert der Zufallsvariablen X. Für eine Poissonverteilung ist bekannt, dass $E(X) = \lambda$ gilt, weshalb hier die mittlere Anzahl von Unfällen 1, 9 beträgt.

b) Gesucht ist die Wahrscheinlichkeit $P(X = 0)$. Diese Einzelwahrscheinlichkeit berechnet man zu $P(X = 0) = \dfrac{\lambda^0}{0!} e^{-\lambda} = e^{-1{,}9} \approx 0{,}1496$.

c) Es gilt: $P(X > 2) = 1 - \left[P(X = 0) + P(X = 1) + P(X = 2) \right] = 1 - e^{-1{,}9}\left(\dfrac{1{,}9^0}{0!} + \dfrac{1{,}9^1}{1!} + \dfrac{1{,}9^2}{2!}\right) =$

$$= 1 - e^{-1{,}9}\left(1 + 1{,}9 + \frac{1{,}9^2}{2}\right) \approx 0{,}2963.$$

d) Gesucht ist die Wahrscheinlichkeit, dass innerhalb eines Tages mindestens ein Unfall passiert. Mit dem Ergebnis aus der Teilaufgabe b) berechnet man sehr leicht $P(X \geq 1) = 1 - P(X = 0) \approx 1 - 0{,}1496 = 0{,}8504$.

Lösung zur Aufgabe 2.2.7

a) X ist hypergeometrisch verteilt mit $N = 20$, $M = 5$ und $n = 8$.

b) Der Erwartungswert dieser Verteilung ist $E(X) = n \cdot \dfrac{M}{N} = 8 \cdot \dfrac{5}{20} = 2$. Die Kundin kann also zwei Anne-Mone-Figuren in ihrer Auswahl erwarten.

c) Gesucht ist die Wahrscheinlichkeit $P(X>1)$, die man schneller über das Komplementärereignis $\{X \le 1\} = \{X=0\} \cup \{X=1\}$ ermittelt:

$$P(X>1) = 1 - P(X=0) - P(X=1) = 1 - \frac{\binom{5}{0}\binom{15}{8}}{\binom{20}{8}} - \frac{\binom{5}{1}\binom{15}{7}}{\binom{20}{8}} =$$

$$= 1 - \frac{1 \cdot (15 \cdot 14 \cdot \ldots \cdot 8)}{(20 \cdot 19 \cdot \ldots \cdot 16)} \cdot \frac{8!}{8!} - \frac{5 \cdot (15 \cdot 14 \cdot \ldots \cdot 9)}{(20 \cdot 19 \cdot \ldots \cdot 16)} \cdot \frac{8!}{7!} = 1 - (1+5) \cdot \frac{3 \cdot 11}{2 \cdot 17 \cdot 19} \approx 0{,}6935 .$$

d) Durch Standardisieren der Zufallsvariablen X kann man die gesuchte Wahrscheinlichkeit auf einen Wert der standardisierten Normalverteilungsfunktion Φ wie folgt zurückführen:

$$P(X>1{,}5) = 1 - P(X \le 1{,}5) = 1 - P\left(\frac{X-2}{\sqrt{\frac{18}{19}}} \le \frac{-0{,}5}{\sqrt{\frac{18}{19}}} \right) \approx 1 - \Phi(-0{,}5137) =$$

$$= 1 - (1 - \Phi(0{,}5137)) = \Phi(0{,}5137)$$

Aus einer Tabelle der standardisierten Normalverteilungsfunktion liest man, eventuell mittels linearer Interpolation, für $\Phi(0{,}5137)$ den Wert $0{,}6963$ ab, womit man die Näherungslösung $P(X>1{,}5) \approx 0{,}6963$ erhält.

Lösung zur Aufgabe 2.2.8

Die Zufallsvariable X_i bezeichne die Körpermasse des i-ten Fluggastes ($i=1,\ldots,361$), während die Zufallsvariable G das Gesamtgewicht aller Fluggäste bezeichnen soll [in kg].

Es gilt $G = \sum_{i=1}^{361} X_i$. Diese Zufallsvariable hat den Erwartungswert $E(G) = E\left(\sum_{i=1}^{361} X_i \right) = \sum_{i=1}^{361} E(X_i) =$

$= 361 \cdot 79 = 28519$ [kg] und die Varianz $Var(G) = Var\left(\sum_{i=1}^{361} X_i \right) = \sum_{i=1}^{361} Var(X_i) = 361 \cdot 20^2 = 380^2$ [kg^2],

wobei im Falle der Varianz unterstellt worden ist, dass die Körpermassen der einzelnen Passiere voneinander unabhängig sind.

Gesucht ist die Wahrscheinlichkeit $P(G>30000)$, die man durch Standardisieren auf die $N(0;1)$-Verteilung zurückführt:

$$P(G>30000) = 1 - P(G \le 30000) = 1 - P\left(\frac{G-28519}{380} \le \frac{30000-28519}{380} \right) \approx 1 - \Phi\left(\frac{1481}{380} \right) \approx 1 - \Phi(3{,}9)$$

Aus der Tabelle der Normalverteilungsfunktion liest man den Wert $\Phi(3{,}9) \approx 0{,}99995$ ab, was zu der Lösung $P(G>30000) \approx 1 - 0{,}99995 = 0{,}00005$ führt.

Lösung zur Aufgabe 2.2.9

X_i bezeichne den zufälligen täglichen Wasserbedarf des i-ten Einwohners.

Es gilt $X_i \sim N(90; 30^2)$ für alle $i = 1, \ldots, 256$.

a) $P(X_1 > 150) = 1 - P\left(\dfrac{X_1 - 90}{30} \leq \dfrac{150 - 90}{30}\right) = 1 - \Phi(2) \approx 1 - 0,97725 = 2,275\%$

b) $G = X_1 + \ldots + X_{256}$ ist der tägliche Gesamtwasserbedarf aller Einwohner zusammen. Für den Erwartungswert von G gilt $\mu_{ges} = E(G) = \sum\limits_{i=1}^{256} E(X_i) = 256 \cdot 90 = 23040$ und wegen der Unabhängigkeit der X_i ist die Standardabweichung $\sigma_{ges} = \sqrt{\sum\limits_{i=1}^{256} Var(X_i)} = \sqrt{256 \cdot 30^2} = 480$.

Lösung zur Aufgabe 2.2.10

Es bezeichne X die Länge der Schraube [in mm]. X ist $N(60; 0,04)$-verteilt.

a) $P(X > 60,4) = 1 - P(X \leq 60,4) = 1 - \Phi\left(\dfrac{60,4 - 60}{0,2}\right) \approx 1 - 0,977250 = 0,02275$

b) Es gilt $P(X > 60) = 0,5$, weil 60 der Mittelwert der (symmetrischen) Normalverteilung ist.

c) Es bezeichne Y die Anzahl der Schrauben in der Stichprobe, die länger als 60 mm sind. Die Ziehung aus der laufenden Produktion entspricht theoretisch der Ziehung aus einer unendlich großen Grundgesamtheit. Das wiederum ist gleichbedeutend mit einer Ziehung mit Zurücklegen. Deshalb ist Y binomial verteilt mit den Parametern $n = 20$ und $p = 0,5$. Damit gilt

$$P(Y \geq 5) = 1 - \sum_{k=0}^{4} P(Y = k) = 1 - \sum_{k=0}^{4} \binom{20}{k} \cdot 0,5^k \cdot (1 - 0,5)^{20-k} =$$

$$= 1 - \left[\binom{20}{0} + \binom{20}{1} + \binom{20}{2} + \binom{20}{3} + \binom{20}{4}\right] \cdot 0,5^{20} =$$

$$= 1 - \left[1 + 20 + 190 + 1140 + 4845\right] \cdot 0,5^{20} \approx 1 - 0,0059 = 0,9941.$$

d) Wenn man Y als Poisson-verteilt annimmt, ist es zweckmäßig, den Parameter λ so zu wählen, dass der Erwartungswert bei $n \cdot p = 20 \cdot 0,5 = 10$ bleibt. Das heißt, man muss $\lambda = 10$ setzen. Damit gilt:

$$P(Y \geq 5) = 1 - P(Y \leq 4) = 1 - \sum_{k=0}^{4} \frac{\lambda^k}{k!} e^{-\lambda} = 1 - \left[1 + \frac{10}{1} + \frac{100}{2} + \frac{1000}{6} + \frac{10000}{24} \right] \cdot e^{-10} \approx$$

$$\approx 1 - 644,33 \cdot e^{-10} \approx 1 - 0,02925 = 0,97075.$$

Die Approximation ist schlecht, da n nicht hinreichend groß und p nicht klein genug für eine gute Approximation der Binomialverteilung durch die Poissonverteilung ist.

Lösung zur Aufgabe 2.2.11

a) Es gilt $E(X_1 + X_2) = 155 + 45 = 200[g]$ und $\sqrt{Var(X_1 + X_2)} = \sqrt{16 + 9} = 5\,[g]$.

b) G_{100} bezeichne die gemeinsame Masse von 100 gefüllten Dosen und G_K die Masse einer gefüllten Kiste. Wegen $G_K = G_{100} + X_3$ und der Unabhängigkeit der Summanden gilt dann für die gefüllte Kiste $E(G_K) = E(G_{100}) + E(X_3) = 100 \cdot (155 + 45) + 1000 = 21000\,[g]$ und $Var(G_K) = Var(G_{100}) + Var(X_3) = 100 \cdot 25 + 1100 = 3600\,[g^2]$.

c) Nach dem Zentralen Grenzwertsatz ist G_{100} näherungsweise normalverteilt mit dem Erwartungswert $E(G_{100}) = 100 \cdot E(X_1 + X_2) = 100 \cdot 200 = 20000[g]$ und der entsprechenden Varianz $Var(G_{100}) = 100 \cdot Var(X_1 + X_2) = 100 \cdot (16 + 9) = 2500\,[g^2]$.

d) G_K ist ebenfalls näherungsweise normalverteilt. Deshalb gilt $P(G_K > 21100) =$

$$= 1 - P(G_K \leq 21100) = 1 - P\left(\frac{G_K - 21000}{60} \leq \frac{100}{60} \right) \approx 1 - \Phi(1,667).$$ Laut Normalverteilungs-

tabelle nimmt $\Phi(1,667)$ ungefähr den Wert 0,9522 an, woraus $P(G_K > 21100) \approx 0,0478$ folgt.

Lösung zur Aufgabe 2.2.12

a) X bezeichne die Anzahl der Pakete, die nicht direkt zugestellt werden können. X ist binomial verteilt mit $n = 81$ und $p = 0,05$. Folglich gilt

$$P(X > 1) = 1 - P(X = 0) - P(X = 1) = 1 - \binom{81}{0} \cdot 0,05^0 \cdot 0,95^{81} - \binom{81}{1} \cdot 0,05^1 \cdot 0,95^{80} =$$

$$= 1 - 0,95^{81} - 81 \cdot 0,05 \cdot 0,95^{80} \approx 1 - 0,01569 - 0,06689 \approx 0,9174.$$

b) Y_i bezeichne die Masse des i-ten Pakets [kg] mit $E(Y_i) = 6,3$ und $Var(Y_i) = 3^2$.

$G = Y_1 + \ldots + Y_{81}$ ist dann die Gesamtmasse der Pakete.

α) $E(G) = \sum_{i=1}^{81} E(Y_i) = 81 \cdot 6,3 = 510,3$ [kg]

β) $Var(G) = \sum\limits_{i=1}^{81} Var(Y_i) = 81 \cdot 3,0^2 = 729 \,[\text{kg}^2]$

γ) Nach dem Zentralen Grenzwertsatz ist G näherungsweise normalverteilt. Durch Standardisieren von G führt man die gesuchte Wahrscheinlichkeit auf die Standardnormalverteilung zurück. Es gilt

$$P(G \le 500) = P\left(\frac{G - 510,3}{\sqrt{729}} \le \frac{500 - 510,3}{27} \right) \approx \Phi(-0,3815) = 1 - \Phi(0,3815)\,.$$

Der Normalverteilungstabelle entnimmt man unter linearer Interpolation den Funktionswert $\Phi(0,3815) \approx 0,6486$, woraus $P(G \le 500) \approx 1 - 0,6486 \approx 0,35$ folgt. Die Masse aller Pakete zusammen übersteigt mit einer Wahrscheinlichkeit von rund 0,35 die halbe Tonne nicht.

8 Lösungen zur schließenden Statistik

8.1 Punktschätzungen

Lösung zur Aufgabe 3.1.1

a) Die Erwartungswerte der Schätzer sind

$$E(\hat{\mu}') = \frac{1}{2}E(2X_1 - X_2 - X_3 + 2X_4) = \frac{1}{2}(2\mu - \mu - \mu + 2\mu) = \mu \text{ und}$$

$$E(\hat{\mu}'') = \frac{1}{6}E(2X_1 + X_2 + X_3 + 2X_4) = \frac{1}{6}(2\mu + \mu + \mu + 2\mu) = \mu.$$

Deshalb sind beide Schätzfunktionen erwartungstreu für μ.

b) Der wirksamere Schätzer ist der mit der kleineren Varianz. Weil

$$Var(\hat{\mu}') = \frac{1}{4}Var(2X_1 - X_2 - X_3 + 2X_4) = \frac{1}{4}(4\sigma^2 + \sigma^2 + \sigma^2 + 4\sigma^2) = \frac{10}{4}\sigma^2 = 2,5 \cdot \sigma^2,$$

$$Var(\hat{\mu}'') = \frac{1}{36}Var(2X_1 + X_2 + X_3 + 2X_4) = \frac{1}{36}(4\sigma^2 + \sigma^2 + \sigma^2 + 4\sigma^2) \approx 0,278 \cdot \sigma^2,$$

ist $\hat{\mu}''$ wirksamer als $\hat{\mu}'$.

c) $\hat{\mu} = \overline{X}$ ist erwartungstreu und hat die Varianz $\frac{1}{n^2} \cdot n \cdot \sigma^2 = \frac{1}{4} \cdot \sigma^2 = 0,25 \cdot \sigma^2$.

Lösung zur Aufgabe 3.1.2

a) Wegen $E(Z) = a\mu + b\mu = (a+b)\mu = \mu$ liefern Gewichte, die die Bedingung $a+b=1$ erfüllen, ein erwartungstreues Z.

b) Die Aufgabe besteht darin, die Varianz von $Z = aX + (1-a)Y$ bezüglich a zu minimieren:
$Var(Z) = a^2 \cdot 1,5 \cdot Var(Y) + (1-a)^2 \cdot Var(Y) \rightarrow$ Minimum .

Die erste Ableitung nach a wird null gesetzt: $\frac{\partial Var(Z)}{\partial a} = (5a-2) \cdot Var(Y) = 0$. Die Gleichung liefert die Lösung $a = \frac{2}{5}$. Die zweite Ableitung $\frac{\partial^2 Var(Z)}{\partial a^2} = 5 \cdot Var(Y)$ ist stets positiv, weil die Varianz von Y positiv ist. Somit handelt es sich bei der Lösung $a = \frac{2}{5}$ und damit $b = \frac{3}{5}$ um eine Minimalstelle.

Lösung zur Aufgabe 3.1.3

a) Das Merkmal X hat den Erwartungswert $E(X) = m$ und die Varianz $Var(X) = \dfrac{(2a)^2}{12} = \dfrac{a^2}{3}$.

   α) Die Erwartungswerte der Stichprobenfunktionen sind

   $$E(\hat{m}_1) = \frac{1}{3}(E(X_1) + E(X_2) + E(X_3)) = \frac{1}{3} \cdot 3 \cdot E(X) = m \text{ bzw.}$$

   $$E(\hat{m}_2) = \frac{1}{4}E(X_1) + \frac{1}{2}E(X_2) + \frac{1}{4}E(X_3) = \left(\frac{1}{4} + \frac{1}{2} + \frac{1}{4}\right) \cdot E(X) = m,$$

   womit die Erwartungstreue der beiden Schätzer nachgewiesen ist.

   β) Die Varianzen der Stichprobenfunktionen sind

   $$Var(\hat{m}_1) = \frac{1}{9}(Var(X_1) + Var(X_2) + Var(X_3)) = \frac{1}{9} \cdot 3 \cdot Var(X) = \frac{1}{3}Var(X) \text{ bzw.}$$

   $$Var(\hat{m}_2) = \frac{1}{16}Var(X_1) + \frac{1}{4}Var(X_2) + \frac{1}{16}Var(X_3) = \left(\frac{1}{16} + \frac{4}{16} + \frac{1}{16}\right)Var(X) = \frac{3}{8}Var(X).$$

   Weil $Var(\hat{m}_1) < Var(\hat{m}_2)$, ist $\hat{m}_1$ wirksamer als $\hat{m}_2$.

b) Wegen $Var(X) = \dfrac{a^2}{3}$ gilt $a = \sqrt{3 \cdot Var(X)}$.

   Die Varianz von X wird nun durch die empirische Varianz ersetzt, womit man den

   Momentenschätzer $\hat{a} = \sqrt{3 \cdot M_{Zen,2}} = \sqrt{\dfrac{3}{n}\sum_{i=1}^{n}(X_i - \bar{X})^2}$ erhält.

Lösung zur Aufgabe 3.1.4

a)

b) Der Erwartungswert dieser Verteilung ist offensichtlich null. Deswegen gilt:

$$\sigma^2 = Var(X) = \int_{-a}^{a}(x-0)^2 f(x)dx = 2 \cdot \int_{0}^{a}x^2 \cdot \left(\frac{1}{a} - \frac{x}{a^2}\right)dx = 2 \cdot \left[\frac{x^3}{3a} - \frac{x^4}{4a^2}\right]_{0}^{a} = 2 \cdot \left(\frac{a^2}{3} - \frac{a^2}{4}\right) = \frac{a^2}{6}.$$

c) Der Erwartungswert kann zur Schätzung von a nicht herangezogen werden, weil er keine Information über diesen Parameter enthält. Deshalb wird auf die Varianz zurückgegriffen. Gemäß der Momentenmethode ist in der Gleichung $a = \sqrt{6 \cdot \sigma^2}$ die theoretische Varianz σ^2 durch die empirische Varianz zu ersetzen.

Da hier der Erwartungswert von X als null bekannt ist, sollte man das empirische Moment $\hat{\sigma}^2 = \dfrac{1}{n} \sum_{i=1}^{n} X_i^2$ als Schätzung für σ^2 verwenden. Somit erhält man $\hat{a} = \sqrt{\dfrac{6}{n} \sum_{i=1}^{n} X_i^2}$ als eine Punktschätzung für a.

Lösung zur Aufgabe 3.1.5

a) Die Likelihood-Funktion für das diskret verteilte Merkmal lautet:
$$L(x_1, \ldots, x_{12}; p) = P_p(X = 1) \cdot P_p(X = 0) \cdot \ldots \cdot P_p(X = 0) = p \cdot (1 - p)^{11}$$

b) Die konkrete Stichprobe hat auf den verschiedenen Anlagen folgende Wahrscheinlichkeit:
 - Anlage A1: $L(x_1, \ldots, x_{12}; 0,05) = 0,05 \cdot 0,95^{11} \approx 0,0284$
 - Anlage A2: $L(x_1, \ldots, x_{12}; 0,10) = 0,10 \cdot 0,90^{11} \approx 0,0314$ $\leftarrow$ maximal
 - Anlage A3: $L(x_1, \ldots, x_{12}; 0,15) = 0,15 \cdot 0,85^{11} \approx 0,0251$

Die Artikel wurden höchstwahrscheinlich auf Anlage A2 gefertigt.

c) Die logarithmierte Likelihood-Funktion für eine beliebige Ausschussquote p lautet hier $\ln L(x_1, \ldots, x_{12}; p) = \ln p + 11 \cdot \ln(1 - p)$. Die erste Ableitung der Log-Likelihood-Funktion wird null gesetzt, um die Maximalstelle von L zu finden:

$$\frac{\partial}{\partial x} \ln L(x_1, \ldots, x_{12}; p) = \frac{1}{p} - \frac{11}{1 - p} = 0 \,.$$

Die Gleichung hat nur die Lösung $\hat{p} = \dfrac{1}{12}$. Da die zweite Ableitung der Log-Likelihood-Funktion, $\dfrac{\partial^2 \ln L}{\partial p^2} = -\dfrac{1}{p^2} - \dfrac{11}{(1 - p)^2}$, stets negativ ist, liegt tatsächlich ein Maximum vor.

Lösung zur Aufgabe 3.1.6

Die Exponentialverteilung hat die Dichte $f_\lambda(x) = \lambda \cdot e^{-\lambda x}$ für $x \geq 0$. Die Verteilungsfunktion lautet $F_\lambda(x) = 1 - e^{-\lambda x}$.

a) Wenn kein Beobachtungswert negativ ist, gilt für die zugehörige Likelihood-Funktion

$$L(x_1, \ldots, x_8 \mid \lambda) = f_\lambda(x_1) \cdot \ldots \cdot f_\lambda(x_8) = \lambda^8 \cdot \exp\left(-\lambda \sum_{i=1}^{8} x_i\right).$$ Mit der gegebenen konkreten Stichprobe bedeutet das $L(10, \ldots, 5 \mid \lambda) = \lambda^8 \cdot e^{-160 \cdot \lambda}$. Die Maximum-Likelihood-Gleichung lautet

$\frac{\partial \ln L}{\partial \lambda} = \frac{d}{d\lambda}(8 \cdot \ln \lambda - 160 \cdot \lambda) = \frac{8}{\lambda} - 160 = 0$. Sie hat als einzige Lösung den Wert $\hat{\lambda} = \frac{1}{20}$. Da

die zweite Ableitung der Log-Likelihood-Funktion, $\frac{\partial^2 \ln L}{\partial \lambda^2} = \frac{-8}{\lambda^2}$, für alle $\lambda > 0$ negativ

wird, ist $\hat{\lambda} = 0,05$ die gesuchte Maximum-Likelihood-Schätzung.

b) Mit Hilfe der Verteilungsfunktion der Exponentialverteilung und dem Parameter $\lambda = 0,05$ ergibt sich die Wahrscheinlichkeit $P(X > 30) = 1 - F_\lambda(30) = 0,05 \cdot \exp(-0,05 \cdot 30) = = 0,05 \cdot \exp(-1,5) \approx 0,223$.

Lösung zur Aufgabe 3.1.7

a) $L(x_1, \ldots, x_n; p) = P(X_1 = x_1) \cdot \ldots \cdot P(X_n = x_n) =$

   $= p \cdot (1-p)^{x_1-1} \cdot p \cdot (1-p)^{x_2-1} \cdot \ldots \cdot p \cdot (1-p)^{x_n-1} = p^n \cdot (1-p)^{\sum x_i - n}$

b) $L(0,1,0,5; p) = p^4 \cdot (1-p)^{(0+1+0+5-4)} = p^4 \cdot (1-p)^2$

c) Der Logarithmus der Likelihood-Funktion ist zu maximieren:

   $\ln L(0,1,0,5; p) = 4 \cdot \ln p + 2 \cdot \ln(1-p) \rightarrow$ Maximum.

   Dazu wird die erste Ableitung der Log-Likelihood-Funktion nach dem Parameter p null

   gesetzt, $\frac{\partial \ln L(0,1,0,5; p)}{\partial p} = \frac{4}{p} - \frac{2}{1-p} = 0$, womit $p = \frac{2}{3}$ als Extremwertkandidat resultiert.

   Die zweite Ableitung $-\frac{4}{p^2} - \frac{2}{(1-p)^2}$ ist für alle p negativ, so dass ein Maximum vorliegt.

   Die Maximum-Likelihood-Schätzung lautet somit $\hat{p} = \frac{2}{3}$.

8.2   Bereichsschätzungen

Lösung zur Aufgabe 3.2.1

a) Das Konfidenzintervall für den Erwartungswert eines normalverteilten Merkmals bei bekannter Varianz kann nach der Formel

$$KI_\mu = \left(\bar{x} - \frac{\sigma}{\sqrt{n}} z_{1-\alpha/2} ; \bar{x} + \frac{\sigma}{\sqrt{n}} z_{1-\alpha/2} \right)$$

berechnet werden, wobei das Quantil der Normalverteilung hier $z_{1-\alpha/2} = z_{0,975} = 1,96$ ist.

Daraus folgt

$$KI_\mu = \left(1003,03 - \frac{5}{\sqrt{91}} \cdot 1,96; 1003,03 + \frac{5}{91} \cdot 1,96\right) = \left(1003,03 - 1,03; 1003,03 + 1,03\right) =$$
$$= \left(1002,00; 1004,06\right).$$

Die mittlere Füllmenge liegt mit 95%iger Wahrscheinlichkeit zwischen 1002,00 und 1004,06 cm³.

b) Die Länge des Konfidenzintervalls würde sich halbieren, weil 364 das Vierfache des ursprünglichen Stichprobenumfangs ist und aus $\frac{5}{\sqrt{91}}$ dadurch $\frac{1}{2} \cdot \frac{5}{\sqrt{91}}$ wird.

c) $KI_\sigma = \left(\sqrt{\frac{(n-1) \cdot s^2}{\chi^2_{n-1;1-\alpha/2}}}; \sqrt{\frac{(n-1) \cdot s^2}{\chi^2_{n-1;\alpha/2}}}\right)$ mit den Quantilen $\left\{\begin{array}{l}\chi^2_{n-1;1-\alpha/2} = \chi^2_{90;0,95} = 113,1 \\ \chi^2_{n-1;\alpha/2} = \chi^2_{90;0,05} = 69,1\end{array}\right\}$.

Daraus folgt $KI_\sigma = \left(\sqrt{\frac{90 \cdot 5,52^2}{113,1}}; \sqrt{\frac{90 \cdot 5,52^2}{69,1}}\right) = (4,92; 6,30)$.

Weil die Zahl 5 im Konfidenzintervall für σ liegt, sind die Zweifel nicht gerechtfertigt.

Lösung zur Aufgabe 3.2.2

a) Wegen der Symmetrie des Konfidenzbereichs liegt das arithmetische Mittel genau in der Mitte des gegebenen Intervalls. Das bedeutet $\bar{x} = 51$.

b) Die Formel für das Konfidenzintervalls lautet $KI_\mu = \left(\bar{x} - \frac{s}{\sqrt{n}} t_{n-1;1-\alpha/2}; \bar{x} + \frac{s}{\sqrt{n}} t_{n-1;1-\alpha/2}\right)$.

Da der Stichprobenumfang $n = 25$ und die Fehlerwahrscheinlichkeit $\alpha = 0,05$ bekannt sind, resultiert das verwendete Quantil der t-Verteilung mit $t_{24;0,975} \approx 2,064$.

Weil dann $\frac{s}{\sqrt{25}} \cdot 2,064 = g_o - \bar{x} = 4,128$ sein muss, gilt $s = \frac{4,128}{2,064} \cdot \sqrt{25} = 10$ und damit für die Stichprobenvarianz $s^2 = 100$.

c) Die Formel zur Berechnung des Konfidenzintervalls lautet jetzt, da σ^2 bekannt ist,

$KI_\mu = \left(\bar{x} - \frac{\sigma}{\sqrt{n}} z_{1-\alpha/2}; \bar{x} + \frac{\sigma}{\sqrt{n}} z_{1-\alpha/2}\right)$. Das dabei verwendete Quantil der Normalverteilung

ist der berühmte Wert $z_{0,975} \approx 1,96$. Weil dann $\frac{\sigma}{\sqrt{25}} \cdot 1,96 = 4,128$ sein muss, gilt für die

Standardabweichung $\sigma = \frac{4,128}{1,96} \cdot \sqrt{25} \approx 10,53$. Daraus folgt die Varianz $\sigma^2 \approx 110,9$.

Lösung zur Aufgabe 3.2.3

a) Die Maximum-Likelihood-Schätzwerte für den Erwartungswert und die Standardabweichung sind im Normalverteilungsfall das arithmetische Mittel und die empirische Standardabweichung.

Man berechnet $\bar{x} = \frac{1}{n}\sum\limits_{i=1}^{n} x_i = \frac{356,4}{16} = 22,275$ [cm], $\quad s^2 = \frac{1}{n-1}\sum\limits_{i=1}^{n}(x_i - \bar{x})^2 = \frac{29,87}{15} \approx 1,991$

und daraus die empirische Standardabweichung $s \approx \sqrt{1,991} \approx 1,411$ [cm].

b) Die Formel für das Konfidenzintervall lautet $KI_{\sigma^2} = \left(\frac{(n-1)\cdot s^2}{\chi^2_{n-1;1-\alpha/2}} ; \frac{(n-1)\cdot s^2}{\chi^2_{n-1;\alpha/2}} \right)$. Hier sind

$\alpha = 0,05$ und $n = 16$. Deswegen werden die beiden Quantile $\chi^2_{15;0,975} \approx 27,49$ und $\chi^2_{15;0,025} \approx 6,26$ benötigt, die man einer Tabelle für die Quantile der Chi-Quadrat-Verteilung entnehmen kann. In die obige Formel eingesetzt erhält man für die Varianz

das Konfidenzintervall $\left(\frac{15\cdot 1,991}{27,49} ; \frac{15\cdot 1,991}{6,26} \right) \approx \left(1,086 ; 4,771 \right)$.

c) Mit 95-prozentiger Sicherheit liegt der wahre Wert σ^2 für die Varianz des Stammdurchmessers in den Grenzen von 1,086 und 4,771 cm².

Lösung zur Aufgabe 3.2.4

a) Die Formel für das Konfidenzintervalls lautet $KI_{\mu} = \left(\bar{x} - \frac{s}{\sqrt{n}} t_{n-1;1-\alpha/2} ; \bar{x} + \frac{s}{\sqrt{n}} t_{n-1;1-\alpha/2} \right)$. Die

dazu notwendigen Stichprobenfunktionen berechnet man nach $\bar{x} = \frac{1}{n}\sum\limits_{i=1}^{n} x_i = \frac{1200}{150} = 8$

und $s^2 = \frac{1}{n-1}\left[\sum x_i^2 - n\cdot \bar{x}^2\right] = \frac{1}{149}\left[9749 - 150\cdot 8^2\right] = 1$. Außerdem benötigt man ein

Quantil der t-Verteilung mit 149 Freiheitsgraden. Aus der entsprechenden Tabelle liest man den Wert $t_{149;0,975} \approx 1,978$ ab.

Das ergibt dann $KI_{\mu} \approx \left(8 - \frac{1}{\sqrt{150}}\cdot 1,987 ; 8 + \frac{1}{\sqrt{150}}\cdot 1,987 \right) \approx \left(7,84 ; 8,16 \right)$.

b) Es muss $2\cdot \frac{s}{\sqrt{n}}\cdot z_{0,995} \leq 0,2$ sein. Weil der Stichprobenumfang sehr groß sein wird, rechnet man hier in guter Näherung mit einem Quantil der Normalverteilung.

Wegen $z_{0,995} \approx 2,576$ und $s \leq 1$ folgt aus obiger Ungleichung $\sqrt{n} \geq 2,576 \cdot \dfrac{2}{0,2} \cdot s \geq 25,76$,

woraus sich dann durch Quadrieren die Forderung $n \geq 664$ ergibt.

Lösung zur Aufgabe 3.2.5

a) Da die theoretische Standardabweichung bekannt ist, benutzt man zur Berechnung des

Konfidenzintervalls die Formel $KI_\mu = \left(\overline{x} - z_{1-\frac{\alpha}{2}} \cdot \dfrac{\sigma}{\sqrt{n}} ; \overline{x} + z_{1-\frac{\alpha}{2}} \cdot \dfrac{\sigma}{\sqrt{n}} \right)$. Mit $z_{0,975} \approx 1,96$ ergibt

sich $KI_\mu = \left(510 - 1,96 \cdot \dfrac{85}{\sqrt{289}} ; 510 + 1,96 \cdot \dfrac{85}{\sqrt{289}} \right) \approx (510 - 9,8 ; 510 + 9,8) = (500,20 ; 519,80)$.

b) Das mittlere Einkommen der Studierenden liegt mit 95%iger Wahrscheinlichkeit zwischen 500,20 und 519,80 €.

Lösung zur Aufgabe 3.2.6

a) Mit einer Wahrscheinlichkeit von 95 % überdeckt das Intervall (0,61; 0,89) den wahren Wert für den Anteil zufriedener Leser.

b) Die halbe Intervalllänge beträgt im Allgemeinen $z_{1-\alpha/2} \cdot \sqrt{\dfrac{\hat{p} \cdot (1 - \hat{p})}{n}}$ und hier im Speziel-

len $\dfrac{0,89 - 0,61}{2} = 0,14$. Da das Quantil $z_{1-\alpha/2}$ und der Anteilswert $\hat{p}$ unverändert blei-

ben, halbiert sich durch die Vervierfachung von n die Länge des Intervalls zu

$\dfrac{0,14}{\sqrt{4}} = 0,07$, womit sich das Intervall $KI_p = \left(0,75 - 0,07 ; 0,75 + 0,07 \right) = \left(0,68 ; 0,82 \right)$ ergibt.

Lösung zur Aufgabe 3.2.7

a) Das Konfidenzintervall für die Varianz ist nach der Formel $KI_{\sigma^2} = \left(\dfrac{(n-1) \cdot s^2}{\chi^2_{n-1;1-\alpha/2}} ; \dfrac{(n-1) \cdot s^2}{\chi^2_{n-1;\alpha/2}} \right)$

zu berechnen. Wegen $n = 31$ und $\alpha = 0,10$ braucht man die Quantile $\chi^2_{30;0,95} \approx 43,77$ und

$\chi^2_{30;0,05} \approx 18,49$. Damit ergibt sich das Konfidenzintervall für die Varianz gemäß der obi-

gen Formel mit $KI_{\sigma^2} \approx \left(0,46 ; 1,09 \right)$. Das gesuchte Konfidenzintervall für die Stan-

dardabweichung lautet dann $KI_\sigma \approx \left(\sqrt{0,46} ; \sqrt{1,09} \right) \approx \left(0,68 ; 1,04 \right)$.

b) Die unbekannte Standardabweichung des Kraftstoffverbrauchs liegt mit einer Wahrscheinlichkeit von 90 % zwischen 0,68 und 1,04 Litern pro 100 km.

Lösung zur Aufgabe 3.2.8

a) Zur Bestimmung des gesuchten Konfidenzintervalls benötigt man zunächst das arithmetische Mittel und die empirische Varianz aller vergebenen Noten. Man berechnet

$$\bar{x} = \frac{1}{2000}(1 \cdot 50 + \ldots + 6 \cdot 100) = 3{,}725 \text{ und}$$

$$s = \sqrt{\frac{1}{1999}\left(1^2 \cdot 50 + \ldots + 6^2 \cdot 100 - 2000 \cdot 3{,}725^2\right)} = \sqrt{\frac{29750 - 27751{,}25}{1999}} \approx 1{,}00 \, .$$

Außerdem wird das Quantil der Ordnung 0,975 der t-Verteilung mit 1999 Freiheitsgraden gebraucht. Wegen der vielen Freiheitsgrade kann man dafür das entsprechende Quantil der Normalverteilung $z_{0,975} \approx 1{,}96$ verwenden. Damit bestimmt man das gesuchte Konfidenzintervall für die mittlere Note zu

$$KI_\mu = \left(\bar{x} - \frac{s}{\sqrt{n}}z_{1-\alpha/2}; \bar{x} + \frac{s}{\sqrt{n}}z_{1-\alpha/2}\right) \approx \left(3{,}725 - \frac{1}{\sqrt{2000}}1{,}96; 3{,}725 - \frac{1}{\sqrt{2000}}1{,}96\right) \approx \left(3{,}68; 3{,}77\right)$$

b) α) Der Anteil der Strafrechtsexperten in der Stichprobe, die eine Reform befürworten,

beträgt $\hat{p} = \dfrac{1500}{2000} = 0{,}75$. Das Konfidenzintervall für den Anteilswert p ist gemäß

$$KI_p = \left(\hat{p} - z_{1-\alpha/2} \cdot \sqrt{\frac{\hat{p} \cdot (1-\hat{p})}{n}}; \hat{p} + z_{1-\alpha/2} \cdot \sqrt{\frac{\hat{p} \cdot (1-\hat{p})}{n}}\right) \text{ zu bestimmen. Mit } z_{0,975} \approx 1{,}96 \text{ ergibt}$$

sich $KI_p \approx \left(0{,}75 - 1{,}96\sqrt{\dfrac{0{,}75 \cdot 0{,}25}{2000}}; 0{,}75 + 1{,}96\sqrt{\dfrac{0{,}75 \cdot 0{,}25}{2000}}\right) \approx \left(0{,}731; 0{,}769\right)$.

β) Die Intervalllänge aus Teil α) beträgt rund 0,038. Die gegebene Forderung lautet also

$2 \cdot z_{1-\alpha/2} \cdot \sqrt{\dfrac{\hat{p} \cdot (1-\hat{p})}{n}} \leq 0{,}038$. Wegen $\alpha = 0{,}01$ ist jetzt $z_{1-\alpha/2} = z_{0,995} \approx 2{,}576$. Die Funktion $f(p) = p \cdot (1-p)$ hat die Ableitung $f'(p) = 1 - 2p$, die im Bereich $(0{,}6; 0{,}8)$ negativ ist. Deshalb ist f dort monoton fallend und erreicht ihr Maximum bei $p = 0{,}6$. Daraus folgt $n \geq \left(\dfrac{2 \cdot 2{,}576 \cdot \sqrt{0{,}6 \cdot 0{,}4}}{0{,}038}\right)^2 \approx 4411{,}6$. Ein Stichprobenumfang von mindestens 4412 würde die Intervalllänge garantieren.

Lösung zur Aufgabe 3.2.9

a) Die gesuchten Schätzer sind die arithmetischen Mittel

$$\bar{x} = \frac{1}{50}(10 \cdot 13 + \ldots + 5 \cdot 60) = 32{,}4 \text{ und } \bar{y} = \frac{1}{50}(10 \cdot 11 + \ldots + 60 \cdot 8) = 34{,}6 \, .$$

b) Wegen der Unabhängigkeit der Gruppen addieren sich die Varianzen, und es gilt

$\sigma_z = \sqrt{17^2 + 17^2} = \sqrt{2} \cdot 17 \approx 24$.

c) Weil die Varianz von Z bekannt ist, wird das Konfidenzintervall nach der Formel

$KI_\mu = \left(\bar{z} - \dfrac{\sigma_z}{\sqrt{n}} \cdot z_{1-\alpha/2}; \bar{z} + \dfrac{\sigma_z}{\sqrt{n}} \cdot z_{1-\alpha/2} \right)$ berechnet. Es gilt $\bar{z} = \bar{x} - \bar{y} = 32,4 - 34,6 = -2,2$. Das

Normalverteilungsquantil ist $z_{0,975} \approx 1,96$, so dass sich das gesuchte Konfidenzintervall

zu $\quad KI_\mu \approx \left(-2,2 - \dfrac{24}{\sqrt{50}} \cdot 1,96; -2,2 + \dfrac{24}{\sqrt{50}} \cdot 1,96 \right) \approx (-2,2 - 6,65; -2,2 + 6,65) \approx (-8,85; 4,45)$

ergibt.

d) Die Gleichheit der Erwartungswerte von X und Y würde $E(X) - E(Y) = E(Z) = 0$ bedeuten. Der Wert 0 liegt jedoch im 95-Prozent-Konfidenzintervall für $E(Z)$, was der Gleichheit der Erwartungswerte nicht widerspricht.

Lösung zur Aufgabe 3.2.10

a) Zur Anwendung kommt hier der einfache t-Test in der einseitigen Fragestellung. Die Hypothesen, die Testgröße und der Ablehnungsbereich lauten:

$H_0: \mu \geq 6000$ gegen $H_1: \mu < 6000$

$t = \dfrac{\bar{x} - \mu_0}{s} \sqrt{n} = \dfrac{5877 - 6000}{\sqrt{150462,3}} \sqrt{21} \approx -1,4531$

$K^* = (-\infty; -t_{n-1;1-\alpha}) = (-\infty; -t_{20;0,95}) \approx (-\infty; -1,725)$

Weil die Testgröße nicht im Ablehnungsbereich liegt, kann die Nullhypothese H_0 nicht abgelehnt werden. Es gibt somit keine Einwände gegen die Behauptung des Leiters.

b) Zunächst wird das Konfidenzintervall für die Varianz berechnet:

$KI_{\sigma^2} = \left(\dfrac{(n-1) \cdot s^2}{\chi^2_{n-1;1-\alpha/2}}; \dfrac{(n-1) \cdot s^2}{\chi^2_{n-1;\alpha/2}} \right) \approx \left(\dfrac{20 \cdot 150462,3}{34,2}; \dfrac{20 \cdot 150462,3}{9,59} \right) \approx (87989,65; 313789,99)$.

Durch Wurzelziehen der Intervallgrenzen erhält man dann das Konfidenzintervall für die Standardabweichung: $KI_\sigma \approx (\sqrt{87989,65}; \sqrt{313789,99}) \approx (296,6; 560,2)$.

Die Standardabweichung der Anzahl der Zugriffe liegt mit der Wahrscheinlichkeit 0,95 zwischen 296,6 und 560,2.

8.3   Signifikanztests

Lösung zur Aufgabe 3.3.1

Hier kommt der einfache t-Test in der zweiseitigen Fragestellung zur Anwendung. Um die Testgröße berechnen zu können, werden das arithmetische Mittel und die empirische Standardabweichung gebraucht. Diese sind $\bar{x} = 403{,}3$ und $s = 6{,}729$. Das Hypothesenpaar, die Testgröße und der Ablehnungsbereich lauten:

$$H_0 : \mu = 400 \quad \text{gegen} \quad H_1 : \mu \neq 400$$

$$t = \frac{\bar{x} - \mu_0}{s} \cdot \sqrt{n} = \frac{403{,}3 - 400}{6{,}729} \cdot \sqrt{20} \approx 2{,}193$$

$$K^* = \left(-\infty; -t_{19;0{,}975}\right) \cup \left(t_{19;0{,}975}; \infty\right) = \left(-\infty; -2{,}093\right) \cup \left(2{,}093; \infty\right)$$

Da die Testgröße im Ablehnungsbereich liegt, ist die Nullhypothese zu verwerfen. Das mittlere Gewicht der Gurken ist signifikant von 400 g verschieden.

Lösung zur Aufgabe 3.3.2

Zur Anwendung kommt der Chi-Quadrat-Streuungstest in der einseitigen Fragestellung. Dazu wird die empirische Varianz benötigt. Da der Erwartungswert $\mu = 0{,}5$ bekannt ist, braucht man μ nicht zu schätzen und zieht die Stichprobenfunktion $\frac{1}{n}\sum_{i=1}^{n}(x_i - \mu)^2 = 0{,}00036$ heran. Weil diese Punktschätzung kleiner ist als die hypothetische Varianz $\sigma_0^2 = 0{,}01$, macht als einseitige Nullhypothese nur $\sigma^2 \geq 0{,}01$ Sinn. Diese Hypothese hätte die Chance, abgelehnt zu werden.

Die zu prüfenden Hypothesen sind somit $H_0 : \sigma^2 \geq 0{,}01$ und $H_1 : \sigma^2 < 0{,}01$.

Die Testgröße wird berechnet zu $t = \frac{1}{\sigma_0^2} \cdot \sum_{i=1}^{n}(x_i - \mu)^2 = 0{,}36$ mit $\mu = 0{,}5$ und $\sigma_0^2 = 0{,}01$.

Der Ablehnungsbereich ist $K^* = [0; 3{,}94)$, wobei die kritische Schranke $\chi^2_{10;0{,}05} \approx 3{,}94$ das Quantil der Chi-Quadrat-Verteilung mit $n = 10$ Freiheitsgraden ist, das einer entsprechenden Tabelle entnommen wurde.

Weil der Wert der Testgröße im kritischen Bereich K^* liegt, ist die Nullhypothese zugunsten der Alternativhypothese abzulehnen. Die Varianz der Abfüllmenge ist also tatsächlich signifikant kleiner als 0,01 Liter².

Lösung zur Aufgabe 3.3.3

Hier kann der Chi-Quadrat–Test für die Varianz benutzt werden. Aus der Stichprobe werden zu diesem Zweck die Standardabweichung $s = \dfrac{1}{n} \sum_{i=1}^{n} (x_i - \bar{x})^2 \approx 15,3$ mit $n = 8$ und $\bar{x} = 67,125$ und daraus die empirische Varianz $s^2 \approx 234,125$ berechnet. Die Hypothesen, die Testgröße und der Ablehnungsbereich sind:

$$H_0: \sigma^2 = 14^2 = 196 \quad \text{gegen} \quad H_1: \sigma^2 \neq 196$$

$$t = \frac{(n-1) \cdot s^2}{\sigma_0^2} = \frac{7 \cdot 234,125}{196} \approx 8,36$$

$$K^* = [0; \chi^2_{7;0,025}) \cup (\chi^2_{7;0,975}; \infty) = (0; 1,69) \cup (16,01; \infty)$$

Da der Wert der Testgröße nicht im Ablehnungsbereich liegt, kann die Hypothese des Maklers nicht abgelehnt werden, was bedeutet, dass der Makler recht haben könnte.

Lösung zur Aufgabe 3.3.4

a) p bezeichne die Wahrscheinlichkeit, dass die Abrechnungsbelege fehlerhaft sind. Zu prüfen ist, ob dieser Anteilswert p größer oder kleiner als 0,05 ist. Da der empirische Anteilswert $\hat{p} = 20/250 = 0,08$ größer als der hypothetische Wert $p_0 = 0,05$ ist, könnte die Nullhypothese $H_0: p \leq 0,05$ eventuell verworfen werden.

b) Es ist der Test auf Anteilswert in der einseitigen Fragestellung durchzuführen. Die Testgröße lautet hier

$$t = \frac{(\hat{p} - p_0)}{\sqrt{p_0 \cdot (1 - p_0)}} \sqrt{n} = \frac{(0,08 - 0,05)}{\sqrt{0,05 \cdot 0,95}} \sqrt{250} \approx 2,176 \ .$$

Der Ablehnungsbereich ist $K^* \approx (z_{1-\alpha}; \infty) = (z_{0,99}; \infty) \approx (2,326; \infty)$ mit einem Quantil der Normalverteilung als Näherungswert für die kritische Schranke.

c) Da $t \notin K^*$, kann die Nullhypothese nicht abgelehnt werden. Die Beamten brauchen keine Prüfung auf Steuerhinterziehung einzuleiten.

Lösung zur Aufgabe 3.3.5

a) Es sei p die Wahrscheinlichkeit, dass das Kopiergerät defekt ist. Die Hypothesen sollten $H_0: p \leq 0,6$ und $H_1: p > 0,6$ sein.

b) Der Assistent wird tendenziell ein höheres α wählen, da er H_0 möglichst abgelehnt hätte.

c) Es wird der Test auf Wahrscheinlichkeit durchgeführt und, weil der Stichprobenumfang so klein ist, mit Stetigkeitskorrektur. Die Testgröße ist

$$t = \frac{\hat{p} - p_0 - \dfrac{1}{2n}}{\sqrt{\dfrac{p_0(1-p_0)}{n}}} = \frac{\dfrac{10}{16} - 0,6 - \dfrac{1}{32}}{\sqrt{\dfrac{0,6 \cdot 0,4}{16}}} \approx -0,051$$

und der kritischen Bereich $K^* \approx (z_{1-\alpha}; \infty) = (z_{0,8}; \infty) \approx (0,842; \infty)$. Das Quantil der Normal-verteilung mit der ungewöhnlichen Ordnung 0,8 wurde durch inversen Gebrauch der Verteilungsfunktionstafel mit linearer Interpolation ermittelt.

Da trotz der großen Irrtumswahrscheinlichkeit die Testgröße nicht im Ablehnungsbereich liegt, darf H_0 nicht verworfen werden. Der gewünschte statistische Nachweis ist dem Assistenten nicht gelungen.

Lösung zur Aufgabe 3.3.6

Es kommt der Chi-Quadrat-Anpassungstest zur Anwendung. Die hypothetischen Wahrscheinlichkeiten sind die der Poissonverteilung mit $P(X = k) = \dfrac{1,2^k}{k!}e^{-1,2}$.

Die für den Test erforderliche Klasseneinteilung mit den beobachteten Häufigkeiten und den dazugehörigen Klassenwahrscheinlichkeiten sind in der folgenden Tabelle enthalten:

k	h_k	$p_k = P(X = k)$	$n \cdot p_k$
0	38	0,3012	30,12
1	29	0,3614	36,14
2	20	0,2169	21,69
≥ 3	13	0,1205	12,05
Summe	100	1,0000	100

Gegenüber der gegebenen Tabelle sind die beiden letzten Zeilen zu einer Klasse zusammengefasst worden, damit auch hier die Bedingung $np_k \geq 5$ erfüllt ist.

Die Nullhypothese lautet H_0: "X ist Poisson-verteilt mit $\lambda = 1,2$".

Die Testgröße wird berechnet zu $\chi^2 = \sum_{k=0}^{3} \dfrac{(h_k - n \cdot p_k)^2}{n \cdot p_k} \approx 3,679$.

Die Klasseneinteilung besteht aus $m = 4$ Klassen, es wurden keine Parameter ($r = 0$) geschätzt und das Signifikanzniveau ist mit $\alpha = 0,05$ vorgegeben. Daraus ergibt sich annähernd der Ablehnungsbereich $K^* \approx (\chi^2_{m-1-r;1-\alpha}; \infty) = (\chi^2_{3;0,95}; \infty) \approx (7,81; \infty)$, wobei das Quantil der Chi-Quadrat-Verteilung einer entsprechenden Tabelle entnommen worden ist.

Da die Testgröße nicht im kritischen Bereich liegt, darf H_0 nicht abgelehnt werden. Die Anzahl der offenen Prüfungen kann deshalb als Poisson-verteilt mit dem Erwartungswert $\lambda = 1,2$ angesehen werden.

Lösung zur Aufgabe 3.3.7

a) Es bezeichne X die Anzahl der Kunden, die pro 5-Minuten-Intervall das Geschäft betreten. Den Erwartungswert von X schätzt man zu $\bar{x} = \frac{1}{36} \sum_{i=0}^{4} i \cdot h_i = \frac{4}{3}$. Es sind also im Mittel rund 1,33 Kunden pro Zeitintervall in den Markt gekommen.

b) Es ist der Chi-Quadrat-Anpassungstest durchzuführen. Die Nullhypothese lautet H_0: „X ist Poisson-verteilt mit $\lambda = \frac{4}{3}$ ". In diese Hypothese ist ein ($r = 1$) geschätzter Parameter eingegangen. Zur Berechnung der Testgröße werden die Einzelwahrscheinlichkeiten der Poissonverteilung $p_i = P(X = i) = \left(\frac{4}{3}\right)^i \cdot \frac{1}{i!} \cdot \exp\left(-\frac{4}{3}\right)$ für $i = 0, 1, 2, 3$ benötigt. Diese gehen als hypothetische Wahrscheinlichkeiten zusammen mit den absoluten Häufigkeiten h_i in die folgende Klasseneinteilung ein:

i	h_i	p_i	$n \cdot p_i$
0	7	0,2636	9,4896
1	16	0,3515	12,6540
2	8	0,2343	8,4348
3	4	0,1041	3,7476
> 3	1	0,0465	1,6740

Weil $np_i < 5$, werden die beiden letzten Klassen zusammengefasst.

i	h_i	p_i	$n \cdot p_i$
0	7	0,2636	9,4896
1	16	0,3515	12,6540
2	8	0,2343	8,4348
> 3	5	0,1506	5,4216

Daraus ergeben sich die Testgröße $t = \chi^2 = \sum_{i=0}^{3} \frac{(h_i - n \cdot p_i)^2}{n \cdot p_i} \approx 1,593$ und der Ablehnungsbereich $K^* = (\chi^2_{4-1-r;1-\alpha}; \infty) = (\chi^2_{2;0,95}; \infty) = (5,99; \infty)$.

Da $t \notin K^*$, kann H_0 nicht abgelehnt werden. Die Antwort lautet deshalb: Ja, die Anzahl der Kunden pro Zeitintervall kann als Poisson-verteilt angesehen werden.

Lösung zur Aufgabe 3.3.8

Es wird der Chi-Quadrat-Anpassungstest verwendet, um die Nullhypothese

"H_0 : Das Merkmal ist binomial verteilt mit $n = 4$ und $p = 0,4$."

zu testen. Unter dieser Hypothese ergeben sich die Einzelwahrscheinlichkeiten des Merkmals zu $p_i = P(X = i) = \binom{4}{i} \cdot 0,4^i \cdot 0,6^{4-i}$ für $i = 0, 1, \ldots, 4$. Die konkreten Werte sind zusammen mit den beobachteten Häufigkeiten h_i in der folgenden Arbeitstabelle aufgelistet. Um den Stichprobenumfang nicht mit dem Parameter n zu verwechseln, wird er in dieser Aufgabe ausnahmsweise mit m bezeichnet. Es gilt $m = 480$.

i	h_i	p_i	$m \cdot p_i$
0	90	0,1296	62,208
1	180	0,3456	165,888
2	130	0,3456	165,888
3	70	0,1536	73,728
4	10	0,0256	12,288
	480	1,0000	480,000

Daraus wird die Testgröße $t = \sum_{i=0}^{4} \frac{(h_i - m \cdot p_i)^2}{m \cdot p_i} \approx 12,416 + 1,201 + 7,764 + 0,189 + 0,426 \approx 22$

bestimmt. Da $m \cdot p_i \geq 5$ für alle i gilt, ist die Anwendung des Chi-Quadrat-Tests zulässig. Zur Formulierung der Nullhypothese wurde kein Parameter geschätzt, das Signifikanzniveau ist $\alpha = 0,005$ und es gibt 5 Klassen. Deshalb ergibt sich der kritische Bereich gemäß $K^* \approx (14,9; \infty)$ mit dem Quantil $\chi^2_{5-0-1; 1-\alpha} = \chi^2_{4; 0,995} \approx 14,9$. Da die Testgröße einen Wert im Ablehnungsbereich annimmt, ist die Nullhypothese hoch signifikant abzulehnen. Die Anzahl der Personen am Kaffeeautomaten hat nicht die vermutete Binomialverteilung.

Lösung zur Aufgabe 3.3.9

a) $Sch = \frac{M_{Zen,3}}{\sqrt{M_{Zen,2}^3}} = \frac{372,8}{\sqrt{148^3}} \approx 0,207$; $Exz = \frac{M_{Zen,4}}{M_{Zen,2}^2} - 3 = \frac{82048}{148^2} - 3 \approx 0,746$

b) Die Nullhypothese „H_0: IQ ist normalverteilt" wird mit dem Jarque-Bera-Test überprüft. Die Testgröße lautet

$$t = \frac{n}{6} \cdot \left(Sch^2 + \frac{Exz^2}{4} \right) \approx \frac{30}{6} \cdot \left(0,207^2 + \frac{0,746^2}{4} \right) \approx 0,91 .$$

Als kritischer Bereich ist hier $K^* \approx (\chi^2_{2;1-\alpha};\infty) = (\chi^2_{2;0,95};\infty) \approx (2,92;\infty)$ zu benutzen. Da t nicht im Ablehnungsbereich liegt, gibt es keine Einwände gegen die Normalverteilungsannahme beim Intelligenzquotienten.

Lösung zur Aufgabe 3.3.10

a) Unter Nutzung des Zwischenergebnisses $\sum\limits_{l=1}^{17} x_i y_i = 95316,57$ berechnet man den empirischen Korrelationskoeffizienten

$$r_{xy} = \frac{\dfrac{1}{n-1}\left(\sum\limits_{i=1}^{n} x_i y_i - n \cdot \bar{x} \cdot \bar{y}\right)}{s_x \cdot s_y} = \frac{\dfrac{1}{16}\left(95316,57 - 17 \cdot 103,135 \cdot 53,041\right)}{23,591 \cdot 25,055} \approx 0,245 \, .$$

b) Es wird der Test auf Unkorreliertheit unter Normalverteilung durchgeführt. Die Nullhypothese lautet „H_0: X und Y sind voneinander unabhängig." Dazu wird die Teststatistik $t = \dfrac{r_{xy} \cdot \sqrt{n-2}}{\sqrt{1-r_{xy}^2}} = \dfrac{0,245 \cdot \sqrt{15}}{\sqrt{1-0,245^2}} \approx 0,98$ berechnet. Der Ablehnungsbereich wird von den Quantilen der t-Verteilung mit $n-2$ Freiheitsgraden begrenzt. Er lautet somit $K^* = (-\infty; -t_{15;0,975}) \cup (+t_{15;0,975}; +\infty) \approx (-\infty; -2,131) \cup (2,131;\infty)$. Da $t \notin K^*$, erfolgt keine Ablehnung von H_0. Es lässt sich kein signifikanter Zusammenhang zwischen der Einwohnerzahl und der Milchmenge nachweisen.

Lösung zur Aufgabe 3.3.11

a) Der empirische Korrelationskoeffizient lautet $r_{xy} = \dfrac{s_{xy}}{s_x \cdot s_y} = \dfrac{3925}{\sqrt{94,09} \cdot \sqrt{1263376}} \approx 0,36$.

Er ist dahingehend zu interpretieren, dass es eine leichte Abhängigkeit zwischen dem Luftdruck und der Telefonatdauer gibt. Das positive Vorzeichen besagt: Je höher der Luftdruck, um so länger wird telefoniert.

b) Wegen der Normalverteilungsannahme kann man hier den Test auf Korrelation null verwenden. Die Hypothesen, die Testgröße und der Ablehnungsbereich sind

$$H_0: \rho_{xy} = 0 \text{ gegen } H_1: \rho_{xy} \neq 0$$

$$t = \frac{r_{xy} \cdot \sqrt{n-2}}{\sqrt{1-r_{xy}^2}} \approx \frac{0,36 \cdot \sqrt{23}}{\sqrt{1-0,36^2}} \approx 1,85$$

$$K^* = (-\infty; -t_{23;0,975}) \cup (t_{23;0,975}; \infty) \approx (-\infty; -2,069) \cup (2,069;\infty)$$

Die dabei benutzten Quantile der t-Verteilung mit $n - 2$ Freiheitsgraden wurden einer entsprechenden Tafel entnommen. Da die Testgröße nicht im Ablehnungsbereich liegt, darf die Unkorreliertheit nicht verworfen werden. Es lässt sich also nicht nachweisen, dass die Gesprächsdauer signifikant vom Luftdruck abhängt.

Lösung zur Aufgabe 3.3.12

Da eine Kontingenztafel gegeben ist, kommt der Chi-Quadrat-Unabhängigkeitstest zur Anwendung. Zur Berechnung der Testgröße werden die Erwartungshäufigkeiten benötigt, die in der folgenden Tabelle enthalten sind:

$e_{ij} = \dfrac{h_{i\bullet} \cdot h_{\bullet j}}{n}$			
219,375	185,625	45	450
658,125	556 875	135	1350
97,500	82,500	20	200
975,000	825,000	200	2000

Die Nullhypothese, die Testgröße und der Ablehnungsbereich sind:

H_0 : „Berufsstände von Vater und Kind sind unabhängig."

$$t = \chi^2 = \sum_{i=1}^{3} \sum_{j=1}^{3} \frac{(h_{ij} - e_{ij})^2}{e_{ij}} \approx 291,9$$

$$K^* = (\chi^2_{4 ;1-0,05} ;\infty) = (9,49;\infty)$$

Das Quantil der Chi-Quadrat-Verteilung mit $(3-1)\cdot(3-1) = 4$ Freiheitsgraden wurde aus einer entsprechenden Tafel gelesen. Da die Testgröße im Ablehnungsbereich liegt, muss die Nullhypothese verworfen werden. Der Berufsstand des Kindes ist somit signifikant abhängig von dem des Vaters.

Lösung zur Aufgabe 3.3.13

Aus den gegebenen Häufigkeiten ergibt sich folgende Kontingenztafel mit Randsummen:

Ergebnis \ Vorbereitung	gut	mäßig	schlecht	
bestanden	66	165	9	140
durchgefallen	34	105	21	160
	100	270	30	400

Es ist der Chi-Quadrat-Unabhängigkeitstest zu verwenden. Zur Berechnung der Testgröße werden noch die Erwartungshäufigkeiten benötigt:

$e_{ij} = \dfrac{h_{i\bullet} \cdot h_{\bullet j}}{n}$			
60	162	18	140
40	108	12	160
100	270	30	400

Daraus berechnet man das pearsonsche Chi-Quadrat $\chi^2 = \sum\limits_{i=1}^{2}\sum\limits_{j=1}^{3} \dfrac{(h_{ij} - e_{ij})^2}{e_{ij}} \approx 12{,}89$.

Die Nullhypothese, die Teststatistik und der kritische Bereich sind dann

H_0: "Das Bestehen der Klausur ist unabhängig vom Vorbereitungsgrad."

$t = \chi^2 \approx 12{,}89$

$K^* \approx (\chi^2_{(2-1)(3-1);1-\alpha} ; \infty) = (\chi^2_{2;0,99} ; \infty) \approx (9{,}21 ; \infty)$

Da die Testgröße den kritischen Wert übersteigt, ist die Nullhypothese abzulehnen, was bedeutet, dass das Bestehen der Klausur hoch signifikant vom Vorbereitungsgrad abhängt.

Lösung zur Aufgabe 3.3.14

Die folgende Tabelle enthält die Randsummen der gegebenen Kontingenztafel und die daraus berechneten Erwartungshäufigkeiten:

e_{ij}			
24	10	6	40
36	15	9	60
60	25	15	100
120	50	30	200

Daraus wird das pearsonsche Chi-Quadrat zu $\chi^2 = \sum\limits_{i=1}^{3}\sum\limits_{j=1}^{3} \dfrac{(h_{ij} - e_{ij})^2}{e_{ij}} \approx 2{,}1155$ ermittelt.

a) $C = \sqrt{\dfrac{\chi^2}{n + \chi^2}} \approx \sqrt{\dfrac{2{,}1156}{202{,}12}} \approx 0{,}1023$, $C_{norm} = \sqrt{\dfrac{3}{2}} \cdot C \approx 0{,}125$.

Der normierte Kontingenzkoeffizient liegt relativ nahe bei null. Das kann als Unabhängigkeit interpretiert werden, was bedeutet, dass die Bewertung nicht vom Alter abhängt.

b) Es wird der Chi-Quadrat-Unabhängigkeitstest durchgeführt.

H_0 : „Alter und Meinung sind voneinander unabhängig."

$$t = \chi^2 \approx 2,1$$

$$K^* \approx \left(\chi^2_{22;\,0,99} ; \infty \right) \approx \left(13,3 ; \infty \right)$$

Da die Testgröße t nicht im Ablehnungsbereich K^* liegt, kann H_0 nicht abgelehnt werden. Nein, die Meinung hängt nicht signifikant vom Alter ab.

Lösung zur Aufgabe 3.3.15

Aus den gegebenen Häufigkeiten ist die folgende Kontingenztafel mit Randsummen erstellt worden:

Füllmenge Wurst	$[0;0,48]$	$(0,48;0,52]$	$(0,52;\infty)$	
sehr gut	10	40	10	60
in Ordnung	50	30	20	100
miserabel	20	10	10	40
	80	80	40	200

Es soll der Chi-Quadrat-Unabhängigkeitstest angewandt werden. Zur Berechnung der Testgröße werden noch die Erwartungshäufigkeiten benötigt. Man erhält aus den Randsummen die Werte

e_{ij}				
	24	24	12	60
	40	40	20	100
	16	16	8	40
	30	80	40	200

Daraus berechnet man das pearsonsche Chi-Quadrat $\chi^2 = \sum\limits_{i=1}^{3} \sum\limits_{j=1}^{3} \dfrac{\left(h_{ij} - e_{ij} \right)^2}{e_{ij}} \approx 27,92$.

Dieses fungiert als Testgröße für die Nullhypothese H_0 : "Es besteht kein Zusammenhang zwischen Füllmenge beim Bier und Qualität der Bratwürste". Der Ablehnungsbereich $K^* = (13,28;\infty)$ wird nach unten durch das Quantil der Chi-Quadrat-Verteilung mit $(3-1)\cdot(3-1)=4$ Freiheitsgraden und der Ordnung $1-\alpha = 0,99$ begrenzt. Da die Testgröße die kritische Schranke übersteigt, kann die Unabhängigkeit verworfen werden. Damit wird die Vermutung des Besuchers hoch signifikant bestätigt.

Lösung zur Aufgabe 3.3.16

Weil die Preise in Berlin und Hamburg als normalverteilt mit derselben Varianz vorausgesetzt sind, kann hier der doppelte t-Test zur Anwendung kommen. Die Hypothesen, die Testgröße und der kritische Bereich lauten:

$$H_0 : \mu_B = \mu_H \quad \text{gegen} \quad H_1 : \mu_B \neq \mu_H$$

$$t = \frac{(659 - 669)\sqrt{41 \cdot 61(41 + 61 - 2)}}{\sqrt{(41 + 61)[40 \cdot 17,1 + 60 \cdot 16,8]}} \approx -12,038$$

$$K^* = (-\infty; -1,984) \cup (1,984; \infty), \text{ weil } t_{n_1+n_2-2;\alpha/2} = t_{100; 0,025} = 1,984$$

Die Testgröße liegt im Ablehnungsbereich, deshalb ist H_0 zugunsten von H_1 abzulehnen. Die durchschnittlichen Verkaufspreise in Berlin und Hamburg unterscheiden sich signifikant.

Lösung zur Aufgabe 3.3.17

In dieser Aufgabe ist der doppelte t-Test mit einseitiger Alternativhypothese gefragt. Die Hypothesen, die Teststatistik und der Ablehnungsbereich sind:

$$H_0: \mu_{SS} = \mu_{HS} \quad \text{gegen} \quad H_1: \mu_{SS} > \mu_{HS}$$

$$t = \frac{(\bar{x}_{SS} - \bar{x}_{HS}) \cdot \sqrt{6 \cdot 6 \cdot (6 + 6 - 2)}}{\sqrt{(6 + 6)[t \cdot S_{SS}^2 + 5 \cdot S_{HS}^2]}} \approx \frac{101186,56}{41620,215} \approx 2,43$$

$$K^* = (t_{6+6-2;1-\alpha}; \infty) = (t_{10;0,95}; \infty) \approx (1,812; \infty)$$

Das Quantil der t-Verteilung mit 10 Freiheitsgraden ist einer entsprechenden Tabelle entnommen worden. Die Testgröße liegt im Ablehnungsbereich, weshalb die Entscheidung zugunsten der Alternativhypothese fällt. Das Institut hat recht, die Laufleistung von „Super speed" ist tatsächlich signifikant höher.

Lösung zur Aufgabe 3.3.18

a) Es bezeichnen σ_{M1}^2 und σ_{M2}^2 die Varianzen der verkauften Stückzahlen auf dem Markt 1 bzw. Markt 2. Die Hypothesen lauten dann $H_0 : \sigma_{M1}^2 = \sigma_{M2}^2$ gegen $H_1 : \sigma_{M1}^2 > \sigma_{M2}^2$.

b) Es ist der F-Test in einseitiger Fragestellung anzuwenden. Zur Berechnung der Testgröße werden die beiden empirischen Varianzen benötigt. Es gilt $s_1^2 \approx 3,9545$ mit dem Stichprobenumfang $n_1 = 34$ und $s_2^2 \approx 1,6667$ mit dem Umfang $n_2 = 31$. Testgröße und Ablehnungsbereich sind $t = \frac{s_1^2}{s_2^2} \approx 2,37$ bzw. $K^* = (F_{n_1-1;n_2-1;1-\alpha}; \infty) = (F_{33;30;0,95}; \infty) \approx (1,82; \infty)$.

Das Quantil der F-Verteilung mit 33 und 30 Freiheitsgraden und der Ordnung 0,95 ist einer entsprechenden Tabelle entnommen worden.

Da die Testgröße einen Wert im Ablehnungsbereich annimmt, muss die Nullhypothese zugunsten der Alternativhypothese abgelehnt werden. Die Aussage des Abteilungsleiters ist damit statistisch belegt.

Lösung zur Aufgabe 3.3.19

Es wird der F-Test mit einseitiger Alternativhypothese gebraucht. Es bezeichnen:

- A: Laufzeit der AAA-Papiere, $Var(A) = \sigma_A^2$
- C: Laufzeit der CCC-Papiere, $Var(C) = \sigma_C^2$

Zu A ist aus einer Stichprobe vom Umfang $n_A = 21$ die empirische Varianz $s_A^2 = 40$ berechnet worden und zu C mit einem Stichprobenumfang $n_C = 13$ die empirische Varianz $s_C^2 = 12$.

Die Bestandteile des Tests sind:

Hypothesen $\qquad$ H_0: $\sigma_A^2 = \sigma_C^2$ $\quad$ gegen $\quad$ H_1: $\sigma_A^2 > \sigma_C^2$

Testgröße $\qquad$ $t = \dfrac{s_A^2}{s_C^2} = \dfrac{40}{12} \approx 3,33$

Ablehnungsbereich $\quad$ $K^* = (F_{n_A-1;n_C-1,1-\alpha};\infty) = (F_{20;12;0,95};\infty) \approx (2,54;\infty)$

Die Testgröße liegt im Ablehnungsbereich, so dass die Nullhypothese abgelehnt werden muss. Das bedeutet, dass die Varianz der Laufzeit bei den AAA-Papieren signifikant größer ist als bei den CCC-Papieren.

Lösung zur Aufgabe 3.3.20

Es ist der F-Test in zweiseitiger Fragestellung zu verwenden. Der Test lautet im Einzelnen:

H_0: $\sigma_X^2 = \sigma_Y^2$ $\quad$ gegen $\quad$ H_1: $\sigma_X^2 \neq \sigma_Y^2$

$t = \dfrac{\sigma_X^2}{\sigma_Y^2} = \dfrac{0,024^2}{0,021^2} \approx 1,306$

$K^* = \left(0;F_{50;50;0,05}\right) \cup \left(F_{50;50;0,95};\infty\right) \approx \left(0;\dfrac{1}{1,60}\right) \cup \left(1,60;\infty\right) \approx (0;0,625) \cup (1,6;\infty)$

Das Quantil der F-Verteilung der Ordnung 0,95 mit 50 und 50 Freiheitsgraden wurde einer Tabelle entnommen. Das entsprechende Quantil der Ordnung 0,05, das womöglich nicht in der Tabelle steht, ist dann nach der Formel $F_{f_Z;f_N;1-\alpha} = F^{-1}_{f_N;f_Z;\alpha}$ berechnet worden.

Die Testgröße t liegt nicht im kritischen Bereich K^*, so dass es keine Einwände gegen die Nullhypothese gibt. Es kann also kein signifikanter Unterschied in den Varianzen vor und nach der Überholung nachgewiesen werden.

Lösung zur Aufgabe 3.3.21

Es ist eine Varianzanalyse einfacher Klassifikation mit $k = 3$ Gruppen und dem Gesamt-stichprobenumfang $n = n_{MW} + n_{WI} + n_{WIW} = 58 + 16 + 26 = 100$ durchzuführen. Um die für den F-Test benötigte Testgröße zu bestimmen, sind zuerst folgende Quadratsummen zu berechnen:

$$SQZ = 58 \cdot (65 - 67,36)^2 + 16 \cdot (70 - 67,36)^2 + 26 \cdot (71 - 67,36)^2 = 779,04$$

$$SQT = (n-1) \cdot s^2 = 99 \cdot 238,2125 \approx 23583,04$$

$$SQI = SQT - SQZ \approx 22804$$

Daraus ergeben sich die empirischen Varianzen zwischen bzw. innerhalb der Gruppen

$$MQZ = \frac{SQZ}{k-1} = \frac{779,04}{2} = 389,52 \text{ und } MQI = \frac{SQI}{n-k} \approx \frac{22804}{97} \approx 235,09.$$

Daraus folgt die Testgröße $t = \dfrac{MQZ}{MQI} \approx 1,657$.

Die Nullhypothese, die Testgröße und der Ablehnungsbereich des F-Tests lauten dann:

$$H_0: \mu_{MW} = \mu_{WI} = \mu_{WIW} \qquad t \approx 1,657 \qquad K^* = \left(F_{2;97;0,95}; \infty\right) \approx (3,09; \infty)$$

Weil $t \notin K^*$, kann H_0 nicht abgelehnt werden. Es gibt also bezüglich der Punktzahlen keinen signifikanten Unterschied zwischen den drei Studiengängen.

Lösung zur Aufgabe 3.3.22

a) Es bezeichne μ_i die mittlere Füllmenge der Biergläser am i-ten Stand. Es ist die Hypothese $H_0 : \mu_1 = \mu_2 = \mu_3 = \mu_4$ durch eine einfache Varianzanalyse mit $k = 4$ Gruppen zu prüfen.

Mit den Gruppenmittelwerten $\bar{x}_1 = 0,48; \bar{x}_2 = 0,53; \bar{x}_3 = 0,49; \bar{x}_4 = 0,47$ ergibt sich die Varianztabelle:

Streuungsursache	Quadratsummen	FG	Varianzen	Testgröße
zwischen Gruppen	0,0051	3	0,0017	5,65
innerhalb Gruppen	0,0030	10	0,0003	
total	0,0081	13		

Der F-Test zur Prüfung der obigen Nullhypothese hat die Testgröße $t \approx 5,65$ und den kritischen Bereich $K^* = (F_{3;10;0,95}; \infty) \approx (3,71; \infty)$. Weil der Wert der Testgröße im Ablehnungsbereich liegt, ist die Nullhypothese abzulehnen. Das bedeutet, dass sich die mittleren Füllmengen an den vier Ständen signifikant voneinander unterscheiden.

b) Es ist der doppelte t-Test mit $H_0 : \mu_4 \geq \mu_2$ und $H_1 : \mu_4 < \mu_2$ zu verwenden.

c) Es sollte der einfache t-Test mit $H_0 : \mu_3 \geq 0,5$ und $H_1 : \mu_3 < 0,5$ zur Anwendung kommen.

Lösung zur Aufgabe 3.3.23

Es bezeichnen X und Y den mit Verfahren 1 bzw. Verfahren 2 gemessenen Blutalkoholgehalt. Die Nullhypothese $H_0 : P(X < Y) = P(X > Y)$ kann mit dem Vorzeichentest geprüft werden.

Die Testgröße ist die Anzahl der positiven Vorzeichen unter den $n = 10$ Differenzen $x_i - y_i$, die hier zu $t = 3$ gezählt wird. Der Fall $x_i = y_i$ kommt nicht vor.

Da der Stichprobenumfang klein ist, werden als kritische Schranken exakt die Quantile der Binomialverteilung mit $n = 10$ und $p = 0,5$ verwendet:

$$K^* = \left[0; 10 - b_{10;0,975}\right] \cup \left[b_{10;0,975}; 10\right] = \left[0; 1\right] \cup \left[9; 10\right].$$

Das Quantil $b_{10;0,975} = 9$ ist einer entsprechenden Tafel entnommen worden. Da die Testgröße nicht im Ablehnungsbereich liegt, kann die Nullhypothese nicht abgelehnt werden. Es lässt sich also kein Unterschied zwischen den Verfahren nachweisen.

9 Lösungen zur Datenanalyse

9.1 Klassifikationsverfahren

Lösung zur Aufgabe 4.1.1

a) Das Merkmale Süße hat ordinales und die Merkmale Alkoholgehalt sowie Preis haben kardinales Skalenniveau.

b) Zunächst kann das betrachtete Modell inhaltlich kritisiert werden, da ein kausaler Zusammenhang zwischen Alkoholgehalt und Preis des Champagners in Frage zu stellen ist und der Preis durch andere Größen wohl eher beeinflusst wird. Des Weiteren weist das unabhängige Merkmal (Alkoholgehalt) nur zwei unterschiedliche Ausprägungen auf, die dann jeweils verschiedene Werte des abhängigen Merkmals (Preis) erklären sollten. Schließlich ist noch festzuhalten, dass die Anzahl der Beobachtungswerte viel zu gering ist, um verlässliche Schätzungen für die Regressionskoeffizienten zu erhalten.

c) Zur Bestimmung der merkmalsweisen Distanzen werden beim Merkmal Süße die Rangdifferenzen und bei den Merkmalen Alkoholgehalt und Preis die absoluten Differenzen der Ausprägungen berechnet:

Süße	2	3	4	5
1	1	1	1	0
2		0	0	1
3			0	1
4				1

Alkoholgehalt	2	3	4	5
1	0,5	0	0,5	0
2		0,5	0	0,5
3			0,5	0
4				0,5

Preis	2	3	4	5
1	7	3	10	5
2		4	3	2
3			7	2
4				5

Um den geforderten Bedingungen im Rahmen der linearhomogenen Aggregation zu genügen, wird der aggregierte Distanzindex gemäß $D = D_{\text{Süße}} + 2 \cdot D_{\text{Alkoholgehalt}} + \frac{1}{10} D_{\text{Preis}}$ berechnet:

D	2	3	4	5
1	2,7	1,3	3	0,5
2		1,4	0,3	2,2
3			1,7	1,2
4				2,5

d) Ausgehend von $\mathcal{K}^0 = \{\{1\}; \{2\}; \{3\}; \{4\}; \{5\}\}$ werden aufgrund der minimalen Distanz von 0,3 zwischen den Objekten und 2 und 4 diese beiden Objekte im ersten Schritt fusioniert, so dass $\mathcal{K}^1 = \{\{1\}; \{2,4\}; \{3\}; \{5\}\}$ resultiert. Die neuen Verschiedenheiten v ergeben sich dann als kleinste Distanz zwischen jeweils zwei Klassen:

v	2,4	3	5
1	2,7	1,3	0,5
2,4		1,4	2,2
3			1,2

Auf Basis dieser Verschiedenheiten und dem minimalen Wert von 0,5 werden im zweiten Schritt die Objekte 1 und 5 fusioniert. Für die Folgeklassifikation $\mathcal{K}^2 = \{\{1,5\}; \{2,4\}; \{3\}\}$ resultieren dann folgende Verschiedenheiten:

v	2,4	3
1,5	2,2	1,2
2,4		1,4

Der nächste Iterationsschritt führt dann zur Fusion der Klasse $\{1,5\}$ mit dem Objekt 3 und damit zur Klassifikation $\mathcal{K}^3 = \{\{1,3,5\}; \{2,4\}\}$, für deren Klassen sich die Verschiedenheit

v	2,4
1,3,5	1,4

ergibt. Auf diesem Niveau resultiert dann die letzte Klassifikation $\mathcal{K}^4 = \{\{1,2,3,4,5\}\}$ der Hierarchie.

Die 2-Klassen-Lösung lässt sich wie folgt interpretieren: Die Klasse $\{2,4\}$ weist günstigere und trockene Champagner mit einem Alkoholgehalt von 12 % auf, während die Klasse $\{1,3,5\}$ eher sehr trockene und vergleichsweise teurere Champagner mit einem Alkoholgehalt von 12,5 % enthält.

Lösung zur Aufgabe 4.1.2

a) Das erste Klassenzentrum ist mit $i_1 = 1$ gegeben. Das zweite Klassenzentrum resultiert dann gemäß $\max_j d(i_1, j) = d(i_1, i_2) = d(1,2)$ mit $i_2 = 2$. Mit der Arbeitstabelle

Objekt	Distanz zu $i_1 = 1$	Distanz zu $i_2 = 2$	Minimum
3	5	5	5
4	1	4	1
5	4	2	2
6	4	4	4

ergibt sich dann aufgrund des maximalen Minimalwerts das dritte Klassenzentrum mit $i_3 = 3$. Die verbleibenden Objekte werden anschließend gemäß der kleinsten Distanz den drei Klassenzentren zugeordnet, so dass die Zerlegung $\mathcal{K} = \{\{1,4\}; \{2,5\}; \{3,6\}\}$ resultiert.

b) Die Klassenzentren werden mit $i_1 = 1$, $i_2 = 2$ und $i_3 = 3$ wie in Teil a) bestimmt. Ausgehend vom vorgegebenen Maximalradius werden dann die verbleibenden Objekte dem jeweiligen Klassenzentrum zugeordnet, wenn die entsprechende Distanz kleiner gleich dem Wert 4 ist. Bei den resultierenden Klassen ist zusätzlich zu beachten, dass auftretende Teilmengen zu eliminieren sind. Dies ist hier allerdings nicht der Fall. Die Überdeckung besteht damit aus den Klassen $K_1 = \{1,4,5,6\}$, $K_2 = \{2,4,5,6\}$ und $K_3 = \{3,4,5,6\}$.

c) Im Unterschied zu Teil b) ist jetzt der Maximalradius mit einem Wert von 5 gegeben. Bei der Zuordnung der Objekte zu den Klassenzentren ergeben sich damit zunächst die Klassen $K_1 = \{1,3,4,5,6\}$, $K_2 = \{2,3,4,5,6\}$ und $K_3 = \{1,2,3,4,5,6\}$. Die Klassen K_1 und K_2 müssen dann allerdings gestrichen werden, da $K_1 \subset K_3$ und $K_2 \subset K_3$. Folglich ist in diesem Fall eine Überdeckung mit 3 Klassen nicht möglich.

d) Aufgrund der minimalen Distanz von 1 zwischen den Objekten 1 und 4 werden diese im ersten Schritt fusioniert, so dass ausgehend von $\mathcal{K}^0 = \{\{1\}; \{2\}; \{3\}; \{4\}; \{5\}; \{6\}\}$ die Folgeklassifikation $\mathcal{K}^1 = \{\{1,4\}; \{2\}; \{3\}; \{5\}; \{6\}\}$ resultiert. Die neuen Verschiedenheiten v ergeben sich dann als maximale Distanz zwischen jeweils zwei Klassen:

v	2	3	5	6
1,4	6	5	4	4
2		5	2	4
3			4	2
5				3

Die nächste Fusion ist nicht eindeutig, da sowohl die Objekte 2 und 5 als auch die Objekte 3 und 6 jeweils die kleinste Distanz aufweisen. Nachfolgend wird die erste der angesprochenen Lösungsvarianten mit der Folgeklassifikation $\mathcal{K}^2 = \{\{1,4\}; \{2,5\}; \{3\}; \{6\}\}$ betrachtet, für deren Klassen sich die Verschiedenheiten

v	2,5	3	6
1,4	6	5	4
2,5		5	4
3			2

ergeben. Auf Basis dieser Verschiedenheiten und dem minimalen Wert von 2 werden im dritten Schritt die Objekte 3 und 6 fusioniert. Für $\mathcal{K}^3 = \{\{1,4\}; \{2,5\}; \{3,6\}\}$ resultieren dann folgende Verschiedenheiten:

v	2,5	3,6
1,4	6	5
2,5		5

Die nächste Fusion ist wiederum nicht eindeutig. Als Lösungsvariante wird hier die Fusion der Klassen {1,4} und {3,6} betrachtet, so dass $\mathcal{K}^4 = \{\{1,3,4,6\}; \{2,5\}\}$ folgt und sich das letzte Fusionsniveau mit

v	2,5
1,3,4,5	6

ergibt. Auf diesem Niveau resultiert dann die letzte Klassifikation $\mathcal{K}^5 = \{\{1,2,3,4,5,6\}\}$ der Hierarchie. Das zugehörige Dendrogramm lässt sich wie folgt skizzieren:

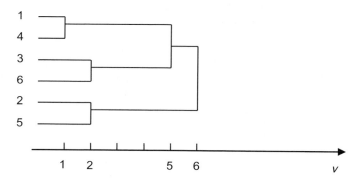

Das Ellbogenkriterium spricht für die Klassifikation $\mathcal{K} = \{\{1,4\}; \{2,5\}; \{3,6\}\}$, da sich bei einer Klassifikation mit nur zwei Klassen die Güte deutlich verschlechtern würde (von einem Wert von 2 auf einen Wert von 5), während eine Klassifikation mit mehr als drei Klassen zu keiner Verbesserung der Güte führt.

Lösung zur Aufgabe 4.1.3

a) Das Merkmal „Quecksilberbelastung" ist ordinal, die Merkmale „Fettgehalt" und „Calciumgehalt" sind jeweils kardinal und das Merkmal „Aus dem Golf von Mexiko" ist nominal skaliert.

b) Die Berechnung einer Mahalanobis-Distanz ist unter Verwendung aller vier Merkmale nicht möglich, da die Mahalanobis-Distanz quantitative Daten voraussetzt. Unter ausschließlicher Verwendung der Merkmale „Fettgehalt" und „Calciumgehalt" wäre somit die Berechnung einer Mahalanobis-Distanz möglich.

c) Die Spannweiten der beiden Merkmale ergeben sich mit $SP_{\text{Fett}} = 10$ und $SP_{\text{Calcium}} = 20$. Die paarweisen Distanzen können dann wie folgt berechnet werden:

$$d_{12} = \frac{1}{10}|5-7| + \frac{1}{20}|27-20| = 0,55, \; d_{13} = \frac{1}{10}|5-10| + \frac{1}{20}|27-40| = 1,15,$$

$$d_{14} = \frac{1}{10}|5-15| + \frac{1}{20}|27-35| = 1,4, \; d_{23} = \frac{1}{10}|7-10| + \frac{1}{20}|20-40| = 1,3,$$

$$d_{24} = \frac{1}{10}|7-15| + \frac{1}{20}|20-35| = 1,55, \; d_{34} = \frac{1}{10}|10-15| + \frac{1}{20}|40-35| = 0,75.$$

Zusammengefasst resultiert die folgende Distanzmatrix:

D	2	3	4
1	0,55	1,15	1,4
2		1,3	1,55
3			0,75

d) Ausgehend von $\mathcal{K}^0 = \{\{1\}; \{2\}; \{3\}; \{4\}\}$ werden aufgrund des minimalen Werts von 0,55 in der Distanzmatrix zunächst die Objekte 1 und 2 fusioniert. Zwischen den Klassen der Klassifikation $\mathcal{K}^1 = \{\{1,2\}; \{3\}; \{4\}\}$ resultieren dann folgende Verschiedenheiten v gemäß dem Single Linkage Verfahren:

v	3	4
1,2	1,15	1,4
3		0,75

Der nächste Iterationsschritt führt zur Fusion der Objekte 3 und 4 und damit zur Klassifikation $\mathcal{K}^2 = \{\{1,2\}; \{3,4\}\}$, so dass sich das letzte Fusionsniveau mit

v	3,4
1,2	1,15

ergibt. Auf diesem Niveau resultiert dann noch die Klassifikation $\mathcal{K}^3 = \{\{1,2,3,4\}\}$.

Die grafische Darstellung der Güte der Klassifikationen (ohne $\mathcal{K}^0$) in Abhängigkeit von der jeweils vorliegenden Klassenanzahl führt dann zu folgendem Ergebnis:

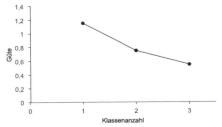

Die gemäß dem Ellbogenkriterium optimale Klassenanzahl beträgt somit 2.

Lösung zur Aufgabe 4.1.4

a) Die ersten vier Merkmale der Datenmatrix sind kardinal, so dass die Distanzen als absolute Ausprägungsdifferenzen gemäß $d(i,j)=\left|a_{ik}-a_{jk}\right|$ berechnet werden können. Es ergeben sich die folgenden merkmalsweisen Distanzmatrizen:

Jahrespreis Hauptkarte	E	V	D
A	55	60	50
E		5	105
V			110

Jahrespreis Zusatzkarte	E	V	D
A	5	0	25
E		5	30
V			25

Auslands- provision	E	V	D
A	0	0,5	0,75
E		0,5	0,75
V			0,25

Bargeld- provision	E	V	D
A	1	1	0,5
E		0	0,5
V			0,5

Das Merkmal „Zusatzleistungen" kann verbandsgeordnet wie folgt dargestellt werden:

Auf der ersten Ebene liegt folglich keine, auf der zweiten Ebene genau eine und auf der dritten Ebene liegen beide Zusatzleistungen vor. Ein entsprechender Distanzindex kann dann über die Anzahl der Kanten zwischen je zwei Ausprägungen bestimmt werden. Alternativ dazu kann das Merkmal „Zusatzleistungen" auch in zwei binäre Merkmale aufgeteilt werden, und zwar in die Merkmale „Verkehrsmittelunfallversicherung" und „Reiseprivathaftpflichtversicherung". Die Anzahl der für ein Objektpaar jeweils nicht übereinstimmenden binären Merkmale entspricht dann derselben Distanz, die auch gemäß der dargestellten Verbandsordnung resultiert. Auf Basis der beiden skizzierten Herangehensweisen ergeben sich folgende Distanzen:

Zusatz- leistungen	E	V	D
A	2	1	1
E		1	1
V			2

Die Aggregation der fünf merkmalsweisen Distanzen erfolgt dann gemäß der Formel

$$d(i,j) = \sum_{k=1}^{5} \frac{1}{\max d_k(i,j)} \cdot d_k(i,j)$$ und es ergibt sich folgende aggregierte Distanzmatrix:

D	E	V	D
A	2,67	2,71	3,29
E		1,38	3,95
V			3,67

b) Aufgrund des minimalen Werts von 1,45 in der gegebenen Distanzmatrix werden zunächst die Objekte Eurocard und Visa Card fusioniert. Zwischen den Klassen der Klassifikation $\mathcal{K}^1 = \{\{A\}; \{E,V\}; \{D\}\}$ resultieren dann folgende Verschiedenheiten v gemäß dem Complete Linkage Verfahren:

v	E,V	D
A	2,08	3,19
E		3,75

Der nächste Iterationsschritt führt zur Fusion von A und der Klasse $\{E,V\}$ und damit zur Klassifikation $\mathcal{K}^2 = \{\{A,E,V\}; \{D\}\}$, so dass sich das letzte Fusionsniveau mit

v	D
A,E,V	3,75

ergibt. Auf diesem Niveau resultiert dann noch die Klassifikation mit allen Objekten in einer Klasse. Das zugehörige Dendrogramm sieht wie folgt aus:

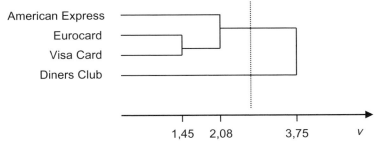

Das Ellbogenkriterium spricht somit für die bereits dargestellte Zweiklassenlösung.

Lösung zur Aufgabe 4.1.5

Ausgehend von $\mathcal{K}^0 = \{\{1\}; \{2\}; \{3\}; \{4\}\}$ sind zunächst zwei Fälle zu unterscheiden:

Fall 1: Für $d < 1$ werden im ersten Schritt die Objekte 3 und 4 fusioniert. Zwischen den

Klassen der Folgeklassifikation $\mathcal{K}^1$ = {{1}; {2}; {3,4}} resultieren dann folgende Verschiedenheiten v gemäß dem Average Linkage Verfahren:

v	2	3,4
1	3	2,5
2		2

Der nächste Iterationsschritt führt zur Fusion der Klasse {3,4} mit dem Objekt 2 und damit zur Klassifikation $\mathcal{K}^2$ = {{1}; {2,3,4}}, so dass sich die Verschiedenheit

v	2,3,4
1	2,67

ergibt. Auf diesem Niveau resultiert dann noch die Klassifikation $\mathcal{K}^3$ = {{1,2,3,4}}.

Fall 2: Für $d \geq 1$ werden aufgrund der minimalen Distanz mit dem Wert von 1 zwischen den Objekten 2 und 4 diese beiden Objekte im ersten Schritt fusioniert, so dass die Folgeklassifikation $\mathcal{K}^1$ = {{1}; {2,4}; {3}} resultiert. Für $d = 1$ wäre als Alternativlösung auch die Fusion der Objekte 3 und 4 denkbar, die jedoch bereits im Fall 1 dargestellt ist. Die neuen Verschiedenheiten v ergeben sich dann als mittlere Distanz zwischen jeweils zwei Klassen:

v	2,4	3
1	2,5	3
2,4		$\frac{d+3}{2}$

An dieser Stelle ist eine weitere Fallunterscheidung notwendig:

Fall 2a: Für $d \geq 1$ und $\frac{d+3}{2} < 2,5 \Leftrightarrow 1 \leq d < 2$ sind im nächsten Iterationsschritt die Klasse {2,4} mit dem Objekt 3 zu fusionieren. Die Verschiedenheit der beiden Klassen der Folgeklassifikation $\mathcal{K}^2$ = {{1}; {2,3,4}} ergibt sich dann wie folgt:

v	2,3,4
1	2,67

Auf diesem Niveau resultiert dann noch die Klassifikation $\mathcal{K}^3$ = {{1,2,3,4}}.

Fall 2b: Für $d \geq 1$ und $\frac{d+3}{2} \geq 2,5 \Leftrightarrow d \geq 2$ erfolgt nun die Fusion der Klasse {2,4} mit dem Objekt 1, wobei für $d = 2$ auch der Fall 2a eine Lösungsalternative darstellen würde. Für die Klassen der Folgeklassifikation $\mathcal{K}^2$ = {{1,2,4}; {3}} resultiert dann folgende Verschiedenheit:

v	2,3,4
1	$\frac{3+3+d}{2}$

Auf diesem Niveau ergibt sich dann wiederum die Klassifikation $\mathcal{K}^3$ = {{1,2,3,4}}.

Lösung zur Aufgabe 4.1.6

a) Zunächst sind die Mittelwerte der beiden Merkmale zu berechnen:

$$a_{\bullet 1} = \frac{1}{5}\left(8+16+14+18+14\right) = 14 , \quad a_{\bullet 2} = \frac{1}{5}\left(8+8+18+8+8\right) = 10 .$$

Anschließend können die Varianzen und die Kovarianz ermittelt werden:

$$s_{11} = \frac{1}{5}\left(\left(8-14\right)^2 + \left(16-14\right)^2 + \left(14-14\right)^2 + \left(18-14\right)^2 + \left(14-14\right)^2\right) = 11,2,$$

$$s_{22} = \frac{1}{5}\left(\left(8-10\right)^2 + \left(8-10\right)^2 + \left(18-10\right)^2 + \left(8-10\right)^2 + \left(8-10\right)^2\right) = 16, s_{12} = s_{21} = 0.$$

Die Kovarianzmatrix sowie deren Inverse ergeben sich damit gemäß $S = \begin{pmatrix} 11,2 & 0 \\ 0 & 16 \end{pmatrix}$

und $S^{-1} = \begin{pmatrix} \frac{1}{11,2} & 0 \\ 0 & \frac{1}{16} \end{pmatrix}$, so dass folgende paarweise Distanzen resultieren:

$$d(1,2) = \frac{1}{11,2}\left(8-16\right)^2 + \frac{1}{16}\left(8-8\right)^2 = 5,71 , \quad d(1,3) = \frac{1}{11,2}\left(8-14\right)^2 + \frac{1}{16}\left(8-18\right)^2 = 9,46 ,$$

$$d(1,4) = \frac{1}{11,2}\left(8-18\right)^2 + \frac{1}{16}\left(8-8\right)^2 = 8,93 , \quad d(1,5) = \frac{1}{11,2}\left(8-14\right)^2 + \frac{1}{16}\left(8-8\right)^2 = 3,21 ,$$

$$d(2,3) = \frac{1}{11,2}\left(16-14\right)^2 + \frac{1}{16}\left(8-18\right)^2 = 6,61 , \quad d(2,4) = \frac{1}{11,2}\left(16-18\right)^2 + \frac{1}{16}\left(8-8\right)^2 = 0,36 ,$$

$$d(2,5) = \frac{1}{11,2}\left(16-14\right)^2 + \frac{1}{16}\left(8-8\right)^2 = 0,36 , \quad d(3,4) = \frac{1}{11,2}\left(14-18\right)^2 + \frac{1}{16}\left(18-8\right)^2 = 7,68 ,$$

$$d(3,5) = \frac{1}{11,2}\left(14-14\right)^2 + \frac{1}{16}\left(18-8\right)^2 = 6,25 , \quad d(4,5) = \frac{1}{11,2}\left(18-14\right)^2 + \frac{1}{16}\left(8-8\right)^2 = 1,43 .$$

Die Distanzmatrix hat damit folgende Gestalt:

D	2	3	4	5
1	5,71	9,46	8,93	3,21
2		6,61	0,36	0,36
3			7,68	6,25
4				1,43

Die Mahalanobis-Distanz unterscheidet sich gegenüber anderen Distanzmaßen dahingehend, dass im Fall zweier hoch korrelierter Merkmale, die in etwa die gleiche Information bezüglich der Ähnlichkeit der Objekte liefern, dieselbe Information nicht mehrfach berücksichtigt wird. Darüber hinaus hat sie den Vorteil, dass gleichzeitig eine passende Gewichtung von Merkmalen mit unterschiedlich hoher Streuung erfolgt, so dass auf eine zusätzliche merkmalsspezifische Gewichtung verzichtet werden kann.

b) Ausgehend von $\mathcal{K}^0 = \{\{1\}; \{2\}; \{3\}; \{4\}; \{5\}\}$ können aufgrund der minimalen Distanz von 0,36 im ersten Schritt sowohl die Objekte 2 und 4 als auch die Objekte 2 und 5 fusioniert werden. Nachfolgend wird die erste Lösungsvariante betrachtet und es erfolgt somit die Fusion der Objekte 2 und 4, so dass $\mathcal{K}^1 = \{\{1\}; \{2,4\}; \{3\}; \{5\}\}$ resultiert. Die neuen Verschiedenheiten v ergeben sich dann als maximale Distanz zwischen jeweils zwei Klassen:

v	2,4	3	5
1	8,93	9,46	3,21
2,4		7,68	1,43
3			6,25

Auf Basis dieser Verschiedenheiten und dem minimalen Wert von 1,43 werden im zweiten Schritt die Klasse {2,4} mit dem Objekte 5 fusioniert. Für die Klassen der Folgeklassifikation $\mathcal{K}^2 = \{\{1\}; \{2,4,5\}; \{3\}\}$ resultieren dann folgende Verschiedenheiten:

v	2,4,5	3
1	8,93	9,46
2,4,5		7,68

Der nächste Iterationsschritt führt zur Fusion der Klasse {2,4,5} mit dem Objekt 3 und damit zur Klassifikation $\mathcal{K}^3 = \{\{1\}; \{2,3,4,5\}\}$, für deren Klassen sich die Verschiedenheit

v	2,3,4,5
1	9,46

ergibt. Auf diesem Niveau resultiert dann die letzte Klassifikation $\mathcal{K}^4 = \{\{1,2,3,4,5\}\}$ der Hierarchie. Das zugehörige Dendrogramm hat folgende Gestalt:

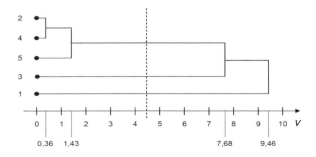

c) Das Ellenbogenkriterium spricht für die in Teil b) bereits dargestellte Lösung mit drei Klassen. Dies ist auch anhand des Dendrogramms ersichtlich.

Lösung zur Aufgabe 4.1.7

a) Zur Berechnung der Mahalanobis-Distanz muss zunächst die Inverse der Kovarianzmatrix S bestimmt werden. Dies erfolgt über die Anwendung des Gaußalgorithmus in der nachfolgend angegebenen Arbeitstabelle:

Zeile	Matrix S			Einheitsmatrix E			Operation
①	0.25	0	0.5	1	0	0	
②	0	1	0	0	1	0	
③	0.5	0	2	0	0	1	
④	1	0	2	4	0	0	4·①
⑤	0	1	0	0	1	0	②
⑥	0	0	1	-2	0	1	③ – 2·①
⑦	1	0	0	8	0	-2	④ – 2·⑥
⑧	0	1	0	0	1	0	⑤
⑨	0	0	1	-2	0	1	⑥
	Einheitsmatrix E			Matrix S^{-1}			

Damit können dann die paarweisen Distanzen bestimmt werden. Eine detaillierte Berechnung ist nachfolgend für die ersten beiden Distanzen angegeben. Die weiteren Werte finden sich in der im Anschluss daran dargestellten Distanzmatrix.

$$d(1,2) = \begin{pmatrix} 3-2 & 2-0 & 2-0 \end{pmatrix} \begin{pmatrix} 8 & 0 & -2 \\ 0 & 1 & 0 \\ -2 & 0 & 1 \end{pmatrix} \begin{pmatrix} 3-2 \\ 2-0 \\ 2-0 \end{pmatrix} = 8$$

$$d(1,2) = \begin{pmatrix} 3-2 & 2-2 & 2-2 \end{pmatrix} \begin{pmatrix} 8 & 0 & -2 \\ 0 & 1 & 0 \\ -2 & 0 & 1 \end{pmatrix} \begin{pmatrix} 3-2 \\ 2-2 \\ 2-2 \end{pmatrix} = 8$$

D	2	3	4
1	8	8	8
2		8	8
3			8

Da alle paarweisen Distanzen gleich groß sind, ist auf Basis dieser Distanzen keine sinnvolle Klassifikation möglich.

b) Zunächst muss die gegebene Klassifikation bewertet werden:

$$b(\mathcal{K}) = \tfrac{1}{2}\left[(3-2.5)^2 + (2-2)^2 + (2-2)^2 + (2-2.5)^2 + (2-2)^2 + (2-2)^2\right]$$
$$+ \tfrac{1}{2}\left[(2-2.5)^2 + (0-0)^2 + (0-2)^2 + (3-2.5)^2 + (0-0)^2 + (4-2)^2\right] = 4{,}5$$

Anschließend ist zu prüfen, ob durch den Tausch eines Objekts dieser Güteindex verbessert werden kann. Dazu wird mit dem Objekt $i = 1$ begonnen. Ein Tausch würde zur Klassifikation $\mathcal{K} = \{\{3\};\{1,2,4\}\}$ mit dem Güteindex

$$b(\mathcal{K}) = 0 + \tfrac{1}{3}\left[(3-\tfrac{8}{3})^2 + (2-\tfrac{2}{3})^2 + (2-\tfrac{6}{3})^2 + (2-\tfrac{8}{3})^2 + (0-\tfrac{2}{3})^2 \right.$$
$$\left. + (0-\tfrac{6}{3})^2 + (3-\tfrac{3}{3})^2 + (0-\tfrac{2}{3})^2 + (4-\tfrac{6}{3})^2\right] = 3{,}78$$

führen. Aufgrund der Verbesserung würde nun das Objekt 1 getauscht werden. Somit zeigt sich bereits anhand dieser Berechnung, dass die gegebene Klassifikation nicht austauschinvariant ist.

Lösung zur Aufgabe 4.1.8

a) Für jede mögliche Anzahl von Klassen werden mit Hilfe der Startheuristik zunächst die Klassenzentren und anschließend die sich ergebende Klassifikation bestimmt, die dann auf Basis des Güteindex $b(\mathcal{K}) = \sum\limits_{K \in \mathcal{K}} \dfrac{1}{|K|} \sum\limits_{\substack{i,j \in K \\ i<j}} d(i,j)$ bewertet wird:

– $s=1$: $i_1 = 5 \Rightarrow \mathcal{K} = \{\{5,1,2,3,4,6\}\}$

$b(\mathcal{K}) = \tfrac{1}{6}(4+3+2+8+6+5+4+3+1+5+1+8+5+6+7) = 11\tfrac{1}{3}$

– $s=2$: $i_1 = 5$, $\max d(5,j) = d(5,1) = 8 \Rightarrow i_2 = 1 \Rightarrow \mathcal{K} = \{\{5,2,3\}\{1,4,6\}\}$

$b(\mathcal{K}) = \tfrac{1}{3}(3+1+5) + \tfrac{1}{3}(2+6+6) = 7\tfrac{2}{3}$

– $s=3$: $i_1 = 5$, $i_2 = 1$

Das dritte Klassenzentrum wird gemäß der maximalen Minimaldistanz zu den bereits gebildeten Klassenzentren gewählt. Dazu wird folgende Arbeitstabelle erstellt:

D	2	3	4	6
5	3	1	5	7
1	4	3	2	6
min	3	1	2	6

$\Rightarrow i_3 = 6 \Rightarrow \mathcal{K} = \{\{5,3\};\{1,4\};\{6,2\}\}$, $b(\mathcal{K}) = \tfrac{1}{2}(1) + \tfrac{1}{2}(2) + \tfrac{1}{2}(1) = 2$

– $s=4$: $i_1 = 5$, $i_2 = 1$, $i_3 = 6$

Das vierte Klassenzentrum wird wiederum gemäß der maximalen Minimaldistanz zu den bereits gebildeten Klassenzentren gewählt.

D	2	3	4
5	3	1	5
1	4	3	2
6	1	8	6
min	1	1	2

$$\Rightarrow i_4 = 4 \;\; \Rightarrow \mathcal{K} = \left\{\{5,3\};\{1\};\{6,2\};\{4\}\right\}, \; b(\mathcal{K}) = \tfrac{1}{2}(1) + 0 + \tfrac{1}{2}(1) + 0 = 1$$

- $s = 5$: $i_1 = 5, i_2 = 1, i_3 = 6, i_4 = 4$

Zur Bestimmung des fünften Klassenzentrums wird wiederum eine Arbeitstabelle erstellt:

D	2	3
5	3	1
1	4	3
6	1	8
4	4	5
min	1	1

$$\Rightarrow i_5 = 2 \text{ oder } 3; \text{ im Folgenden sei } i_5 = 2 \;\; \Rightarrow \mathcal{K} = \left\{\{5,3\};\{1\};\{6\};\{4\};\{2\}\right\}$$

$$b(\mathcal{K}) = \tfrac{1}{2}(1) + 0 + 0 + 0 + 0 = 0,5$$

Die für die einzelnen Klassifikationen berechneten Güteindizes werden nun in Abhängigkeit der jeweiligen Klassenanzahl grafisch dargestellt:

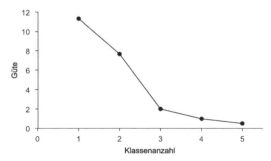

Mit Hilfe des Ellenbogenkriteriums kann die optimale Klassenanzahl mit $s^* = 3$ bestimmt werden. Damit resultiert die Klassifikation $\mathcal{K} = \left\{\{5,3\};\{1,4\};\{6,2\}\right\}$.

b) Zunächst wird für die Startklassifikation $\mathcal{K}^0 = \{\{3,4\};\{1,5\};\{2,6\}\}$ der Güteindex ge-

mäß $b(\mathcal{K}) = \sum_{K \in \mathcal{K}} \frac{2}{|K|(|K|-1)} \sum_{\substack{i,j \in K \\ i<j}} d(i,j)$ mit $b(\mathcal{K}^0) = \frac{2}{2(2-1)} \cdot 5 + \frac{2}{2(2-1)} \cdot 8 + \frac{2}{2(2-1)} \cdot 1 = 14$

berechnet. Danach ist für die Objekte der Reihe nach zu prüfen, ob ein Tausch in eine andere Klasse den Güteindex verbessert:

- $i=1 \rightarrow$ $\mathcal{K} = \{\{1,3,4\};\{5\};\{2,6\}\}$, $b(\mathcal{K}) = \frac{1}{3} \cdot (3+2+5)+0+1 = 4\frac{1}{3}$

  $\mathcal{K} = \{\{3,4\};\{5\};\{1,2,6\}\}$, $b(\mathcal{K}) = 5+0+\frac{1}{3} \cdot (4+6+1) = 8\frac{2}{3}$

  $B>0 \Rightarrow \mathcal{K}^1 = \{\{1,3,4\};\{5\};\{2,6\}\}$, $t=0$

- $i=2 \rightarrow$ $\mathcal{K} = \{\{1,2,3,4\};\{5\};\{6\}\}$, $b(\mathcal{K}) = \frac{1}{6} \cdot (4+3+2+5+4+5)+0+0 = 3\frac{5}{6}$

  $\mathcal{K} = \{\{1,3,4\};\{2,5\};\{6\}\}$, $b(\mathcal{K}) = \frac{1}{3} \cdot (3+2+5)+3+0 = 6\frac{1}{3}$

  $B>0 \Rightarrow \mathcal{K}^2 = \{\{1,2,3,4\};\{5\};\{6\}\}$, $t=0$

- $i=3 \rightarrow$ $\mathcal{K} = \{\{1,2,4\};\{3,5\};\{6\}\}$, $b(\mathcal{K}) = \frac{1}{3} \cdot (4+2+4)+1+0 = 4\frac{1}{3}$

  $\mathcal{K} = \{\{1,2,4\};\{5\};\{3,6\}\}$, $b(\mathcal{K}) = \frac{1}{3} \cdot (4+2+4)+0+8 = 11\frac{1}{3}$

  $B<0$, $t=1$

- $i=4 \rightarrow$ $\mathcal{K} = \{\{1,2,3\};\{4,5\};\{6\}\}$, $b(\mathcal{K}) = \frac{1}{3} \cdot (4+3+5)+5+0 = 9$

  $\mathcal{K} = \{\{1,2,3\};\{5\};\{4,6\}\}$, $b(\mathcal{K}) = \frac{1}{3} \cdot (4+3+5)+0+6 = 10$

  $B<0$, $t=2$

- $i=5 \rightarrow$ Es erfolgt kein Tausch, da sich das Objekt in einer einelementigen Klasse befindet. Der Zählindex wird auf $t=3$ erhöht.

- $i=6 \rightarrow$ Es erfolgt kein Tausch, da sich das Objekt in einer einelementigen Klasse befindet. Der Zählindex wird auf $t=4$ erhöht.

- $i=1 \rightarrow$ $\mathcal{K} = \{\{2,3,4\};\{1,5\};\{6\}\}$, $b(\mathcal{K}) = \frac{1}{3} \cdot (5+4+5)+8+0 = 12\frac{2}{3}$

  $\mathcal{K} = \{\{2,3,4\};\{5\};\{1,6\}\}$, $b(\mathcal{K}) = \frac{1}{3} \cdot (5+4+5)+0+6 = 10\frac{2}{3}$

  $B<0$, $t=5$

- $i=2 \rightarrow$ $\mathcal{K} = \{\{1,3,4\};\{2,5\};\{6\}\}$, $b(\mathcal{K}) = \frac{1}{3} \cdot (3+2+5)+3+0 = 6\frac{1}{3}$

  $\mathcal{K} = \{\{1,3,4\};\{5\};\{2,6\}\}$, $b(\mathcal{K}) = \frac{1}{3} \cdot (3+2+5)+0+1 = 4\frac{1}{3}$

  $B<0$, $t=6=n \Rightarrow \mathcal{K}^2 = \{\{1,2,3,4\};\{5\};\{6\}\}$ ist lokales Optimum.

Lösung zur Aufgabe 4.1.9

a) Die Distanzmatrix ergibt sich auf Basis der quadrierten euklidischen Distanz gemäß

$$d(i,j) = \sum_{k=1}^{m} \left(a_{ik} - a_{jk} \right)^2 \text{ wie folgt:}$$

D	2	3	4	5	6	7
1	2	10	8	13	17	26
2		16	10	13	9	16
3			2	5	25	32
4				1	13	18
5					10	13
6						1

b) Zunächst wird für die Startklassifikation $\mathcal{K}^0 = \left\{ \{1\}; \{2,6,7\}; \{3,4,5\} \right\}$ der Güteindex

gemäß $b(\mathcal{K}) = \sum_{K \in \mathcal{K}} \frac{2}{|K|^2} \sum_{\substack{i,j \in K \\ i<j}} d(i,j)$ mit $b(\mathcal{K}^0) = \frac{1}{1^2} \cdot 0 + \frac{1}{3^2} \cdot (9+16+1) + \frac{1}{3^2} \cdot (2+5+1) = 3{,}78$

berechnet. Danach ist für die Objekte der Reihe nach zu prüfen, ob ein Tausch in eine andere Klasse den Güteindex verbessert:

- $i = 1 \rightarrow$ Es erfolgt kein Tausch, da sich das Objekt in einer einelementigen Klasse befindet. Der Zählindex wird auf $t = 1$ erhöht.

- $i = 2 \rightarrow$ $\mathcal{K} = \left\{ \{1,2\}; \{6,7\}; \{3,4,5\} \right\}$, $b(\mathcal{K}) = \frac{1}{4} \cdot 2 + \frac{1}{4} \cdot 1 + \frac{1}{9} \cdot (2+5+1) = 1{,}64$

               $\mathcal{K} = \left\{ \{1\}; \{6,7\}; \{2,3,4,5\} \right\}$, $b(\mathcal{K}) = \frac{1}{4} \cdot 1 + \frac{1}{16} \cdot (16+10+13+2+5+1) = 3{,}19$

               $B > 0 \Rightarrow \mathcal{K}^1 = \left\{ \{1,2\}; \{6,7\}; \{3,4,5\} \right\}$, $t = 0$

- $i = 3 \rightarrow$ $\mathcal{K} = \left\{ \{1,2,3\}; \{6,7\}; \{4,5\} \right\}$, $b(\mathcal{K}) = \frac{1}{9} \cdot (2+10+16) + \frac{1}{4} \cdot 1 + \frac{1}{4} \cdot 1 = 3{,}61$

               $\mathcal{K} = \left\{ \{1,2\}; \{3,6,7\}; \{4,5\} \right\}$, $b(\mathcal{K}) = \frac{1}{4} \cdot 2 + \frac{1}{9} \cdot (25+32+1) + \frac{1}{4} \cdot 1 = 7{,}19$

               $B < 0$, $t = 1$

- $i = 4 \rightarrow$ $\mathcal{K} = \left\{ \{1,2,4\}; \{6,7\}; \{3,5\} \right\}$, $b(\mathcal{K}) = \frac{1}{9} \cdot (2+8+10) + \frac{1}{4} \cdot 1 + \frac{1}{4} \cdot 5 = 3{,}72$

               $\mathcal{K} = \left\{ \{1,2\}; \{4,6,7\}; \{3,5\} \right\}$, $b(\mathcal{K}) = \frac{1}{4} \cdot 2 + \frac{1}{9} \cdot (13+18+1) + \frac{1}{4} \cdot 5 = 5{,}31$

               $B < 0$, $t = 2$

- $i = 5 \rightarrow$ $\mathcal{K} = \left\{ \{1,2,5\}; \{6,7\}; \{3,4\} \right\}$, $b(\mathcal{K}) = 3{,}86$

               $\mathcal{K} = \left\{ \{1,2\}; \{5,6,7\}; \{3,4\} \right\}$, $b(\mathcal{K}) = 3{,}67$, $B < 0$, $t = 3$

- $i = 6 \rightarrow$ $\mathcal{K} = \{\{1,2,6\};\{7\};\{3,4,5\}\}$, $b(\mathcal{K}) = 4$

     $\mathcal{K} = \{\{1,2\};\{7\};\{3,4,5,6\}\}$, $b(\mathcal{K}) = 4$, $B < 0$, $t = 4$

- $i = 7 \rightarrow$ $\mathcal{K} = \{\{1,2,7\};\{6\};\{3,4,5\}\}$, $b(\mathcal{K}) = 5{,}78$

     $\mathcal{K} = \{\{1,2\};\{6\};\{3,4,5,7\}\}$, $b(\mathcal{K}) = 4{,}94$, $B < 0$, $t = 5$

- $i = 1 \rightarrow$ $\mathcal{K} = \{\{2\};\{1,6,7\};\{3,4,5\}\}$, $b(\mathcal{K}) = 5{,}78$

     $\mathcal{K} = \{\{2\};\{6,7\};\{1,3,4,5\}\}$, $b(\mathcal{K}) = 2{,}69$, $B < 0$, $t = 6$

- $i = 2 \rightarrow$ $\mathcal{K} = \{\{1\};\{2,6,7\};\{3,4,5\}\}$, $b(\mathcal{K}) = 3{,}78$

     $\mathcal{K} = \{\{1\};\{6,7\};\{2,3,4,5\}\}$, $b(\mathcal{K}) = 3{,}19$

     $B < 0$, $t = 7 = n \Rightarrow \mathcal{K}^1 = \{\{1,2\};\{6,7\};\{3,4,5\}\}$ ist lokales Optimum.

c) Das Ergebnis der Austauschverfahren hängt im Wesentlichen von der gewählten Start-partition ab. Daher sollten stets mehrere unterschiedliche Startpartitionen verwendet werden. Dadurch werden unter Umständen auch unterschiedliche Bereiche des Lö-sungsraums abgesucht, so dass insgesamt gegebenenfalls bessere Lösungen gefunden werden können. Das Ergebnis des modifizierten Austauschverfahrens KMEANS hängt darüber hinaus auch von der Reihenfolge ab, in der die Objekte bearbeitet werden.

Lösung zur Aufgabe 4.1.10

a) Die Distanzen werden nur über die paarweise vorhandenen Merkmalsausprägungen berechnet. Mit der Gewichtung erfolgt ein entsprechender Ausgleich, falls weniger als m Merkmalsausprägungen bei einem Objektpaar vorliegen.

b) Exemplarisch werden die ersten zwei paarweisen Distanzen ausführlich berechnet. Die insgesamt resultierende Distanzmatrix ist anschließend dargestellt.

$$d_{12} = \frac{3}{2} \left[\frac{|180 - 170|}{190 - 170} + \frac{|4000 - 3000|}{4000 - 3000} \right] = 2{,}25, \; d_{13} = \frac{3}{2} \cdot \left[\frac{|30 - 20|}{30 - 20} + \frac{|180 - 190|}{190 - 170} \right] = 2{,}25.$$

D	2	3	4
1	2,25	2,25	0
2		3	1,5
3			1,5

c) Aufgrund der Distanz von 0 sollten die Objekte 1 und 4 auf jeden Fall in einer Klasse sein.

9.2 Repräsentationsverfahren

Lösung zur Aufgabe 4.2.1

a) Für die gegebene Startkonfiguration ergeben sich unter Verwendung der City-Block-Metrik folgende Distanzen zwischen den Objekten:

$\hat{D}^0$	Nokia	Samsung	SonyEricsson
Motorola	10	6	3
Nokia		4	7
Samsung			3

Auf Basis der über die vollständige Präordnung gegebenen Reihung der Objektpaare kann für die monotone Anpassung eine Arbeitstabelle erstellt werden:

(i,j)	(S,SE)	(N,SE)	(N,S)	(M,S)	(M,SE)	(M,N)
$\hat{d}^0(i,j)$	3	7	4	6	3	10
$\delta^0(i,j)$	3	5	5	5	5	10

Daraus ergibt sich der Rohstress gemäß $b_0(X^0)=(7-5)^2+(4-5)^2+(6-5)^2+(3-5)^2=10$. Mit $\bar{d}=\frac{1}{6}(3+7+4+6+3+10)=5,5$ errechnet sich dann der Maximalstress gemäß $b_{max}=(3-5,5)^2+(7-5,5)^2+(4-5,5)^2+(6-5,5)^2+(3-5,5)^2+(10-5,5)^2=37,5$, so dass letztendlich der normierte Stress mit $b_{norm}=\frac{10}{37,5}=0,2\bar{6}$ resultiert. Aufgrund dieses Werts ist die Startkonfiguration als nicht zufriedenstellend einzustufen.

b) Zur Verbesserung der vorliegenden Konfiguration wird zunächst der Gradient gemäß

$$B^0=\left(\frac{\delta b}{\delta x_{ik}}\right)_{4,2}\Bigg|_{X^0}=\left(b_{ik}\right)_{4,2} \text{ mit } b_{ik}=\sum_{j:j\neq i}2\cdot\left(\hat{d}^0(i,j)-\delta^0(i,j)\right)\cdot\text{sgn}\left(x_{ik}-x_{jk}\right) \text{ berechnet:}$$

$$B^0=\begin{pmatrix} 2\left((6-5)\cdot(-1)+(3-5)\cdot(-1)\right)=2 & 2\left((6-5)\cdot(-1)+(3-5)\cdot(-1)\right)=2 \\ 2\left((4-5)\cdot(1)+(7-5)\cdot(1)\right)=2 & 2\left((4-5)\cdot(0)+(7-5)\cdot(1)\right)=4 \\ 2\left((6-5)\cdot(1)+(4-5)\cdot(-1)\right)=4 & 2\left((6-5)\cdot(1)+(4-5)\cdot(0)\right)=2 \\ 2\left((3-5)\cdot(1)+(7-5)\cdot(-1)\right)=-8 & 2\left((3-5)\cdot(1)+(7-5)\cdot(-1)\right)=-8 \end{pmatrix}.$$

Damit ergibt sich $X^1=X^0-\lambda_0 B^0=\begin{pmatrix} 1 & 1 \\ 8 & 4 \\ 4 & 4 \\ 3 & 2 \end{pmatrix}-0,2\begin{pmatrix} 2 & 2 \\ 2 & 4 \\ 4 & 2 \\ -8 & -8 \end{pmatrix}=\begin{pmatrix} 0,6 & 0,6 \\ 7,6 & 3,2 \\ 3,2 & 3,6 \\ 4,6 & 3,6 \end{pmatrix}.$

Für diese Folgekonfiguration erhält man unter Verwendung der City-Block-Metrik folgende Distanzen zwischen den Objekten:

$\hat{D}^0$	Nokia	Samsung	SonyEricsson
Motorola	9,6	5,6	7
Nokia		4,8	3,4
Samsung			1,4

Die Durchführung einer monotonen Anpassung führt dann zu folgender Arbeitstabelle:

(i,j)	(S,SE)	(N,SE)	(N,S)	(M,S)	(M,SE)	(M,N)
$\hat{d}^0(i,j)$	1,4	3,4	4,8	5,6	7	9,6
$\delta^0(i,j)$	1,4	3,4	4,8	5,6	7	9,6

Auch ohne explizite Berechnung ist sofort ersichtlich, dass $b_0\left(X^1\right)=b_{norm}=0$ ist. Damit liegt eine Repräsentation vor, die als sehr gut bezeichnet werden kann.

c) Eine grafische Darstellung der Startkonfiguration (Quadrate) sowie der Endkonfiguration (Kreise) führt zu folgendem Ergebnis:

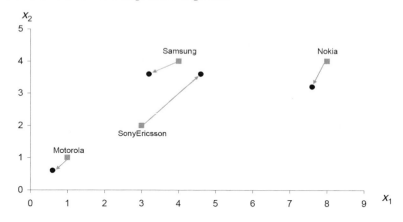

Der Ausgangspunkt der Repräsentation mittels mehrdimensionaler Skalierung ist hier lediglich eine Rangordnung von Paarvergleichen bezüglich der Ähnlichkeit der Objekte. Es liegen also keine Eigenschaften bzw. Merkmale zur Beschreibung der Objekte vor, d. h., man hat auch keine Angaben darüber, bezüglich welcher Eigenschaften die Objekte tatsächlich miteinander verglichen wurden. Somit ist eine Interpretation der Lage der Objekte nur im Hinblick auf deren Gesamtähnlichkeiten möglich. Eine detaillierte inhaltliche Beschreibung der Lage der einzelnen Objekte entfällt damit zwangsläufig.

Lösung zur Aufgabe 4.2.2

a) Ein wesentliches Ziel der Faktorenanalyse stellt die Merkmalsreduktion dar, d. h., die Informationen korrelierter Merkmale werden auf ein neues Merkmal (Faktor) reduziert. Die resultierenden Faktoren sind dann unabhängig. Des Weiteren soll eine Repräsentation der Objektmenge in einem geeignet dimensionierten Raum ermöglicht werden.

b) Die Datenmatrix muss quantitativ sein.

c) Damit wird die grafische Darstellung im ein-, zwei- oder dreidimensionalen Raum ermöglicht.

d) Da die hier vorliegende Kovarianzmatrix eine Diagonalmatrix ist, können die Eigenwerte direkt auf der Hauptdiagonalen abgelesen werden. Damit resultieren folgende Erklärungsanteile für die ersten beiden Hauptkomponenten:

1. Hauptkomponente: $\dfrac{\frac{3}{16}}{\left(\frac{1}{8}+\frac{3}{16}+\frac{1}{50}\right)}=0,56$, 2. Hauptkomponente: $\dfrac{\frac{1}{8}}{\left(\frac{1}{8}+\frac{3}{16}+\frac{1}{50}\right)}=0,38$.

e) Hier kann man sich die Berechnung sparen, da aufgrund der Struktur der Kovarianzmatrix (Unkorreliertheit der drei Merkmale) klar ist, dass den ersten Faktor lediglich das Merkmal 2 (besitzt die größte Varianz) und den zweiten Faktor lediglich das Merkmal 1 (besitzt die zweitgrößte Varianz) laden wird. Damit resultiert folgende Ladungsmatrix:

$$F=\begin{pmatrix} 0 & 1 \\ 1 & 0 \\ 0 & 0 \end{pmatrix}$$

f) Ebenfalls ohne Rechnung ist sofort ersichtlich, dass die Merkmale 1 und 2 zu 100 % auf die ersten beiden Faktoren eingehen, die Kommunalitäten dieser beiden Merkmale also jeweils den Wert 1 annehmen. Dabei geht das Merkmal 2 voll auf den ersten Faktor und das Merkmal 1 voll auf den zweiten Faktor ein. Demgegenüber weist das Merkmal 3 eine Kommunalität von 0 auf und wird auf keinen der beiden Faktoren geladen.

Lösung zur Aufgabe 4.2.3

a) Die Korrelation zwischen zwei Merkmalen k und l ergibt sich allgemein über die Formel

$r_{kl}=\dfrac{s_{kl}}{\sqrt{s_{kk}\cdot s_{ll}}}$. Folglich resultieren die Koeffizienten $r_{12}=\dfrac{0}{\sqrt{4\cdot 4}}$, $r_{13}=\dfrac{2}{\sqrt{4\cdot 1}}$ und $r_{23}=\dfrac{0}{\sqrt{4\cdot 1}}$

und damit die Korrelationsmatrix $R=\begin{pmatrix} 1 & 0 & 1 \\ 0 & 1 & 0 \\ 1 & 0 & 1 \end{pmatrix}$.

b) Aufgrund der Korrelationsstruktur ist ohne Rechnung sofort ersichtlich, dass auf den ersten Faktor die Merkmale 1 und 3 voll eingehen werden und somit der erste Eigenwert aus der Summe der beiden zugehörigen Merkmalsvarianzen mit einem Wert von 5 resultiert. Das zweite Merkmal lädt dann voll auf den zweiten Faktor, so dass sich der zweite Eigenwert mit einem Wert von 4 ergibt und folglich der dritte Eigenwert null sein muss. Dieses Ergebnis erhält man auch durch folgende Rechnungen:

$$\det\begin{pmatrix} 4-\lambda & 0 & 2 \\ 0 & 4-\lambda & 0 \\ 2 & 0 & 1-\lambda \end{pmatrix} = 0 \Rightarrow \begin{cases} (4-\lambda)(4-\lambda)(1-\lambda) - 4\cdot(4-\lambda) = 0 \\ (4-\lambda)((4-\lambda)(1-\lambda) - 4) = 0 \\ (4-\lambda)(4 - 5\cdot\lambda + \lambda^2 - 4) = 0 \\ (4-\lambda)\lambda(-5+\lambda) = 0 \\ \Rightarrow \lambda_1 = 5, \lambda_2 = 4, \lambda_3 = 0 \end{cases}$$

b) Der Eigenvektor zum Eigenwert $\lambda_1 = 5$ ergibt sich über die Lösung des zugehörigen Gleichungssystems:

$$\begin{pmatrix} 4-5 & 0 & 2 \\ 0 & 4-5 & 0 \\ 2 & 0 & 1-5 \end{pmatrix}\begin{pmatrix} f_{11} \\ f_{21} \\ f_{31} \end{pmatrix} = \begin{pmatrix} 0 \\ 0 \\ 0 \end{pmatrix} \Leftrightarrow \begin{cases} -1\cdot f_{11} + 0\cdot f_{21} + 2\cdot f_{31} = 0 \Rightarrow f_{31} = 0,5\cdot f_{11} \\ 0\cdot f_{11} - 1\cdot f_{21} + 0\cdot f_{31} = 0 \Rightarrow f_{21} = 0 \\ 2\cdot f_{11} + 0\cdot f_{21} + -4\cdot f_{31} = 0 \Rightarrow f_{31} = 0,5\cdot f_{11} \end{cases}$$

Mit $\sqrt{f_{11}^2 + f_{21}^2 + f_{31}^2} = 1$ resultieren dann die folgenden Faktorladungen:

$$\sqrt{f_{11}^2 + 0 + (0,5\cdot f_{11})^2} = 1 \Rightarrow \sqrt{\frac{5}{4}}f_{11} = 1 \Rightarrow f_{11} = \sqrt{\frac{4}{5}} \Rightarrow f_{13} = \sqrt{\frac{1}{5}}$$

Damit ist eine Repräsentation in einer Dimension möglich:

$$X_1 = A\cdot F_1 = \begin{pmatrix} 4 & 4 & 4 \\ 4 & 0 & 4 \\ 0 & 4 & 2 \\ 0 & 0 & 2 \end{pmatrix}\begin{pmatrix} \sqrt{\frac{4}{5}} \\ 0 \\ \sqrt{\frac{1}{5}} \end{pmatrix} \approx \begin{pmatrix} 5,367 \\ 5,367 \\ 0,894 \\ 0,894 \end{pmatrix}$$

Der Informationsverlust dieser Darstellung beträgt $b(1) = 1 - \dfrac{5}{5+4+0} = 1 - \dfrac{5}{9} \approx 44,4\,\%$.

Der Eigenvektor zum Eigenwert $\lambda_2 = 4$ ergibt sich analog über die Rechnung

$$\begin{pmatrix} 4-4 & 0 & 2 \\ 0 & 4-4 & 0 \\ 2 & 0 & 1-4 \end{pmatrix}\begin{pmatrix} f_{12} \\ f_{22} \\ f_{32} \end{pmatrix} = \begin{pmatrix} 0 \\ 0 \\ 0 \end{pmatrix} \Leftrightarrow \begin{cases} 0\cdot f_{12} + 0\cdot f_{22} + 2\cdot f_{32} = 0 \Rightarrow f_{32} = 0 \\ 0\cdot f_{12} + 0\cdot f_{22} + 0\cdot f_{32} = 0 \\ 2\cdot f_{12} + 0\cdot f_{22} + -3\cdot f_{32} = 0 \Rightarrow f_{12} = 0 \end{cases},$$

$$\sqrt{f_{12}^2 + f_{22}^2 + f_{32}^2} = 1 \Rightarrow \sqrt{0 + f_{22}^2 + 0} = 1 \Rightarrow f_{22} = 1,$$

wobei dieses Ergebnis aufgrund der Korrelationsstruktur auch ohne Rechnung bereits ersichtlich ist.

Damit ist eine Repräsentation in $q = 2$ Dimensionen möglich:

$$X_1 = A \cdot F_2 = \begin{pmatrix} 4 & 4 & 4 \\ 4 & 0 & 4 \\ 0 & 4 & 2 \\ 0 & 0 & 2 \end{pmatrix} \begin{pmatrix} \sqrt{\frac{4}{5}} & 0 \\ 0 & 1 \\ \sqrt{\frac{1}{5}} & 0 \end{pmatrix} \approx \begin{pmatrix} 5,367 & 4 \\ 5,367 & 0 \\ 0,894 & 4 \\ 0,894 & 0 \end{pmatrix}.$$

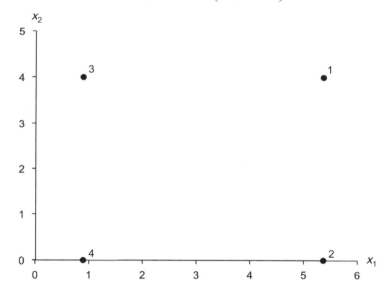

Der Informationsverlust dieser zweidimensionalen Darstellung beträgt 0 %.

d) Die eindimensionale Repräsentation spricht für die Bildung der Klassen {1,2} und {3,4}.

e) Bei der zweidimensionalen Repräsentation sind keine Klassenstrukturen erkennbar.

Lösung zur Aufgabe 4.2.4

a) Für die gegebene Startkonfiguration ergeben sich unter Verwendung der City-Block-Metrik folgende Distanzen zwischen den Objekten:

$\hat{D}^0$	2	3
1	2	6
2		4

b) Hier ist eine Fallunterscheidung notwendig, da je nach Größe der unbekannten Distanz d eine andere Reihung der Objektpaare im Rahmen der monotonen Anpassung erfolgt.

Für $d \leq 2$ ergibt sich die folgende Arbeitstabelle:

(i,j)	$(1,3)$	$(1,2)$	$(2,3)$
$\hat{d}^0(i,j)$	6	2	4
$\delta^0(i,j)$	4	4	4

Der normierte Stress beträgt hier $b_{norm} = 1$, was ohne Rechnung ersichtlich ist, da die monotone Anpassung hier zu einer Mittelung über alle Distanzen der Konfiguration führt.

Für $2 < d \leq 10$ resultiert dann folgende Arbeitstabelle:

(i,j)	$(1,2)$	$(1,3)$	$(2,3)$
$\hat{d}^0(i,j)$	2	6	4
$\delta^0(i,j)$	4	5	5

Der Rohstress ergibt sich mit $b(X^0) = (6-5)^2 + (4-5)^2 = 2$ bei einem maximalen Stress von $b_{max} = (2-4)^2 + (6-4)^2 + (4-4)^2 = 8$, so dass ein normierter Stress von $b_{norm} = 0,25$ folgt.

Für $d > 10$ ergibt sich schließlich noch die folgende Arbeitstabelle:

(i,j)	$(1,2)$	$(2,3)$	$(1,3)$
$\hat{d}^0(i,j)$	2	4	6
$\delta^0(i,j)$	2	4	6

Der normierte Stress beträgt hier $b_{norm} = 0$. Dies ist sofort ohne Rechnung ersichtlich, da die Distanzen der Konfiguration bereits in der richtigen Reihenfolge sind.

c) Für $d = 20$ ist die Startlösung (global) optimal ($b_{norm} = 0$, siehe Teil b)), so dass keine Verbesserung mehr möglich ist.

d) Für $d = 10$ weist die Startlösung einen normierten Stress von $b_{norm} = 0,25$ auf (siehe Teil b)). Folglich muss der Gradient berechnet werden. Die entsprechenden Ableitungen ergeben sich mit

$$\frac{\partial b}{\partial x_1} = 2 \cdot \left[(6-5) \cdot (-1) \right] = -2, \quad \frac{\partial b}{\partial x_2} = 2 \cdot \left[(4-5) \cdot (-1) \right] = 2, \quad \frac{\partial b}{\partial x_3} = 2 \cdot \left[(6-5) \cdot 1 + (4-5) \cdot 1 \right] = 0,$$

so dass die Folgekonfiguration $X^1 = \begin{pmatrix} 0 \\ 2 \\ 6 \end{pmatrix} - 0,5 \cdot \begin{pmatrix} -2 \\ 2 \\ 0 \end{pmatrix} = \begin{pmatrix} 1 \\ 1 \\ 6 \end{pmatrix}$ resultiert.

Für diese Konfiguration ergeben sich dann wiederum unter Verwendung der City-Block-Metrik folgende Distanzen zwischen den Objekten:

$\hat{D}^0$	2	3
1	0	5
2		5

Die monotone Anpassung liefert dann folgende Arbeitstabelle bei einem normierten Stress von $b_{norm} = 0$:

(i,j)	$(1,2)$	$(1,3)$	$(2,3)$
$\hat{d}^0(i,j)$	0	5	5
$\delta^0(i,j)$	0	5	5

Lösung zur Aufgabe 4.2.5

a) Die Korrelation zwischen zwei Merkmalen k und l ergibt sich allgemein über die Formel

$r_{kl} = \dfrac{s_{kl}}{\sqrt{s_{kk} \cdot s_{ll}}}$. Folglich resultieren die Koeffizienten $r_{12} = \dfrac{1,75}{\sqrt{2,75 \cdot 2,75}}$ und $r_{13} = r_{23} = 0$.

b) Zur Bestimmung der Faktorladungsmatrix ist zunächst das zur Matrix S zugehörige Eigenwertproblem zu lösen:

$$\det \begin{pmatrix} 2,75-\lambda & 1,75 & 0 \\ 1,75 & 2,75-\lambda & 0 \\ 0 & 0 & 2-\lambda \end{pmatrix} = 0 \Leftrightarrow (2-\lambda) \cdot \left[(2,75-\lambda)^2 - 1,75^2 \right] = 0$$

$$\Rightarrow \lambda_2 = 2 \text{ und } (2,75-\lambda)^2 = 1,75^2 \Leftrightarrow 2,75-\lambda = \pm 1,75 \Rightarrow \lambda_1 = 4,5, \ \lambda_3 = 1$$

Für jeden Eigenwert kann anschließend der zugehörige Eigenvektor berechnet werden.

Eigenvektor zu $\lambda_1 = 4,5$: $\begin{pmatrix} -1,75 & 1,75 & 0 \\ 1,75 & -1,75 & 0 \\ 0 & 0 & -2,5 \end{pmatrix} \cdot \begin{pmatrix} f_{11} \\ f_{21} \\ f_{31} \end{pmatrix} = \begin{pmatrix} 0 \\ 0 \\ 0 \end{pmatrix} \Rightarrow f_{11} = f_{21}, f_{31} = 0.$

Mit $f^T f = 1$ folgt $f^1 = \begin{pmatrix} \sqrt{\frac{1}{2}} \\ \sqrt{\frac{1}{2}} \\ 0 \end{pmatrix}$.

Eigenvektor zu $\lambda_2 = 2$: $f^2 = \begin{pmatrix} 0 \\ 0 \\ 1 \end{pmatrix}$.

$$\text{Eigenvektor zu } \lambda_3 = 1: \begin{pmatrix} 1,75 & 1,75 & 0 \\ 1,75 & 1,75 & 0 \\ 0 & 0 & 1 \end{pmatrix} \cdot \begin{pmatrix} f_{13} \\ f_{23} \\ f_{33} \end{pmatrix} = \begin{pmatrix} 0 \\ 0 \\ 0 \end{pmatrix} \Rightarrow f_{13} = -f_{23}, f_{33} = 0.$$

$$\text{Mit } f^T f = 1 \text{ folgt } f^3 = \begin{pmatrix} \sqrt{\tfrac{1}{2}} \\ -\sqrt{\tfrac{1}{2}} \\ 0 \end{pmatrix}.$$

Schließlich resultiert die Faktorwertematrix mit

$$X = A \cdot F = \begin{pmatrix} 4 & 4 & 2 \\ 2 & 0 & 0 \\ 6 & 2 & 2 \\ 2 & 0 & 4 \end{pmatrix} \begin{pmatrix} \sqrt{\tfrac{1}{2}} & 0 & \sqrt{\tfrac{1}{2}} \\ \sqrt{\tfrac{1}{2}} & 0 & -\sqrt{\tfrac{1}{2}} \\ 0 & 1 & 0 \end{pmatrix} = \begin{pmatrix} 5,66 & 2 & 0 \\ 1,41 & 0 & 1,41 \\ 5,66 & 2 & 2,83 \\ 1,41 & 4 & 1,41 \end{pmatrix}.$$

c) Die Erklärungsanteile der Hauptkomponenten sind in folgender Tabelle angegeben:

Hauptkomponente	Erklärungsanteil
1	$\frac{4,5}{7,5} = 0,6 \,\hat{=}\, 60\,\%$
2	$\frac{2}{7,5} = 0,27 \,\hat{=}\, 27\,\%$
3	$\frac{1}{7,5} = 0,13 \,\hat{=}\, 13\,\%$

Lösung zur Aufgabe 4.2.6

a) Da die ersten drei Merkmale zwar korreliert sind, zusammen aber lediglich einen Informationsgehalt von 10 + 4,9 + 10 = 24,9 Prozent aufweisen, wird das Merkmal 4, das unkorreliert zu allen anderen Merkmalen ist und darüber hinaus mit einer Varianz von 40 den höchstmöglichen Informationsgehalt besitzt, allein auf die 1. Hauptkomponente geladen. Der Erklärungsanteil ergibt sich mit $\dfrac{40}{\text{Spur } S} = \dfrac{40}{94,9} \approx 0,4215 = 42,15\,\%$.

b) In Ergänzung zu Teil a) kann noch festgehalten werden, dass das Merkmal 5 ebenfalls unkorreliert zu allen anderen Merkmalen ist und mehr Information enthält als die Merkmale 1 bis 3 zusammen. Der Erklärungsanteil der ersten beiden Hauptkomponenten resultiert folglich mit $\dfrac{40 + 30}{94,9} \approx 0,7376 = 73,76\,\%$.

c) Auf Basis der Ausführungen zu den Teilen a) und b) kann ohne Rechnung abgeleitet werden, dass die Kommunalitäten für die Merkmale 1, 2 und 3 jeweils den Wert 0 annehmen, während sich bei den Merkmalen 4 und 5 jeweils ein Wert von 1 ergibt.

d) Die Korrelation zwischen zwei Merkmalen k und l ergibt sich allgemein über die Formel

$r_{kl} = \dfrac{s_{kl}}{\sqrt{s_{kk} \cdot s_{ll}}}$. Folglich resultiert die Korrelationsmatrix $R = \begin{pmatrix} 1 & 1 & -1 & 0 & 0 \\ 1 & 1 & -1 & 0 & 0 \\ -1 & -1 & 1 & 0 & 0 \\ 0 & 0 & 0 & 1 & 0 \\ 0 & 0 & 0 & 0 & 1 \end{pmatrix}$.

e) Da die Merkmale 1, 2 und 3 paarweise perfekt korreliert sind (siehe Teil d)), werden diese Merkmale alle gemeinsam auf einen Faktor eingehen. Aufgrund der Ergebnisse der Teile a) und b) ist damit ersichtlich, dass mit drei Hauptkomponenten somit 100 % der Gesamtinformation dargestellt werden können.

f) Da mit den drei Hauptkomponenten 100 % der Gesamtinformation dargestellt werden können (siehe Teil e)), nehmen die Kommunalitäten aller Merkmale jeweils den Wert 1 an.

Lösung zur Aufgabe 4.2.7

a) Die Datenmatrix A kann wie folgt berechnet werden:

$$A = X \cdot F^T = \begin{pmatrix} 40 & 5 \\ 10 & 0 \\ 40 & 5 \\ 10 & 10 \end{pmatrix} \cdot \begin{pmatrix} 0.6 & 0.8 \\ 0.8 & -0.6 \end{pmatrix} = \begin{pmatrix} 28 & 29 \\ 6 & 8 \\ 28 & 29 \\ 14 & 2 \end{pmatrix}$$

b) Um die Erklärungsanteile bestimmen zu können, müssen zunächst die Varianzen auf Basis der Faktorwertematrix berechnet werden:

$$c_{11} = \frac{1}{4}\left((40-25)^2 + (10-25)^2 + (40-25)^2 + (10-25)^2\right) = 225 ,$$

$$c_{22} = \frac{1}{4}\left((5-5)^2 + ... + (10-5)^2\right) = 12,5 .$$

Die Erklärungsanteile der beiden Faktoren ergeben sich dann wie folgt:

Erklärungsanteil Faktor 1: $\dfrac{225}{225+12,5} = 0,947 \triangleq 94,7\,\%$.

Erklärungsanteil Faktor 2: $\dfrac{12.5}{225+12,5} = 0,053 \triangleq 5,3\,\%$.

c) Ausgehend von der Berechnungen in Teil c) und der Tatsache, dass aufgrund der unkorrelierten Faktoren $c_{12} = c_{21} = 0$ gilt, resultiert folgende Kovarianzmatrix C:

$$C = \begin{pmatrix} 225 & 0 \\ 0 & 12,5 \end{pmatrix} .$$

d) Die Kovarianzmatrix S ergibt sich gemäß der Beziehung $C = F^T \cdot S \cdot F \Leftrightarrow S = F \cdot C \cdot F^T$ mit

$$S = \begin{pmatrix} 0.6 & 0.8 \\ 0.8 & -0.6 \end{pmatrix} \cdot \begin{pmatrix} 225 & 0 \\ 0 & 12.5 \end{pmatrix} \cdot \begin{pmatrix} 0.6 & 0.8 \\ 0.8 & -0.6 \end{pmatrix} = \begin{pmatrix} 135 & 10 \\ 180 & -7.5 \end{pmatrix} \cdot \begin{pmatrix} 0.6 & 0.8 \\ 0.8 & -0.6 \end{pmatrix} =$$

$$= \begin{pmatrix} 89 & 102 \\ 102 & 148.5 \end{pmatrix}.$$

e) Die Eigenwerte von S können wie folgt berechnet werden:

$$\det \begin{pmatrix} 89 - \lambda & 102 \\ 102 & 148.5 - \lambda \end{pmatrix} = 0 \Rightarrow (89 - \lambda)(148,5 - \lambda) - 102^2 = 0 \Leftrightarrow \lambda^2 - 237,5\lambda + 2812,5 = 0$$

$$\Rightarrow \lambda_{1,2} = \frac{237,5 \pm \sqrt{(-237,5)^2 - 4 \cdot 2812,5}}{2} = \frac{237,5 \pm 212,5}{2} \Rightarrow \lambda_1 = 225, \lambda_2 = 12,5$$

Die Erklärungsanteile resultieren dann analog zu den Berechnungen in Teil b).

Lösung Aufgabe zur Aufgabe 4.2.8

a) Zunächst müssen die Mittelwerte der beiden Merkmale berechnet werden:

$$\bar{a}_{\bullet 1} = \tfrac{1}{5} \cdot (11 + 10 + 12 + 9 + 8) = 10, \quad \bar{a}_{\bullet 2} = \tfrac{1}{5} \cdot (3 + 0 + 1 + 2 + 4) = 2.$$

Die Korrelation zwischen zwei Merkmalen k und l ergibt sich dann nach der in der Aufgabenstellung angegebenen Formel, so dass für die hier vorliegenden Merkmale 1 und 2 der Wert $r_{12} = \dfrac{1 \cdot 1 + 0 \cdot (-2) + 2 \cdot (-1) + (-1) \cdot 0 + (-2) \cdot 2}{\sqrt{(1^2 + 0^2 + 2^2 + (-1)^2 + (-2)^2) \cdot (1^2 + (-2)^2 + (-1)^2 + 0^2 + 2^2)}} = -0,5 = r_{21}$ resultiert. Die Korrelationsmatrix besitzt somit folgende Gestalt: $R = \begin{pmatrix} 1 & -0,5 \\ -0,5 & 1 \end{pmatrix}$.

Der entsprechende Informationsgehalt von R kann dann über die Spur dieser Matrix mit $\operatorname{Spur} R = 1 + 1 = 2$ ermittelt werden.

b) Anstelle der Kovarianzmatrix S ist hier die Korrelationsmatrix R der Ausgangspunkt zur Berechnung der Eigenwerte:

$$\det(R - \lambda E) = \det \begin{pmatrix} 1 - \lambda & -0,5 \\ -0,5 & 1 - \lambda \end{pmatrix} = (1 - \lambda)^2 - (-0,5)^2 = 0 \Rightarrow \lambda_1 = 1,5, \lambda_2 = 0,5.$$

Die Eigenvektoren ergeben sich dann wie folgt:

$$\lambda_1 = 1,5 : \begin{pmatrix} -0,5 & -0,5 \\ -0,5 & -0,5 \end{pmatrix} \begin{pmatrix} f_{11} \\ f_{21} \end{pmatrix} = \begin{pmatrix} 0 \\ 0 \end{pmatrix} \Rightarrow f_{11} = -f_{21} \text{ und mit } f^T f = 1 \text{ folgt } f^1 = \begin{pmatrix} \sqrt{\tfrac{1}{2}} \\ -\sqrt{\tfrac{1}{2}} \end{pmatrix}.$$

$$\lambda_1 = 0,5 : \begin{pmatrix} 0,5 & -0,5 \\ -0,5 & 0,5 \end{pmatrix} \begin{pmatrix} f_{11} \\ f_{21} \end{pmatrix} = \begin{pmatrix} 0 \\ 0 \end{pmatrix} \Rightarrow f_{11} = f_{21} \text{ und mit } f^T f = 1 \text{ folgt } f^2 = \begin{pmatrix} \sqrt{\tfrac{1}{2}} \\ \sqrt{\tfrac{1}{2}} \end{pmatrix}.$$

Damit resultieren folgende Faktorladungsmatrix F und Faktorwertematrix X:

$$F = \begin{pmatrix} \sqrt{\frac{1}{2}} & \sqrt{\frac{1}{2}} \\ -\sqrt{\frac{1}{2}} & \sqrt{\frac{1}{2}} \end{pmatrix}, \; X = A \cdot F = \begin{pmatrix} 8 \cdot \sqrt{\frac{1}{2}} & 14 \cdot \sqrt{\frac{1}{2}} \\ 10 \cdot \sqrt{\frac{1}{2}} & 10 \cdot \sqrt{\frac{1}{2}} \\ 11 \cdot \sqrt{\frac{1}{2}} & 13 \cdot \sqrt{\frac{1}{2}} \\ 7 \cdot \sqrt{\frac{1}{2}} & 11 \cdot \sqrt{\frac{1}{2}} \\ 4 \cdot \sqrt{\frac{1}{2}} & 12 \cdot \sqrt{\frac{1}{2}} \end{pmatrix}.$$

c) Bei einer Lösung mit nur einem Faktor gehen $1 - \frac{\lambda_1}{2} = 1 - \frac{1{,}5}{2} = 1 - 0{,}75 = 0{,}25 \triangleq 25\,\%$ der Ausgangsinformation verloren.

d) Zunächst muss der Mittelwert des Merkmals 3 mit $\bar{a}_{\bullet3} = \frac{1}{5} \cdot (2 + 3 + 6 + 4 + 5) = 4$ berechnet werden. Anschließend können die Korrelationen zwischen dem Merkmal 3 und den anderen beiden Merkmale wie folgt bestimmt werden:

$$r_{13} = \frac{1 \cdot (-2) + 0 \cdot (-1) + 2 \cdot 2 + (-1) \cdot 0 + (-2) \cdot 1}{\sqrt{(1^2 + 0^2 + 2^2 + (-1)^2 + (-2)^2) \cdot ((-2)^2 + (-1)^2 + 2^2 + 0^2 + 1^2)}} = 0 = r_{31},$$

$$r_{23} = \frac{1 \cdot (-2) + (-2) \cdot (-1) + (-1) \cdot 2 + 0 \cdot 0 + 2 \cdot 1}{\sqrt{(1^2 + (-2)^2 + (-1)^2 + 0^2 + 2^2) \cdot ((-2)^2 + (-1)^2 + 2^2 + 0^2 + 1^2)}} = 0 = r_{32}.$$

Auf Basis dieser Berechnungen ist ersichtlich, dass das Merkmal 3 völlig unkorreliert zu den Merkmalen 1 und 2 ist. Damit geht das Merkmal 3 mit einem Informationsgehalt von 1 allein auf einen Faktor. Aufgrund der in Teil b) ermittelten Eigenwerte ist somit ersichtlich, dass das Merkmal 3 den zweiten Faktor laden wird und der in Teil b) berechnete zweite Faktor jetzt zum dritten Faktor wird. Die Faktorwertematrix kann damit ohne Berechnung wie folgt angegeben werden:

$$X = A \cdot F = \begin{pmatrix} 8 \cdot \sqrt{\frac{1}{2}} & 2 & 14 \cdot \sqrt{\frac{1}{2}} \\ 10 \cdot \sqrt{\frac{1}{2}} & 3 & 10 \cdot \sqrt{\frac{1}{2}} \\ 11 \cdot \sqrt{\frac{1}{2}} & 6 & 13 \cdot \sqrt{\frac{1}{2}} \\ 7 \cdot \sqrt{\frac{1}{2}} & 4 & 11 \cdot \sqrt{\frac{1}{2}} \\ 4 \cdot \sqrt{\frac{1}{2}} & 5 & 12 \cdot \sqrt{\frac{1}{2}} \end{pmatrix}.$$

Lösung zur Aufgabe 4.2.9

a) Mit Hilfe der Paarvergleiche kann folgende vollständige Präordnung ermittelt werden, wobei das Symbol $\preceq$ „ähnlicher als oder gleichähnlich" bedeutet:

$$(MB, VW) \underset{\approx}{\preceq} (BMW, VW) \underset{\approx}{\preceq} (BMW, MB) \underset{\approx}{\preceq} (Audi, MB) \underset{\approx}{\preceq} (Audi, BMW) \underset{\approx}{\preceq} (Audi, VW)$$

Für die gegebene Startkonfiguration ergeben sich unter Verwendung der City-Block-Metrik folgende Distanzen zwischen den Objekten:

$\hat{D}^0$	BMW	Mercedes Benz	VW
Audi	9	11	10
BMW		6	3
Mercedes Benz			5

Auf Basis der über die vollständige Präordnung gegebenen Reihung der Objektpaare kann für die monotone Anpassung eine Arbeitstabelle erstellt werden:

(i,j)	(MB,VW)	(BMW,VW)	(BMW,MB)	(A,MB)	(A,BMW)	(A,VW)
$\hat{d}^0(i,j)$	5	3	6	11	9	10
$\delta^0(i,j)$	4	4	6	10	10	10

Daraus ergibt sich der Rohstress $b_0(X^0)=(5-4)^2+(3-4)^2+(11-10)^2+(9-10)^2=4$. Mit $\bar{d}=\frac{1}{6}(5+3+6+11+9+10)=7,\overline{3}$ errechnet sich anschließend der Maximalstress gemäß $b_{max}=(5-7,\overline{3})^2+(3-7,\overline{3})^2+(6-7,\overline{3})^2+(11-7,\overline{3})^2+(9-7,\overline{3})^2+(10-7,\overline{3})^2=49,\overline{3}$. Damit resultiert dann der normierte Stress mit $b_{norm}=\frac{4}{49,\overline{3}}\approx 0,08$. Aufgrund dieses Werts ist die Startkonfiguration als gut einzustufen.

b) Zur Verbesserung der vorliegenden Konfiguration wird zunächst der Gradient gemäß

$$B^0=\left(\frac{\delta b}{\delta x_{ik}}\right)_{4,2}\Bigg|_{X^0}=(b_{ik})_{4,2} \text{ mit } b_{ik}=\sum_{j:j\neq i}2\cdot(\hat{d}^0(i,j)-\delta^o(i,j))\cdot\mathrm{sgn}(x_{ik}-x_{jk}) \text{ berechnet:}$$

$$B^0=\begin{pmatrix} 2((9-10)\cdot(1)+(11-10)\cdot(1))=0 & 2((9-10)\cdot(1)+(11-10)\cdot(-1))=-4 \\ 2((9-10)\cdot(-1)+(3-4)\cdot(1))=0 & 2((9-10)\cdot(-1)+(3-4)\cdot(-1))=4 \\ 2((11-10)\cdot(-1)+(5-4)\cdot(1))=0 & 2((11-10)\cdot(1)+(5-4)\cdot(1))=4 \\ 2((3-4)\cdot(-1)+(5-4)\cdot(-1))=0 & 2((3-4)\cdot(1)+(5-4)\cdot(-1))=-4 \end{pmatrix}.$$

Damit ergibt sich $X^1=X^0-\lambda_0 B^0=\begin{pmatrix} 10 & 4 \\ 3 & 2 \\ 2 & 7 \\ 1 & 3 \end{pmatrix}-0,2\begin{pmatrix} 0 & -4 \\ 0 & 4 \\ 0 & 4 \\ 0 & -4 \end{pmatrix}=\begin{pmatrix} 10 & 4,8 \\ 3 & 1,2 \\ 2 & 6,2 \\ 1 & 3,8 \end{pmatrix}.$

Für diese Folgekonfiguration erhält man unter Verwendung der City-Block-Metrik folgende Distanzen zwischen den Objekten:

$\hat{D}^0$	BMW	Mercedes Benz	VW
Audi	10,6	9,4	10
BMW		6	4,6
Mercedes Benz			3,4

Auf Basis der über die vollständige Präordnung gegebenen Reihung der Objektpaare kann für die monotone Anpassung eine Arbeitstabelle erstellt werden:

(i,j)	(MB,VW)	(BMW,VW)	(BMW,MB)	(A,MB)	(A,BMW)	(A,VW)
$\hat{d}^0(i,j)$	3,4	4,6	6	9,4	10,6	10
$\delta^0(i,j)$	3,4	4,6	6	9,4	10,3	10,3

Daraus ergeben sich folgende Werte zur Berechnung des normierten Stresswerts:

$$b_0\left(X^1\right)=\left(10,6-10,3\right)^2+\left(10-10,3\right)^2=0,18,\ \bar{d}=\tfrac{1}{6}\left(3,4+4,6+6+9,4+10,6+10\right)=7,\bar{3},$$

$$b_{\max}=\left(3,4-7,\bar{3}\right)^2+\left(4,6-7,\bar{3}\right)^2+\left(6-7,\bar{3}\right)^2+\left(9,4-7,\bar{3}\right)^2+\left(10,6-7,\bar{3}\right)^2+\left(10-7,\bar{3}\right)^2\approx46,8.$$

Es resultiert der normierte Stress mit $b_{\text{norm}}=\frac{0,18}{46,8}\approx0,004$, so dass die berechnete Folge-konfiguration sehr als gut bezeichnet werden kann.

c) Eine grafische Darstellung der Startkonfiguration (Quadrate) sowie der Endkonfigura-tion (Kreise) führt zu folgendem Ergebnis:

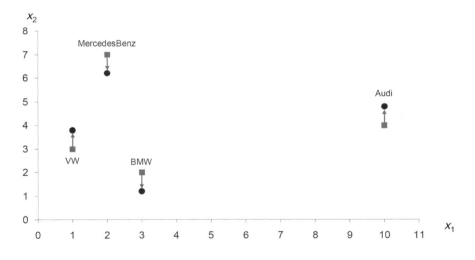

d) Die euklidische Distanz entspricht dem räumlichen (direkten) Abstand, also der „Luft-linie" zwischen zwei Objekten, während mit der City-Block-Distanz der Abstand über den rechten Winkel gemessen wird. Durch die Berechnung der Distanzen mit Hilfe der euklidischen Distanz wird die Interpretation intuitiver und einfacher. Darüber hinaus ist die euklidische Distanz rotationsinvariant, d.h. das Koordinatenkreuz bzw. die Kon-figuration könnte zur besseren Interpretation einfach gedreht werden.

Lösung zur Aufgabe 4.2.10

a) Nach Berechnung der Mittelwerte der Merkmale (vgl. Lösung zur Aufgabe 4.2.8) und Anwendung der in der Aufgabenstellung gegebenen Formel resultiert folgende Korrelationsmatrix R:

$$R = \begin{pmatrix} 1 & 0 & 0 \\ 0 & 1 & -0,5 \\ 0 & -0,5 & 1 \end{pmatrix}$$

Die zur Matrix R zugehörigen Eigenwerte ergeben sich wie folgt:

$$\det(R - \lambda E) = \det \begin{pmatrix} 1-\lambda & 0 & 0 \\ 0 & 1-\lambda & -0,5 \\ 0 & -0,5 & 1-\lambda \end{pmatrix} = (1-\lambda) \cdot \left[(1-\lambda)^2 - (-0,5)^2 \right] = 0 \Rightarrow \lambda_1 = 1,5; \lambda_2 = 1; \left[\lambda_3 = 0,5 \right].$$

Für die beiden größten Eigenwerte resultieren dann folgende Eigenvektoren:

$$\lambda_1 = 1,5: \begin{pmatrix} -0,5 & 0 & 0 \\ 0 & -0,5 & -0,5 \\ 0 & -0,5 & -0,5 \end{pmatrix} \begin{pmatrix} f_{11} \\ f_{21} \\ f_{31} \end{pmatrix} = \begin{pmatrix} 0 \\ 0 \\ 0 \end{pmatrix} \Rightarrow f_{11} = 0, f_{21} = -f_{31} \text{ und mit } f^T f = 1 \text{ folgt } f^1 = \begin{pmatrix} 0 \\ \sqrt{\frac{1}{2}} \\ -\sqrt{\frac{1}{2}} \end{pmatrix}.$$

$$\lambda_2 = 1: \begin{pmatrix} 0 & 0 & 0 \\ 0 & 0 & -0,5 \\ 0 & -0,5 & 0 \end{pmatrix} \begin{pmatrix} f_{12} \\ f_{22} \\ f_{32} \end{pmatrix} = \begin{pmatrix} 0 \\ 0 \\ 0 \end{pmatrix} \Rightarrow f_{12} \text{ beliebig}, f_{22} = f_{32} = 0 \text{ und mit } f^T f = 1 \text{ folgt } f^2 = \begin{pmatrix} 1 \\ 0 \\ 0 \end{pmatrix}.$$

b) Die Hauptkomponentenanalyse basiert hier auf der Korrelationsmatrix anstelle der Kovarianzmatrix. Die in Teil a) berechneten Eigenwerte stellen damit die Varianzen der Faktoren dar, und die Eigenvektoren sind die entsprechenden Ladungsvektoren. Damit ergeben sich die Faktorladungsmatrix sowie die Faktorwertematrix wie folgt:

$$F = \begin{pmatrix} 0 & 1 \\ \sqrt{\frac{1}{2}} & 0 \\ -\sqrt{\frac{1}{2}} & 0 \end{pmatrix}, X = A \cdot F = \begin{pmatrix} 3\sqrt{\frac{1}{2}} & 2 \\ -4\sqrt{\frac{1}{2}} & 1 \\ -\sqrt{\frac{1}{2}} & 0 \\ 2 \cdot \sqrt{\frac{1}{2}} & -1 \\ 0 & -2 \end{pmatrix}.$$

Die Erklärungsanteile der beiden Faktoren sind $\frac{1,5}{3} = 0,5 \mathrel{\widehat{=}} 50\,\%$ und $\frac{1}{3} = 0,33 \mathrel{\widehat{=}} 33\,\%$.

c) Die grafische Darstellung der Faktorwertematrix führt zu folgendem Ergebnis:

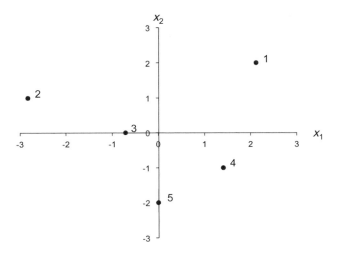

Anhand der Ladungsmatrix ist ersichtlich, dass in den ersten Faktor die Merkmale 2 und 3 eingehen, während der zweite Faktor nur durch das Merkmal 1 geladen wird.

9.3   Identifikationsverfahren

Lösung zur Aufgabe 4.3.1

a) Das passende zweifaktorielle Modell der Varianzanalyse lautet wie folgt:

$$y_{ij} = \mu + \alpha_i + \beta_j + (\alpha\beta)_{ij} + U_{ij} .$$

Dabei bezeichnen

– y_{ij} die Absatzmenge bei Anzeige i und TV-Spot j,
– μ den Grundabsatz,
– α_i den Einfluss der Anzeige i,
– β_j den Einfluss des TV-Spots j,
– $(\alpha\beta)_{ij}$ den Wechselwirkungseffekt zwischen Anzeige i und TV-Spot j und
– U_{ij} den zufälligen Fehler.

b) Die zu überprüfenden Hypothesen lauten:

$$H_0 : \alpha_1 = \alpha_2 = \beta_1 = \beta_2 = (\alpha\beta)_{11} = ... = (\alpha\beta)_{22} = 0,$$
$$H_1 : \text{mind. ein } \alpha_i \vee \beta_j \vee (\alpha\beta)_{ij} \neq 0.$$

Zur Bestimmung der F-Statistik werden die Größen SSA und SSW benötigt. Dazu werden zunächst die Mittelwerte für die Faktorstufenkombinationen, für die einzelnen Faktoren sowie insgesamt berechnet:

	TV-Spot A	TV-Spot B	
Anzeige A	$\bar{y}_{11} = 60$	$\bar{y}_{12} = 40$	$\bar{y}_{1\bullet} = 50$
Anzeige B	$\bar{y}_{21} = 40$	$\bar{y}_{22} = 60$	$\bar{y}_{2\bullet} = 50$
	$\bar{y}_{\bullet 1} = 50$	$\bar{y}_{\bullet 2} = 50$	$\bar{y}_{Ges} = 50$

Der durch das Modell erklärte Varianzanteil SSA ergibt sich dann gemäß der Formel

$$SSA = n^* \cdot \sum_{i=1}^{I} \sum_{j=1}^{J} \left(\bar{y}_{ij} - \bar{y}_{Ges} \right)^2 = 4 \cdot \left[\left(60-50\right)^2 + \left(40-50\right)^2 + \left(40-50\right)^2 + \left(60-50\right)^2 \right] = 1600 .$$

Der nicht durch das Modell erklärte Varianzanteil SSW resultiert demgegenüber gemäß

$$SSW = \sum_{i=1}^{I} \sum_{j=1}^{J} \sum_{k=1}^{n^*} \left(y_{ij,k} - \bar{y}_{ij} \right)^2 = \left(55-60\right)^2 + \left(60-60\right)^2 + \left(65-60\right)^2 + \left(60-60\right)^2 + \left(30-40\right)^2$$
$$+ \left(35-40\right)^2 + \ldots + \left(65-60\right)^2 + \left(70-60\right)^2 = 1800.$$

Damit kann der Testfunktionswert mit $\cdot v_{ANOVA} = \dfrac{SSA}{SSW} \cdot \dfrac{n-I \cdot J}{I \cdot J -1} = \dfrac{1600 \cdot \left(16-2 \cdot 2\right)}{1800 \cdot \left(2 \cdot 2 -1\right)} = 3,56$

berechnet werden. Das 0,95-Quantil der F-Verteilung mit 3 und 12 Freiheitsgraden nimmt laut Tabelle den Wert 3,49 an. Da der Testfunktionswert größer als dieses Quantil ist, kann die Nullhypothese abgelehnt werden. Das Modell ist somit signifikant.

c) Zunächst werden die Einzeleinflüsse der geschalteten Anzeigen auf den Absatz untersucht. Die Hypothesen lauten $H_0: \alpha_1 = \alpha_2 = 0$ und $H_1:$ mindestens ein $\alpha_i \neq 0$. Zur Hypothesenüberprüfung muss die Größe SSA für den ersten Faktor berechnet werden:

$$SSA_{F1} = n^* \cdot J \cdot \sum_{i=1}^{I} \left(\bar{y}_{i\bullet} - \bar{y}_{Ges} \right)^2 = 4 \cdot 2 \cdot \left[\left(50-50\right)^2 + \left(50-50\right)^2 \right] = 0 .$$

Damit ist der entsprechende Testfunktionswert ebenfalls null, so dass die Nullhypothese nicht abgelehnt werden kann.

Zur Untersuchung der Einzeleinflüsse der TV-Spots auf die Absatzmenge wird die Hypothese $H_0: \beta_1 = \beta_2 = 0$ gegen $H_1:$ mindestens ein $\beta_j \neq 0$ getestet. Dazu muss die Größe SSA für den zweiten Faktor berechnet werden:

$$SSA_{F2} = n^* \cdot I \cdot \sum_{j=1}^{J} \left(\bar{y}_{\bullet j} - \bar{y}_{Ges} \right)^2 = 4 \cdot 2 \cdot \left[\left(50-50\right)^2 + \left(50-50\right)^2 \right] = 0 .$$

Der entsprechende Testfunktionswert ist somit ebenfalls null, die Nullhypothese kann folglich nicht abgelehnt werden.

Insgesamt lässt sich also festhalten, dass die Daten nicht ausreichen, um signifikante Einzeleinflüsse der geschalteten Anzeigen und TV-Spots auf die Absatzmenge zu bestätigen.

d) Die Hypothesen lauten $H_0: (\alpha\beta)_{11} = \ldots = (\alpha\beta)_{22} = 0$ und $H_1:$ mindestens ein $(\alpha\beta)_{ij} \neq 0$. Zur Hypothesenüberprüfung muss die Größe SSA für die Wechselwirkung berechnet werden. Da die Größen SSA für den ersten und den zweiten Faktor jeweils null betragen (vgl. Teil b)), muss aufgrund der zugrundeliegenden Varianzzerlegung $SSA_{F1\times F2} = 1600$ sein. Damit kann der Testfunktionswert wie folgt berechnet werden:

$$v_{F1\times F2} = \frac{SSA_{F1\times F2}}{SSW} \cdot \frac{n - I \cdot J}{(I-1)(J-1)} = \frac{1600 \cdot (16 - 2 \cdot 2)}{1800 \cdot (2-1) \cdot (2-1)} = 10{,}67 \ .$$

Das 0,95-Quantil der F-Verteilung mit 1 und 12 Freiheitsgraden ergibt sich mit einem Wert von 4,75. Da der Testfunktionswert größer als das Quantil ist, kann die Nullhypothese abgelehnt werden. Die Wechselwirkungen zwischen geschalteten Anzeigen und TV-Spots haben somit einen signifikanten Einfluss auf die Absatzmenge.

e) Die Kombination von Anzeigen und TV-Spots ist sinnvoll, da die Wechselwirkungen signifikant sind, wenngleich keine signifikanten Einzeleffekte vorliegen. Der Vergleich der Mittelwerte innerhalb der vier Faktorstufenkombinationen zeigt, dass eine Kombination Anzeige/TV-Spot mit jeweils gleicher Werbeaussage (A oder B) besser ist als die Verwendung unterschiedlicher Werbeaussagen in den beiden Medien.

Lösung zur Aufgabe 4.3.2

a) Das Regressionsmodell $Y = \beta_0 + \beta_1 \cdot X_1 + \beta_2 \cdot X_2 + U$ stellt ein geeignetes Modell dar. Die Schätzung der Modellparameter erfolgt gemäß der Formel $\hat{\beta} = (X^T X)^{-1} X^T y$. Für die vorliegenden Daten ergeben sich damit folgende Schätzwerte:

$$\hat{\beta} = \begin{pmatrix} \frac{9}{8} & 0 & -\frac{1}{4} \\ 0 & \frac{1}{4} & -\frac{1}{8} \\ -\frac{1}{4} & -\frac{1}{8} & \frac{1}{8} \end{pmatrix} \cdot \begin{pmatrix} 1 & 1 & 1 & 1 & 1 & 1 & 1 & 1 \\ 1 & 3 & 1 & 1 & 3 & 1 & 3 & 3 \\ 2 & 4 & 4 & 4 & 4 & 2 & 6 & 6 \end{pmatrix} \begin{pmatrix} 3 \\ 8 \\ 4 \\ 6 \\ 6 \\ 5 \\ 7 \\ 9 \end{pmatrix} = \begin{pmatrix} 2 \\ 1 \\ 0{,}5 \end{pmatrix} .$$

Für das abhängige Merkmal Preis resultieren folglich die Schätzwerte

$$\hat{y} = X\hat{\beta} = \begin{pmatrix} 1 & 1 & 2 \\ 1 & 3 & 4 \\ 1 & 1 & 4 \\ 1 & 1 & 4 \\ 1 & 3 & 4 \\ 1 & 1 & 2 \\ 1 & 3 & 6 \\ 1 & 3 & 6 \end{pmatrix} \begin{pmatrix} 2 \\ 1 \\ 0{,}5 \end{pmatrix} = \begin{pmatrix} 4 \\ 7 \\ 5 \\ 5 \\ 7 \\ 4 \\ 8 \\ 8 \end{pmatrix} .$$

b) Die Nullhypothese zur Überprüfung des Modells lautet $H_0 : \beta_1 = \beta_2 = 0$. Da zur Berechnung der entsprechenden F-Statistik das Bestimmtheitsmaß R^2 benötigt wird, kann dieses zunächst auf Basis des gegebenen korrigierten Bestimmtheitsmaßes wie folgt ermittelt werden:

$$\bar{R}^2 = 0,6 = 1 - \frac{(n-1)\cdot SSE}{(n-m-1)\cdot SST} = 1 - \frac{(8-1)\cdot SSE}{(8-2-1)\cdot SST} = 1 - \frac{7}{5}\cdot\frac{SSE}{SST}$$

$$\Rightarrow \frac{SSE}{SST} = (1-0,6)\cdot\frac{5}{7} = 0,29 \Rightarrow R^2 = 1 - \frac{SSE}{SST} = 1 - 0,29 = 0,71$$

Der Testfunktionswert ergibt sich dann mit $F = \frac{R^2}{1-R^2}\cdot\frac{n-m-1}{m} = \frac{0,71}{1-0,71}\cdot\frac{8-2-1}{2} = 6,12$.

Das 0,95-Quantil der F-Verteilung mit 2 und 5 Freiheitsgraden ergibt sich mit einem Wert von 5,79. Da der Testfunktionswert größer als das Quantil ist, wird die Nullhypothese abgelehnt. Das Modell ist somit signifikant.

c) Man spricht in der multiplen Regressionsanalyse von Multikollinearität, wenn eine Abhängigkeit zwischen zwei oder mehreren erklärenden (unabhängigen) Merkmalen besteht. In diesem Fall kann nicht mehr eindeutig bestimmt werden, welcher Anteil der Erklärung des abhängigen Merkmals auf welche untereinander korrelierenden unabhängigen Merkmale zurückzuführen ist. Damit würde dieselbe Information mehrfach in das Regressionsmodell einfließen. Darüber hinaus existiert bei Multikollinearität die Inverse der Designmatrix X nicht mehr, die zur Berechnung der Schätzwerte für die Modellparameter notwendig ist.

Als Beispiel für ein drittes unabhängiges (quantitatives) Merkmal Kakaobutter X_3, das zur Multikollinearität der Merkmale führen würde, kann ein Merkmal genannt werden, das sich über eine Linearkombination der anderen beiden unabhängigen Merkmale ergeben würde. Exemplarisch könnte die Beziehung $X_3 = X_2 - X_1$ betrachtet werden. Der resultierende Merkmalsvektor $x^{3\top} = (\ 1\ \ 1\ \ 3\ \ 3\ \ 1\ \ 1\ \ 3\ \ 3\ )$ würde dann zwangsläufig zu Multikollinearität führen.

Lösung zur Aufgabe 4.3.3

a) Das zur Problemstellung passende Modell ist das zweifaktorielle varianzanalytische Modell, das wie folgt lautet:

$$y_{ij} = \mu + \alpha_i + \beta_j + (\alpha\beta)_{ij} + U_{ij}.$$

Dabei bezeichnen
- Y_{ij} den Tagesumsatz bei Bannerart i und Platzierungsort j,
- μ den Grundumsatz,
- α_i den Einfluss der Bannerart i,
- β_j den Einfluss des Platzierungsorts j,
- $(\alpha\beta)_{ij}$ die Wechselwirkung zwischen Bannerart i und Platzierungsort j und
- U_{ij} den Zufallsfehler.

b) Die gemäß der Aufgabenstellung zu testenden Hypothesen lauten:

$$H_0: \alpha_1 = \alpha_2 = \beta_1 = \beta_2 = (\alpha\beta)_{11} = ... = (\alpha\beta)_{22} = 0, \quad H_1: \text{mind. ein } \alpha_i \vee \beta_j \vee (\alpha\beta)_{ij} \neq 0.$$

Zur Bestimmung der F-Statistik werden die Größen SSA und SSW benötigt. Dazu werden zunächst die Mittelwerte für die Faktorstufenkombinationen, die einzelnen Faktoren sowie insgesamt berechnet:

	Platzierungsort 1	Platzierungsort 2	
Bannerart A	$\bar{y}_{11} = 30$	$\bar{y}_{12} = 42$	$\bar{y}_{1\bullet} = 36$
Bannerart B	$\bar{y}_{21} = 18$	$\bar{y}_{22} = 60$	$\bar{y}_{2\bullet} = 39$
	$\bar{y}_{\bullet 1} = 24$	$\bar{y}_{\bullet 2} = 51$	$\bar{y}_{Ges} = 37,5$

Der durch das Modell erklärte Varianzanteil SSA ergibt sich dann gemäß der Formel

$$SSA = n^* \cdot \sum_{i=1}^{I} \sum_{j=1}^{J} \left(\bar{y}_{ij} - \bar{y}_{Ges} \right)^2 = 5 \cdot \left((30 - 37,5)^2 + (42 - 37,5)^2 + (18 - 37,5)^2 + (60 - 37,5)^2 \right) = 4815 \,.$$

Der nicht durch das Modell erklärte Varianzanteil SSW resultiert demgegenüber gemäß

$$SSW = \sum_{i=1}^{I} \sum_{j=1}^{J} \sum_{k=1}^{n^*} \left(y_{ij,k} - \bar{y}_{ij} \right)^2 = \left(50 - 30 \right)^2 + \left(20 - 30 \right)^2 + \left(35 - 30 \right)^2 + \left(35 - 30 \right)^2 + \left(10 - 30 \right)^2$$
$$+ \left(30 - 42 \right)^2 + \ldots\ldots + \left(55 - 60 \right)^2 + \left(50 - 60 \right)^2 = 1760.$$

Damit kann der Testfunktionswert mit $v_{ANOVA} = \dfrac{SSA}{SSW} \cdot \dfrac{n - I \cdot J}{I \cdot J - 1} = \dfrac{4815}{1760} \cdot \dfrac{20 - 4}{4 - 1} = 14,59$ berechnet werden. Das 0,95-Quantil der F-Verteilung mit 3 und 16 Freiheitsgraden nimmt laut Tabelle den Wert 3,24 an. Als Verwerfungsbereich ergibt sich damit das Intervall (3,24; ∞). Da der Testfunktionswert im Verwerfungsbereich liegt, kann die Nullhypothese abgelehnt werden. Das Modell ist somit signifikant. Dies bedeutet, dass die Bannerart und der Platzierungsort oder beides in Kombination einen Einfluss auf den Tagesabsatz haben.

c) Zunächst werden die Einzeleinflüsse betrachtet. Für die Bannerart lauten die Hypothesen $H_0 : \alpha_1 = \alpha_2 = 0$ und $H_1 :$ mindestens ein $\alpha_i \neq 0$. Zur Hypothesenüberprüfung muss die Größe SSA für den ersten Faktor berechnet werden:

$$SSA_{F1} = n^* \cdot J \cdot \sum_{i=1}^{I} \left(\bar{y}_{i\bullet} - \bar{y}_{Ges} \right)^2 = 5 \cdot 2 \cdot \left[\left(36 - 37,5 \right)^2 + \left(39 - 37,5 \right)^2 \right] = 45 \,.$$

Der entsprechende Testfunktionswert ergibt sich dann wie folgt:

$$v_{F1} = \frac{SSA_{F1}}{SSW} \cdot \frac{n - I \cdot J}{I - 1} = \frac{45 \cdot \left(20 - 2 \cdot 2 \right)}{1760 \cdot \left(2 - 1 \right)} = 0,41 \,.$$

Das 0,95-Quantil der F-Verteilung mit 1 und 16 Freiheitsgraden ergibt sich mit einem Wert von 4,49. Da der Testfunktionswert kleiner als dieses Quantil ist, kann die Nullhypothese nicht abgelehnt werden.

Zur Untersuchung des Einflusses des Platzierungsorts auf den Tagesumsatz wird die Hypothese $H_0 : \beta_1 = \beta_2 = 0$ gegen $H_1 :$ mindestens ein $\beta_j \neq 0$ getestet. Dazu muss die Größe SSA für den zweiten Faktor berechnet werden:

$$\text{SSA}_{F2} = n^* \cdot I \cdot \sum_{j=1}^{J} \left(\bar{y}_{\bullet j} - \bar{y}_{Ges} \right)^2 = 5 \cdot 2 \cdot \left[\left(24 - 37,5 \right)^2 + \left(51 - 37,5 \right)^2 \right] = 3645 \,.$$

Der zugehörige Testfunktionswert resultiert dann gemäß

$$v_{F2} = \frac{\text{SSA}_{F2}}{\text{SSW}} \cdot \frac{n - I \cdot J}{J - 1} = \frac{3645 \cdot \left(20 - 2 \cdot 2 \right)}{1760 \cdot \left(2 - 1 \right)} = 33,14 \,.$$

Das 0,95-Quantil der F-Verteilung mit 1 und 16 Freiheitsgraden ist bereits mit einem Wert von 4,49 bekannt. Da der Testfunktionswert größer als dieses Quantil ist, kann die Nullhypothese abgelehnt werden. Der Platzierungsort hat also einen signifikanten Einfluss auf den Tagesumsatz.

Mit den Hypothesen $H_0 : (\alpha\beta)_{11} = \ldots = (\alpha\beta)_{22} = 0$ und $H_1 :$ mindestens ein $(\alpha\beta)_{ij} \neq 0$ werden schließlich noch die Wechselwirkungseffekte betrachtet. Zur Hypothesenüberprüfung muss die Größe SSA für die Wechselwirkung berechnet werden. Da die Größen SSA insgesamt sowie SSA für den ersten und den zweiten Faktor bereits bekannt sind, resultiert aufgrund der bekannten Varianzzerlegung $\text{SSA}_{F1 \times F2} = 4815 - 45 - 3645 = 1125$. Damit kann der Testfunktionswert wie folgt berechnet werden:

$$v_{F1 \times F2} = \frac{\text{SSA}_{F1 \times F2}}{\text{SSW}} \cdot \frac{n - I \cdot J}{(I - 1)(J - 1)} = \frac{1125 \cdot \left(20 - 2 \cdot 2 \right)}{1760 \cdot \left(2 - 1 \right) \cdot \left(2 - 1 \right)} = 10,23 \,.$$

Da der Testfunktionswert größer als das bereits bekannte 0,95-Quantil der F-Verteilung mit 1 und 16 Freiheitsgraden ist, kann die Nullhypothese abgelehnt werden. Die Wechselwirkungen zwischen Bannerart und Platzierungsort haben somit einen signifikanten Einfluss auf den Tagesumsatz.

d) Ein Vergleich der Mittelwerte zeigt, dass die Bannerart B in Kombination mit dem Platzierungsort 2 einen größeren Tagesumsatz liefert als alle anderen Kombinationen.

Lösung zur Aufgabe 4.3.4

a) Das Regressionsmodell $Y = \beta_0 + \beta_1 \cdot X_1 + \beta_2 \cdot X_2 + U$ stellt ein geeignetes Modell dar. Die Schätzung der Modellparameter erfolgt gemäß der Formel $\hat{\beta} = \left(X^T X \right)^{-1} X^T y$. Für die vorliegenden Daten ergeben sich damit folgende Schätzwerte:

$$\hat{\beta} = \left[\begin{pmatrix} 1 & 1 & 1 & 1 & 1 & 1 & 1 & 1 \\ 1 & 0 & 0 & -2 & 0 & -3 & 4 & 0 \\ 0 & 2 & 1 & 0 & -2 & 0 & 0 & -1 \end{pmatrix} \cdot \begin{pmatrix} 1 & 1 & 0 \\ 1 & 0 & 2 \\ 1 & 0 & 1 \\ 1 & -2 & 0 \\ 1 & 0 & -2 \\ 1 & -3 & 0 \\ 1 & 4 & 0 \\ 1 & 0 & -1 \end{pmatrix} \right]^{-1} \cdot \begin{pmatrix} 1 & 1 & 1 & 1 & 1 & 1 & 1 & 1 \\ 1 & 0 & 0 & -2 & 0 & -3 & 4 & 0 \\ 0 & 2 & 1 & 0 & -2 & 0 & 0 & -1 \end{pmatrix} \cdot \begin{pmatrix} 11 \\ 14 \\ 12 \\ 10 \\ 6 \\ 1 \\ 18 \\ 8 \end{pmatrix} =$$

$$= \begin{pmatrix} 8 & 0 & 0 \\ 0 & 30 & 0 \\ 0 & 0 & 10 \end{pmatrix}^{-1} \cdot \begin{pmatrix} 80 \\ 60 \\ 20 \end{pmatrix} = \begin{pmatrix} \frac{1}{8} & 0 & 0 \\ 0 & \frac{1}{30} & 0 \\ 0 & 0 & \frac{1}{10} \end{pmatrix} \cdot \begin{pmatrix} 80 \\ 60 \\ 20 \end{pmatrix} = \begin{pmatrix} 10 \\ 2 \\ 2 \end{pmatrix}.$$

Für das abhängige Merkmal resultieren folglich die Schätzwerte

$\hat{y}_1 = 10 + 2 \cdot 1 + 2 \cdot 0 = 12$; $\hat{y}_2 = 14$; $\hat{y}_3 = 12$; $\hat{y}_4 = 6$; $\hat{y}_5 = 6$; $\hat{y}_6 = 4$; $\hat{y}_7 = 18$; $\hat{y}_8 = 8$.

b) Zur Berechnung des Bestimmtheitsmaßes werden die Größen SST und SSR oder SSE benötigt. Neben SST wird hier exemplarisch die Größe SSE bestimmt:

$$\text{SSE} = \sum_{i=1}^{n} \left(y_i - \hat{y}_i\right)^2 = \left(11 - 12\right)^2 + \left(14 - 14\right)^2 + \dots + \left(8 - 8\right)^2 = 26$$

$$\text{SST} = \sum_{i=1}^{n} \left(y_i - \overline{y}\right)^2 = \left(11 - 10\right)^2 + \left(14 - 10\right)^2 + \dots + \left(8 - 10\right)^2 = 186$$

Das Bestimmtheitsmaß resultiert dann gemäß $R^2 = 1 - \frac{26}{186} = 0{,}86$. Das betrachtete Modell weist folglich einen hohen Erklärungsanteil auf.

Lösung zur Aufgabe 4.3.5

a) Ein geeignetes Modell stellt das zweifaktorielle varianzanalytische Modell dar, das wie folgt lautet:

$$y_{ij} = \mu + \alpha_i + \beta_j + \left(\alpha\beta\right)_{ij} + U_{ij} .$$

Dabei bezeichnen

– y_{ij} die Absatzmenge bei Werbeart i im Absatzgebiet j,
– μ den Grundabsatz,
– α_i den Einfluss der Werbeart i,
– β_j den Einfluss des Absatzgebiets j,
– $(\alpha\beta)_{ij}$ den Wechselwirkungseffekt zwischen Werbeart i und Absatzgebiet j sowie
– U_{ij} den zufälligen Fehler.

Die Schätzung der Modellparameter führt auf Basis der gegebenen Daten zu folgenden Ergebnissen:

$$\hat{\mu} = \overline{y}_{Ges} = \frac{1}{n} \sum_{i=1}^{I} \sum_{j=1}^{J} \sum_{k=1}^{n^*} y_{ij,k} = \frac{1}{12}\left(4 + 8 + \dots + 30\right) = 17{,}5 ,$$

$$\hat{\alpha}_i = \overline{y}_{i\bullet} - \overline{y}_{Ges} = \frac{1}{J \cdot n^*} \cdot \sum_{j=1}^{J} \sum_{k=1}^{n^*} y_{ij,k} - \overline{y}_{Ges} \Rightarrow \hat{\alpha}_1 = \tfrac{1}{2 \cdot 2}(4 + 8 + 10 + 12) - 17{,}5 = -9, \hat{\alpha}_2 = -0{,}5, \hat{\alpha}_3 = 9{,}5,$$

$$\hat{\beta}_j = \overline{y}_{\bullet j} - \overline{y}_{Ges} = \frac{1}{I \cdot n^*} \cdot \sum_{i=1}^{I} \sum_{k=1}^{n^*} y_{ij,k} - \overline{y}_{Ges} \Rightarrow \hat{\beta}_1 = \tfrac{1}{3 \cdot 2}(4 + 8 + 16 + 18 + 24 + 26) - 17{,}5 = -1{,}5, \hat{\beta}_2 = 1{,}5,$$

$$\widehat{(\alpha\beta)}_{ij} = \overline{y}_{ij} - \overline{y}_{i\bullet} - \overline{y}_{\bullet j} + \overline{y}_{Ges} \Rightarrow \widehat{(\alpha\beta)}_{11} = \tfrac{1}{2}(4 + 8) - 8{,}5 - 16 + 17.5 = -1, \widehat{(\alpha\beta)}_{12} = 1, \widehat{(\alpha\beta)}_{21} = 1{,}5,$$

$$\widehat{(\alpha\beta)}_{22} = -1{,}5, \widehat{(\alpha\beta)}_{31} = -0{,}5, \widehat{(\alpha\beta)}_{32} = 0{,}5.$$

b) Die zu überprüfenden Hypothesen lauten:

$$H_0: \alpha_1 = \alpha_2 = \alpha_3 = \beta_1 = \beta_2 = (\alpha\beta)_{11} = ... = (\alpha\beta)_{32} = 0,$$
$$H_1: \text{mind. ein } \alpha_i \vee \beta_j \vee (\alpha\beta)_{ij} \neq 0.$$

Die für die Größen SSA und SSW benötigten Mittelwerte können den Zwischenergebnissen aus den Berechnungen der Parameterschätzungen des Teils a) entnommen werden. Der durch das Modell erklärte Varianzanteil SSA ergibt sich gemäß der Formel

$$SSA = n^* \cdot \sum_{i=1}^{I} \sum_{j=1}^{J} (\bar{y}_{ij} - \bar{y}_{Ges})^2 = 2 \cdot [(6-17,5)^2 + (11-17,5)^2 + ... + (29-17,5)^2] = 727.$$

Der nicht durch das Modell erklärte Varianzanteil SSW resultiert demgegenüber gemäß

$$SSW = \sum_{i=1}^{I} \sum_{j=1}^{J} \sum_{k=1}^{n^*} (y_{ij,k} - \bar{y}_{ij})^2 = (4-6)^2 + (8-6)^2 + (10-11)^2 + ... + (30-29)^2 = 34.$$

Damit kann der Testfunktionswert mit $v_{ANOVA} = \dfrac{SSA}{SSW} \cdot \dfrac{n - I \cdot J}{I \cdot J - 1} = \dfrac{727 \cdot (12 - 3 \cdot 2)}{34 \cdot (3 \cdot 2 - 1)} = 25,66$ berechnet werden. Das 0,95-Quantil der F-Verteilung mit 5 und 6 Freiheitsgraden nimmt den Wert 4,39 an. Da der Testfunktionswert größer als das Quantil ist, kann die Nullhypothese abgelehnt werden. Das Modell ist somit signifikant.

Lösung Aufgabe 4.3.6

a) Zur Bestimmung der Größe SSA für die Wechselwirkung der beiden Faktoren werden zunächst die Mittelwerte für die Faktorstufenkombinationen, für die einzelnen Faktoren sowie insgesamt berechnet:

	Gehalt Frauen	Gehalt Männer	
Consulting	$\bar{y}_{11} = 55$	$\bar{y}_{12} = 59$	$\bar{y}_{1\bullet} = 57$
IT	$\bar{y}_{21} = 60$	$\bar{y}_{22} = 70$	$\bar{y}_{2\bullet} = 65$
Medizin	$\bar{y}_{31} = 41$	$\bar{y}_{32} = 51$	$\bar{y}_{3\bullet} = 46$
	$\bar{y}_{\bullet 1} = 52$	$\bar{y}_{\bullet 2} = 60$	$\bar{y}_{Ges} = 56$

Die Abweichungsquadratsumme SSA für die Wechselwirkung ergibt sich dann gemäß

$$SSA_{F1 \times F2} = n^* \cdot \sum_{i=1}^{I} \sum_{j=1}^{J} (\bar{y}_{ij} - \bar{y}_{i\bullet} - \bar{y}_{\bullet j} + \bar{y}_{Ges})^2 = 5 \cdot ((55 - 57 - 52 + 56)^2 + ... + (51 - 46 - 60 + 56)^2) = 60.$$

b) Zunächst müssen die Größen SSA für den ersten und zweiten Faktor berechnet werden:

$$SSA_{F1} = n^* \cdot J \cdot \sum_{i=1}^{I} (\bar{y}_{i\bullet} - \bar{y}_{Ges})^2 = 5 \cdot 2 \cdot [(57 - 56)^2 + (65 - 56)^2 + (46 - 56)^2] = 1820,$$

$$SSA_{F2} = n^* \cdot I \cdot \sum_{j=1}^{J} (\bar{y}_{\bullet j} - \bar{y}_{Ges})^2 = 5 \cdot 3 \cdot [(52 - 56)^2 + (60 - 56)^2] = 480.$$

Da die Gesamtvarianz mit einem Wert von SST = 4500 bekannt ist, kann die Größe SSW über die Varianzsummenzerlegung mit SSW = 4500 − 60 − 1820 − 480 = 2140 berechnet werden. Der Testfunktionswert zur Untersuchung des Einflusses der Branche auf das Jahresgehalt ergibt sich dann wie folgt:

$$v_{F1} = \frac{SSA_{F1}}{SSW} \cdot \frac{n - I \cdot J}{I - 1} = \frac{1820 \cdot (30 - 3 \cdot 2)}{2140 \cdot (3 - 1)} = 10,21 \,.$$

Das 0,95-Quantil der F-Verteilung mit 2 und 24 Freiheitsgraden ergibt sich mit einem Wert von 3,42. Da der Testfunktionswert größer als dieses Quantil ist, zeigt sich ein signifikanter Einfluss der Branche auf das Jahresgehalt.

Analog resultiert der Testfunktionswert zur Untersuchung signifikanter Unterschiede zwischen den Geschlechtern im Hinblick auf das Jahresgehalt gemäß

$$v_{F2} = \frac{SSA_{F2}}{SSW} \cdot \frac{n - I \cdot J}{J - 1} = \frac{480 \cdot (30 - 3 \cdot 2)}{2140 \cdot (2 - 1)} = 5,38 \,.$$

Das 0,95-Quantil der F-Verteilung mit 1 und 24 Freiheitsgraden kann mit einem Wert von 4,26 ermittelt werden. Da der Testfunktionswert wiederum größer als dieses Quantil ist, kann ein signifikanter Unterschied zwischen den Geschlechtern bestätigt werden.

c) Annähernd gleiche Werte für die Jahresgehälter in den einzelnen Zellen führen dazu, dass die Varianz innerhalb der Zellen kleiner wird. Daraus folgt, dass die Größe SSW kleiner wird und somit die Testgrößen v_{F1} und v_{F2} größer werden. Da die Testgrößen in Teil b) allerdings bereits größer als die entsprechenden Quantile waren und damit signifikante Einflüsse der beiden Faktoren bestätigt werden konnten, hätte dies hier keine Auswirkungen auf die Testergebnisse gehabt.

Lösung zur Aufgabe 4.3.7

a) Zur Bestimmung der Größe SSA für die Wechselwirkung der beiden Faktoren werden zunächst die Mittelwerte für die Faktorstufenkombinationen, für die einzelnen Faktoren sowie insgesamt berechnet:

	hohe Dosis	mittlere Dosis	geringe Dosis	
Männer	$\bar{y}_{11} = 22,4$	$\bar{y}_{12} = 15,6$	$\bar{y}_{13} = 12,4$	$\bar{y}_{1\bullet} = 16,8$
Frauen	$\bar{y}_{21} = 18,8$	$\bar{y}_{22} = 17,6$	$\bar{y}_{23} = 14,6$	$\bar{y}_{2\bullet} = 17,0$
	$\bar{y}_{\bullet 1} = 20,6$	$\bar{y}_{\bullet 2} = 16,6$	$\bar{y}_{\bullet 3} = 13,5$	$\bar{y}_{Ges} = 16,9$

Die in der Aufgabenstellung mit einem Fragezeichen gekennzeichneten Werte können mit $\bar{y}_{13} = 13,5 \cdot 2 - 14,6 = 12,4$ und $\bar{y}_{22} = 17,0 \cdot 3 - (18,8 + 14,6) = 17,6$ berechnet werden.

Die Abweichungsquadratsumme SSA für die Wechselwirkung ergibt sich dann gemäß

$$SSA_{F1 \times F2} = n^* \cdot \sum_{i=1}^{I} \sum_{j=1}^{J} \left(\bar{y}_{ij} - \bar{y}_{i\bullet} - \bar{y}_{\bullet j} + \bar{y}_{Ges} \right)^2 = 5 \cdot ((22,4 - 16,8 - 20,6 + 16,9)^2 + \ldots$$
$$+ (14,6 - 17,0 - 13,5 + 16,9)^2) = 54,2 \,.$$

b) Zunächst müssen die Größen SSA für den ersten und zweiten Faktor berechnet werden:

$$SSA_{F1} = n^* \cdot J \cdot \sum_{i=1}^{I}\left(\overline{y}_{i\bullet} - \overline{y}_{Ges}\right)^2 = 5 \cdot 3 \cdot \left[\left(16,8 - 16,9\right)^2 + \left(17,0 - 16,9\right)^2\right] = 0,3 \ ,$$

$$SSA_{F2} = n^* \cdot I \cdot \sum_{j=1}^{J}\left(\overline{y}_{\bullet j} - \overline{y}_{Ges}\right)^2 = 5 \cdot 2 \cdot \left[\left(20,6 - 16,9\right)^2 + \left(16,6 - 16,9\right)^2 + \left(13,5 - 16,9\right)^2\right] = 253,4 \ .$$

Da die Gesamtvarianz mit einem Wert von SST = 348,7 bekannt ist, kann die Größe SSW über die Varianzsummenzerlegung mit SSW = 348,7 − 54,2 − 0,3 − 253,4 = 40,8 berechnet werden. Der Testfunktionswert zur Untersuchung des Einflusses des Geschlechts auf die Punktezahl ergibt sich dann wie folgt:

$$v_{F1} = \frac{SSA_{F1}}{SSW} \cdot \frac{n - I \cdot J}{I - 1} = \frac{0,3 \cdot \left(30 - 2 \cdot 3\right)}{40,8 \cdot \left(2 - 1\right)} = 0,18 \ .$$

Das 0,99-Quantil der F-Verteilung mit 1 und 24 Freiheitsgraden ergibt sich mit einem Wert von 7,88. Der Testfunktionswert ist kleiner als dieses Quantil. Somit kann ein signifikanter Einfluss des Geschlechts auf die Punktzahl nicht bestätigt werden.

Der Testfunktionswert zur Untersuchung des Einflusses der Koffeindosis auf die Punktezahl resultiert gemäß

$$v_{F2} = \frac{SSA_{F2}}{SSW} \cdot \frac{n - I \cdot J}{J - 1} = \frac{253,4 \cdot \left(30 - 2 \cdot 3\right)}{40,8 \cdot \left(3 - 1\right)} = 74,53 \ .$$

Für das 0,99-Quantil der F-Verteilung mit 2 und 24 Freiheitsgraden kann ein Wert von 5,67 ermittelt werden. Somit ist der Testfunktionswert größer als dieses Quantil und es liegt ein signifikanter Einfluss der Koffeindosis auf die Punktezahl vor.

c) Zur Untersuchung der Wechselwirkungen zwischen Geschlecht und Koffeindosis kann der Testfunktionswert wie folgt berechnet werden:

$$v_{F1 \times F2} = \frac{SSA_{F1 \times F2}}{SSW} \cdot \frac{n - I \cdot J}{\left(I - 1\right)\left(J - 1\right)} = \frac{54,2 \cdot \left(30 - 2 \cdot 3\right)}{40,8 \cdot \left(2 - 1\right) \cdot \left(3 - 1\right)} = 15,94 \ .$$

Das 0,99-Quantil der F-Verteilung mit 2 und 24 Freiheitsgraden ergibt sich wiederum mit einem Wert von 5,67. Da der Testfunktionswert größer als das Quantil ist, kann eine signifikante Wechselwirkung zwischen Geschlecht und Koffeindosis bestätigt werden.

Lösung zur Aufgabe 4.3.8

a) Mit Y als Lieferzuverlässigkeit, X_1 als Bestellmenge und X_2 als Lieferfrist kann das folgende Modell der Diskriminanzanalyse formuliert werden:

$$Y \cong g_1 X_1 + g_2 X_2 \ .$$

Zu Schätzung der Modellparameter müssen zunächst die für die beiden Klassen der zuverlässigen (K_1) und nicht zuverlässigen Lieferungen (K_2) resultierenden Klassenmittelwerte sowie die jeweiligen Globalmittelwerte der unabhängigen Merkmale berechnet werden:

	K_1	K_2	Global
Bestellmenge	$\bar{x}_{11} = 60$	$\bar{x}_{21} = 80$	$\bar{x}_{\bullet 1} = 70$
Lieferfrist	$\bar{x}_{12} = 8$	$\bar{x}_{22} = 4$	$\bar{x}_{\bullet 2} = 6$

Anschließend werden die Innergruppen-Kovarianzmatrizen für die beiden Klassen mit

$$V_1 = \begin{pmatrix} 0 & 0 \\ 0 & 4 \end{pmatrix} \text{ und } V_2 = \begin{pmatrix} 1600 & 80 \\ 80 & 4 \end{pmatrix} \text{ bestimmt. Die Gesamt-Innergruppen-Kovarianz-}$$

matrix ergibt sich dann gemäß $V = \dfrac{1}{4}\left[2 \cdot \begin{pmatrix} 0 & 0 \\ 0 & 4 \end{pmatrix} + 2 \cdot \begin{pmatrix} 1600 & 80 \\ 80 & 4 \end{pmatrix} \right] = \begin{pmatrix} 800 & 40 \\ 40 & 4 \end{pmatrix}$. Des

Weiteren resultiert die Zwischengruppen-Kovarianzmatrix mit $Z = \begin{pmatrix} 100 & -20 \\ -20 & 4 \end{pmatrix}$. Da-

mit ergibt sich $V^{-1} \cdot Z = \dfrac{1}{800 \cdot 4 - 40^2} \begin{pmatrix} 4 & -40 \\ -40 & 800 \end{pmatrix} \cdot \begin{pmatrix} 100 & -20 \\ -20 & 4 \end{pmatrix} = \begin{pmatrix} 0{,}75 & -0{,}15 \\ -12{,}5 & 2{,}5 \end{pmatrix}$.

Zur Lösung des zugehörigen Eigenwertproblems können nun zunächst die Eigenwerte bestimmt werden. Diese ergeben mit

$$\det \begin{pmatrix} 0{,}75 - \lambda & -0{,}15 \\ -12{,}5 & 2{,}5 - \lambda \end{pmatrix} = 0 \Rightarrow (0{,}75 - \lambda)(2{,}5 - \lambda) - (-0{,}15)(-12{,}5) = 0 \Rightarrow \lambda_1 = 3{,}25, \ \lambda_2 = 0.$$

Für den positiven Eigenwert ist anschließend noch der zugehörige Eigenvektor zu berechnen. Für $\lambda_1 = 3{,}25$ resultiert das dabei Gleichungssystem

$$\begin{pmatrix} 0{,}75 - 3{,}25 & -0{,}15 \\ -12{,}5 & 2{,}5 - 3{,}25 \end{pmatrix} \cdot \begin{pmatrix} g_1 \\ g_2 \end{pmatrix} = \begin{pmatrix} 0 \\ 0 \end{pmatrix} \text{ mit der Lösung } g_2 = -16\tfrac{2}{3} g_1.$$

Damit stellt beispielsweise $g_1 = 1$ und $g_2 = -16\tfrac{2}{3}$ eine Lösung dar und die zugehörige Diskriminanzfunktion lautet dann $y = x_1 - 16\tfrac{2}{3} x_2$.

b) Als deskriptives Maß zur Beurteilung der Diskriminanzfunktion kann die Trefferquote berechnet werden. Dazu werden zunächst die Klassenmittelwerte und der Globalmittelwert bezüglich der Diskriminanzfunktion wie folgt berechnet:

$$y_{K_1} = 60 - 16\tfrac{2}{3} \cdot 8 = -73\tfrac{1}{3}, \ y_{K_2} = 80 - 16\tfrac{2}{3} \cdot 4 = 13\tfrac{1}{3}, \ y_{\text{Global}} = 70 - 16\tfrac{2}{3} \cdot 6 = -30.$$

Bei einem Diskriminanzwert kleiner als -30 erfolgt also eine Zuordnung zur Klasse 1 (zuverlässige Lieferung), andernfalls zur Klasse 2 (nicht zuverlässige Lieferung). Für die vorliegenden vier Bestellungen resultieren damit folgende Diskriminanzwerte und entsprechende Zuordnungen:

$$y_1 = 60 - 16\tfrac{2}{3} \cdot 10 = -106\tfrac{2}{3} \text{ (ja)}, \ y_2 = -40 \text{ (ja)}, \ y_3 = 20 \text{ (nein)}, \ y_4 = 6\tfrac{2}{3} \text{ (nein)}.$$

Damit werden alle Bestellungen richtig zugeordnet, die Trefferquote ist somit 100 %.

c) Die Höchstmenge ergibt sich auf Basis der Diskriminanzfunktion in Verbindung mit der Zuordnungsvorschrift und damit der Ungleichung $x_1 - 16\frac{2}{3} \cdot 4 < -30$. Diese Ungleichung liefert die Lösung $x_1 < 36\frac{2}{3}$. Die Höchstmenge beträgt also ganzzahlig gerundet 36 Stück.

Lösung zur Aufgabe 4.3.9

a) Die mittlere quadratische Abweichung (MS für mean square) ergibt sich über die Summe der quadratischen Abweichungen (SS für sum of squares) und die Anzahl der Freiheitsgrade (DF für degrees of freedom) wie folgt:

$$MS = \frac{SS}{DF} . \text{ Daraus folgt unmittelbar } DF = \frac{SS}{MS} .$$

Mit dieser Beziehung können nun einige Werte der Tabelle berechnet werden:

$$DF_{\text{Reststreuung}} = \frac{SSW}{MSW} = \frac{84,8}{2,65} = 32, DF_{\text{FaktorB}} = \frac{SSA_{\text{FaktorB}}}{MSW_{\text{FaktorB}}} = \frac{8,1}{8,1} = 1.$$

Auf Basis der zwei Beziehungen $DF_{\text{FaktorA}} + DF_{\text{FaktorB}} + DF_{\text{Wechselwirkung}} + DF_{\text{Reststreuung}} = DF_{\text{Summe}}$ und $DF_{\text{FaktorA}} \cdot DF_{\text{FaktorB}} = DF_{\text{Wechselwirkung}}$ können dann noch die restlichen fehlenden Freiheitsgrade berechnet werden:

$$\left. \begin{array}{l} DF_{\text{FaktorA}} + DF_{\text{Wechselwirkung}} = 39 - 1 - 32 = 6 \\ DF_{\text{FaktorA}} \cdot 1 = DF_{\text{Wechselwirkung}} \end{array} \right\} \Rightarrow DF_{\text{FaktorA}} = DF_{\text{Wechselwirkung}} = 3$$

Jetzt kann auf Basis der Formel der Teststatistik für den Faktor A eine weitere Größe bestimmt werden:

$$v_{\text{FaktorA}} = \frac{SSA_{\text{FaktorA}}}{SSW} \cdot \frac{DF_{\text{Reststreuung}}}{DF_{\text{FaktorA}}} \Rightarrow SSA_{\text{FaktorA}} = \frac{6,42 \cdot 84,8 \cdot 3}{32} = 51,04 .$$

Damit sind nun folgende Größen berechenbar:

$$MSA_{\text{FaktorA}} = \frac{51,04}{3} = 17,01, \quad SSA_{\text{Wechselwirkung}} = 150,4 - 51,04 - 8,1 - 84,8 = 6,46.$$

Schließlich können noch die restlichen Werte ermittelt werden:

$$MSA_{\text{Wechselwirkung}} = \frac{6,46}{3} = 2,15, \quad v_{\text{FaktorB}} = \frac{8,1}{2,65} = 3,06, \quad v_{\text{Wechselwirkung}} = \frac{2,15}{2,65} = 0,81.$$

b) Der in der Aufgabenstellung bereits gegeben Wert von 6,42 für die Teststatistik des Faktors A ist größer als das 0,95-Quantil der F-Verteilung mit 3 und 32 Freiheitsgraden, das den Wert 2,9 annimmt. Folglich ist der Einfluss des Faktors A signifikant.

Die in Teil a) bereits berechnete Teststatistik für die Wechselwirkung nimmt den Wert 0,81 an. Da das 0,95-Quantil der F-Verteilung mit 3 und 32 Freiheitsgraden mit dem Wert 2,9 größer als der Testfunktionswert ist, kann eine signifikante Wechselwirkung nicht bestätigt werden.

Lösung zur Aufgabe 4.3.10

a) Mit Y als Rating-Urteil, X_1 als Unternehmensscore und X_2 als Branchenscore kann das folgende Modell der Diskriminanzanalyse formuliert werden:

$$Y \cong g_1 X_1 + g_2 X_2 \,.$$

Zu Schätzung der Modellparameter müssen zunächst die Klassenmittelwerte für die Unternehmen mit Rating-Urteil A (Klasse K_1) die Unternehmen mit Rating-Urteil B (Klasse K_2) sowie die jeweiligen Globalmittelwerte bezüglich der unabhängigen Merkmale berechnet werden:

	K_1	K_2	Global
Unternehmensscore	$\bar{x}_{11} = 80$	$\bar{x}_{21} = 55$	$\bar{x}_{\bullet 1} = 70$
Branchenscore	$\bar{x}_{12} = 56,\bar{6}$	$\bar{x}_{22} = 40$	$\bar{x}_{\bullet 2} = 50$

Anschließend werden die Innergruppen-Kovarianzmatrizen für die beiden Klassen mit

$$V_1 = \begin{pmatrix} \frac{200}{3} & -\frac{500}{3} \\ -\frac{500}{3} & \frac{5000}{9} \end{pmatrix} \text{ und } V_2 = \begin{pmatrix} 225 & 0 \\ 0 & 0 \end{pmatrix} \text{ bestimmt. Die Gesamt-Innergruppen-Kova-}$$

rianzmatrix ergibt sich mit $V = \dfrac{1}{5} \left[3 \cdot \begin{pmatrix} \frac{200}{3} & -\frac{500}{3} \\ -\frac{500}{3} & \frac{5000}{9} \end{pmatrix} + 2 \cdot \begin{pmatrix} 225 & 0 \\ 0 & 0 \end{pmatrix} \right] = \begin{pmatrix} 130 & -100 \\ -100 & \frac{1000}{3} \end{pmatrix}.$

Des Weiteren resultiert die Zwischengruppen-Kovarianzmatrix mit $Z = \begin{pmatrix} 150 & 100 \\ 100 & \frac{200}{3} \end{pmatrix}.$

Damit ergibt sich $V^{-1} \cdot Z = \dfrac{1}{\frac{130 \cdot 1000}{3} - 100^2} \cdot \begin{pmatrix} \frac{1000}{3} & 100 \\ 100 & 130 \end{pmatrix} \begin{pmatrix} 150 & 100 \\ 100 & \frac{200}{3} \end{pmatrix} = \begin{pmatrix} 1,8 & 1,2 \\ 0,84 & 0,56 \end{pmatrix}.$

Die Eigenwerte dieser Matrix berechnet man dann gemäß

$$\det \begin{pmatrix} 1,8-\lambda & 1,2 \\ 0,84 & 0,56-\lambda \end{pmatrix} = (1,8-\lambda)(0,56-\lambda) - 1,008 = 0 \Leftrightarrow \lambda^2 - 2,36\lambda = 0 \Rightarrow \lambda_1 = 2,36, \lambda_2 = 0.$$

Für den positiven Eigenwert ist anschließend noch der zugehörige Eigenvektor zu berechnen. Für $\lambda_1 = 2,36$ resultiert dabei das Gleichungssystem

$$\begin{pmatrix} -0,56 & 1,2 \\ 0,84 & -1,8 \end{pmatrix} \cdot \begin{pmatrix} g_1 \\ g_2 \end{pmatrix} = \begin{pmatrix} 0 \\ 0 \end{pmatrix} \text{ mit der Lösung } g_1 = 2,143 \cdot g_2 \,.$$

Damit stellt beispielsweise $g_1 = 2,143$ und $g_2 = 1$ eine Lösung dar und die zugehörige Diskriminanzfunktion lautet dann $y = 2,143 \cdot x_1 + x_2$.

Um abschließend noch die Zuordnungsvorschrift bestimmen zu können, müssen zunächst noch die Klassenmittelwerte und der Globalmittelwert bezüglich der Diskriminanzfunktion wie folgt berechnet werden:

$$y_{K_1} = 2,143 \cdot 80 + 56,\bar{6} = 228,11 \,, \quad y_{K_2} = 157,86 \,, \quad y_{\text{Global}} = 200,01 \,.$$

Bei einem Diskriminanzwert größer gleich 200,01 erfolgt also eine Zuordnung zur Klasse 1 (Rating-Urteil A), andernfalls zur Klasse 2 (Rating-Urteil B).

b) Als deskriptives Maß zur Beurteilung der Diskriminanzfunktion kann die Trefferquote berechnet werden. Für die vorliegenden fünf Unternehmen resultieren folgende Diskriminanzwerte und entsprechende Zuordnungen:

$$y_1 = 125,72 \text{ (B)}, y_2 = 211,44 \text{ (A)}, y_3 = 240,01 \text{ (A)}, y_4 = 232,87 \text{ (A)}, y_5 = 190,01 \text{ (B)}.$$

Damit werden alle Unternehmen richtig zugeordnet, die Trefferquote ist somit 100 %.

c) Durch Einsetzen in die Diskriminanzfunktion ergibt sich für das Unternehmen 6 ein Diskriminanzwert von $y_6 = 2,143 \cdot 40 + 90 = 175,72$. Da dieser Wert kleiner als 200,01 ist, wird für dieses Unternehmen das Rating-Urteil B vergeben.

10   Lösungen zum Data Mining

10.1   Assoziationsanalyse

Lösung zur Aufgabe 5.1.1

a) Bei der Bestimmung der häufigen Itemmengen ist gemäß der Aufgabenstellung ein Mindestsupport von $\sup_{\min} = 0,4$ einzuhalten. Zunächst wird der Support der fünf einelementigen Itemmengen ermittelt:

Itemmenge	Support	häufig
{Croissant}	0,87	ja
{Latte}	0,53	ja
{Mocha}	0,27	nein
{Scone}	0,33	nein
{Tee}	0,47	ja

Auf der Basis aller häufigen einelementigen Itemmengen werden im nächsten Schritt alle zweielementigen Kombinationen gebildet:

Itemmenge	Support	häufig
{Croissant; Latte}	0,47	ja
{Croissant; Tee}	0,40	ja
{Latte; Tee}	0,20	nein

Die dreielementige Itemmenge {Croissant; Latte; Tee} ist folglich nicht häufig, da nicht alle zweielementigen Teilmengen dieser Itemmenge häufig sind.

b) Auf Basis der in Teil a) ermittelten häufigen Itemmengen mit mindestens zwei Elementen können zunächst alle möglichen Assoziationsregeln bestimmt und mit Hilfe der Confidence bewertet werden. Für die Regel „Wenn ein Croissant bestellt wird, dann wird auch Latte bestellt" ist exemplarisch die dazu notwendige Rechnung dargestellt:

$$\text{conf}\left(\left\{\text{Croissant}\right\} \to \left\{\text{Latte}\right\}\right) = \frac{\sup\left(\left\{\text{Croissant}\right\} \to \left\{\text{Latte}\right\}\right)}{\sup\left(\left\{\text{Croissant}\right\}\right)} = \frac{0,47}{0,87} = 0,54 \,.$$

Insgesamt resultieren die folgenden Confidence-Werte für alle aus den häufigen Itemmengen generierbaren Assoziationsregeln:

Regelrumpf → Regelkopf	Confidence
{Croissant} → {Latte}	0,54
{Latte} → {Croissant}	0,89
{Croissant} → {Tee}	0,46
{Tee} → {Croissant}	0,85

Ausgehend von dem gegebenen Mindestwert für die Confidence in Höhe von 0,5 ist damit lediglich die Regel „Wenn ein Croissant bestellt wird, dann wird auch Tee bestellt" zu verwerfen.

c) Zur Berechnung des Lifts wird die Confidence der betrachteten Regel ins Verhältnis zum Supportwert des Regelkopfs gesetzt. Diese Rechnung ist exemplarisch für die Regel „Wenn ein Croissant bestellt wird, dann wird auch Latte bestellt" dargestellt:

$$\text{lift}\big(\{\text{Croissant}\} \to \{\text{Latte}\}\big) = \frac{\text{conf}\big(\{\text{Croissant}\} \to \{\text{Latte}\}\big)}{\text{sup}\big(\{\text{Latte}\}\big)} = \frac{0,54}{0,53} = 1,02.$$

Die Lift-Werte für alle relevanten Regeln ergeben sich dann wie folgt:

Regelrumpf → Regelkopf	Lift
{Croissant} → {Latte}	1,02
{Latte} → {Croissant}	1,02
{Tee} → {Croissant}	0,98

Die Regel „Wenn Latte bestellt wird, wird auch ein Croissant bestellt" besitzt eine Confidence von 0,89. In 89 % der Fälle, in denen Latte bestellt wurde, wurde also auch ein Croissant bestellt. Dieser hohe Wert deutet somit zunächst auf einen starken Verbundeffekt hin. Vergleicht man aber diesen Wert mit dem Supportwert des Items „Croissant", dann zeigt sich, dass ohnehin in 87 % der Bestellungen ein Croissant enthalten war. Die Assoziationsregel liefert also kaum zusätzliche Erkenntnis, was durch den Lift in Höhe von 1,02 auch zum Ausdruck gebracht wird. Somit ist diese Regel auch nicht interessant für das Café.

Lösung zur Aufgabe 5.1.2

a) Zunächst werden alle häufigen Itemmengen mit Hilfe des Apriori-Algorithmus bestimmt. Dabei ist gemäß der Aufgabenstellung ein Mindestsupport von $\text{sup}_{min} = 0,3$ einzuhalten. Im ersten Iterationsschritt werden alle einelementigen häufigen Itemmengen ermittelt. Dazu können zunächst für die sechs einelementigen Itemmengen folgende Supportwerte berechnet werden:

Itemmenge	Support	häufig
{Apfeltasche}	0,13	nein
{Eis}	0,13	nein
{Hamburger}	0,53	ja
{Pommes}	0,67	ja
{Salat}	0,40	ja
{Soft-Drink}	0,73	ja

Auf der Basis aller häufigen einelementigen Itemmengen werden im nächsten Schritt alle zweielementigen Kombinationen gebildet:

Itemmenge	Support	häufig
{Hamburger; Pommes}	0,33	ja
{Hamburger; Salat}	0,33	ja
{Hamburger; Soft-Drink}	0,40	ja
{Pommes; Salat}	0,27	nein
{Pommes; Soft-Drink}	0,40	ja
{Salat; Soft-Drink}	0,33	ja

Zur Bestimmung der dreielementigen Mengen kann die Erkenntnis herangezogen werden, dass nur die Mengen häufig sein können, deren zweielementige Teilmengen bereits häufig sind. Dies führt zu den folgenden dreielementigen Itemmengen, für die der Support berechnet werden muss:

Itemmenge	Support	häufig
{Hamburger; Pommes; Soft-Drink}	0,2	nein
{Hamburger; Salat; Soft-Drink}	0,27	nein

Da die dreielementigen Itemmengen nicht mehr häufig sind, müssen keine Mengen mit mehr als drei Elementen auf ihre Häufigkeit überprüft werden. Auf Basis der ermittelten häufigen Itemmengen werden nun alle möglichen Regeln konstruiert und hinsichtlich ihrer Confidence untersucht. Exemplarisch ist nachfolgend die Berechnung der Confidence für die Assoziationsregel „Wenn ein Hamburger gekauft wird, dann werden auch Pommes gekauft" angegeben:

$$\text{conf}\left(\left\{\text{Hamburger}\right\} \rightarrow \left\{\text{Pommes}\right\}\right) = \frac{\sup\left(\left\{\text{Hamburger}\right\} \rightarrow \left\{\text{Pommes}\right\}\right)}{\sup\left(\left\{\text{Hamburger}\right\}\right)} = \frac{0{,}33}{0{,}53} = 0{,}62 \ .$$

Insgesamt ergeben sich folgende Regeln und Confidence-Werte:

Regelrumpf	$\rightarrow$	Regelkopf	Confidence	interessant
{Hamburger}	$\rightarrow$	{Pommes}	0,62	ja
{Pommes}	$\rightarrow$	{Hamburger}	0,49	nein
{Hamburger}	$\rightarrow$	{Salat}	0,62	ja
{Salat}	$\rightarrow$	{Hamburger}	0,83	ja
{Hamburger}	$\rightarrow$	{Soft-Drink}	0,75	ja
{Soft-Drink}	$\rightarrow$	{Hamburger}	0,55	nein
{Pommes}	$\rightarrow$	{Soft-Drink}	0,60	ja
{Soft-Drink}	$\rightarrow$	{Pommes}	0,55	nein
{Soft-Drink}	$\rightarrow$	{Salat}	0,45	nein
{Salat}	$\rightarrow$	{Soft-Drink}	0,83	ja

Aufgrund des gegebenen Mindestwerts für die Confidence mit 0,6 können die in der letzten Spalte mit einem „ja" gekennzeichneten Regeln als interessant eingestuft werden.

b) Die Wahrscheinlichkeit, mit der ein Kunde ein Produkt kauft, ist der Support dieses Produkts. Gemäß den Ergebnissen aus Teil a) betragen somit die Wahrscheinlichkeiten, mit denen ein Kunde „Pommes" bzw. „Salat" kauft, 0,67 bzw. 0,40. Wenn ein Kunde „Hamburger" kauft, ergeben sich die bedingten Wahrscheinlichkeiten für den Kauf von „Pommes" bzw. „Salat" mit den Confidence-Werten, also jeweils mit 0,62. Der Faktor, um den sich die Ausgangswahrscheinlichkeit für den Kauf eines Produkts von der bedingten Wahrscheinlichkeit unterscheidet, wird als Lift bezeichnet. Für die hier betrachteten Regeln ergeben sich die Werte für den Lift gemäß

$$\text{lift}\left(\left\{\text{Hamburger}\right\}\rightarrow\left\{\text{Pommes}\right\}\right)=\frac{\text{conf}\left(\left\{\text{Hamburger}\right\}\rightarrow\left\{\text{Pommes}\right\}\right)}{\text{sup}\left(\left\{\text{Pommes}\right\}\right)}=\frac{0,62}{0,67}=0,93 \text{ ,}$$

$$\text{lift}\left(\left\{\text{Hamburger}\right\}\rightarrow\left\{\text{Salat}\right\}\right)=\frac{\text{conf}\left(\left\{\text{Hamburger}\right\}\rightarrow\left\{\text{Salat}\right\}\right)}{\text{sup}\left(\left\{\text{Salat}\right\}\right)}=\frac{0,62}{0,4}=1,55 \text{ .}$$

10.2 Entscheidungsbäume

Lösung zur Aufgabe 5.2.1

a) Zunächst werden in den folgenden Arbeitstabellen die absoluten Häufigkeiten für die beiden betrachteten Freizeitaktivitäten Wandern und Fernsehen bei gegebenen Ausprägungen der hier zu untersuchenden Attribute Vorhersage, Temperatur, Luftfeuchtigkeit und Wind bestimmt:

Vorhersage	Aktivität	
	Wandern	Fernsehen
sonnig	2	3
bedeckt	4	0
Regen	3	2

Temperatur	Aktivität	
	Wandern	Fernsehen
heiß	2	2
mild	4	2
kühl	3	2

Luftfeuchtigkeit	Aktivität	
	Wandern	Fernsehen
hoch	3	4
normal	6	1

Wind	Aktivität	
	Wandern	Fernsehen
ja	3	3
nein	6	2

Gesucht ist nun das Attribut, das die größte Reduktion des Gini-Index mit sich bringt. Dazu werden die Werte für den Gini-Index für die bedingte Wahrscheinlichkeit der Freizeitaktivität bei gegebener Vorhersage (X_1), Temperatur (X_2), Luftfeuchtigkeit (X_3) und gegebenem Wind (X_4) wie folgt berechnet:

$$G(X_1) = \frac{5}{14} \cdot \left(1 - \left(\frac{2}{5}\right)^2 - \left(\frac{3}{5}\right)^2 \right) + \frac{4}{14} \cdot \left(1 - \left(\frac{4}{4}\right)^2 - \left(\frac{0}{4}\right)^2 \right) + \frac{5}{14} \cdot \left(1 - \left(\frac{3}{5}\right)^2 - \left(\frac{2}{5}\right)^2 \right) = 0,343 \,,$$

$$G(X_2) = \frac{4}{14} \cdot \left(1 - \left(\frac{2}{4}\right)^2 - \left(\frac{2}{4}\right)^2 \right) + \frac{6}{14} \cdot \left(1 - \left(\frac{4}{6}\right)^2 - \left(\frac{2}{6}\right)^2 \right) + \frac{4}{14} \cdot \left(1 - \left(\frac{3}{4}\right)^2 - \left(\frac{1}{4}\right)^2 \right) = 0,441 \,,$$

$$G(X_3) = \frac{7}{14} \cdot \left(1 - \left(\frac{3}{7}\right)^2 - \left(\frac{4}{7}\right)^2 \right) + \frac{7}{14} \cdot \left(1 - \left(\frac{6}{7}\right)^2 - \left(\frac{1}{7}\right)^2 \right) = 0,368 \,,$$

$$G(X_4) = \frac{6}{14} \cdot \left(1 - \left(\frac{3}{6}\right)^2 - \left(\frac{3}{6}\right)^2 \right) + \frac{8}{14} \cdot \left(1 - \left(\frac{6}{8}\right)^2 - \left(\frac{2}{8}\right)^2 \right) = 0,429 \,.$$

Die beste Trennung erfolgt durch das Attribut, das den kleinsten Gini-Index liefert. Damit ist hier das Attribut Vorhersage am besten geeignet, die vorliegenden Tage nach den durchgeführten Aktivitäten zu trennen.

b) α) Aus dem Entscheidungsbaum können folgende Regeln abgeleitet werden:

- Wenn Vorhersage = sonnig und Luftfeuchtigkeit = normal, dann Aktivität = Wandern
- Wenn Vorhersage = sonnig und Luftfeuchtigkeit = hoch, dann Aktivität = Fernsehen
- Wenn Vorhersage = bedeckt dann Aktivität = Wandern
- Wenn Vorhersage = Regen und Wind = nein, dann Aktivität = Wandern
- Wenn Vorhersage = Regen und Wind = ja, dann Aktivität = Fernsehen

β) An einem sonnigen Tag mit hoher Luftfeuchtigkeit kann gemäß dem vorliegenden Entscheidungsbaum erwartet werden, dass ferngesehen wird.

Lösung zur Aufgabe 5.2.2

a) Zunächst werden in den folgenden Arbeitstabellen die absoluten Häufigkeiten für die beiden Tarifgruppen bei gegebenen Ausprägungen der hier zu untersuchenden Attribute Altersgruppe, Geschlecht und Familienstand bestimmt:

Geschlecht	Tarifgruppe	
	1	2
männlich	1	4
weiblich	4	3

Familien-stand	Tarifgruppe	
	1	2
ledig	3	2
verheiratet	2	5

Alters-gruppe	Tarifgruppe	
	1	2
[16;25]	2	3
(25;55]	2	2
(55;90]	1	2

Gesucht ist nun das Attribut, das die größte Reduktion der Entropie mit sich bringt. Dazu werden die Werte für die Entropie für die Tarifgruppe (Y) bei gegebener Altersgruppe (X_1), gegebenem Geschlecht (X_2) und Familienstand (X_3) wie folgt berechnet:

$$H\left(Y|X_1\right)=-\left[\frac{5}{12}\left(\frac{2}{5}\cdot\log_2\frac{2}{5}+\frac{3}{5}\cdot\log_2\frac{3}{5}\right)+\ldots+\frac{3}{12}\left(\frac{1}{3}\cdot\log_2\frac{1}{3}+\frac{2}{3}\cdot\log_2\frac{2}{3}\right)\right]=0,967 \,,$$

$$H\left(Y|X_2\right)=-\left[\frac{7}{12}\left(\frac{4}{7}\cdot\log_2\frac{4}{7}+\frac{3}{7}\cdot\log_2\frac{3}{7}\right)+\frac{5}{12}\left(\frac{1}{5}\cdot\log_2\frac{1}{5}+\frac{4}{5}\cdot\log_2\frac{4}{5}\right)\right]=0,875 \,,$$

$$H\left(Y|X_3\right)=-\left[\frac{7}{12}\left(\frac{2}{7}\cdot\log_2\frac{2}{7}+\frac{5}{7}\cdot\log_2\frac{5}{7}\right)+\frac{5}{12}\left(\frac{3}{5}\cdot\log_2\frac{3}{5}+\frac{2}{5}\cdot\log_2\frac{2}{5}\right)\right]=0,908 \,.$$

Die größte Reduktion in der Entropie wird durch das Attribut Geschlecht erzielt, das somit das trennschärfste Merkmal darstellt.

b) Der Entscheidungsbaum, der aus den Regeln resultiert, sieht wie folgt aus:

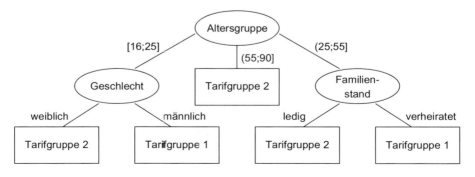

Teil 3
Klausuren mit Lösungen

11 Klausuren

11.1 Beschreibende Statistik und Wahrscheinlichkeitsrechnung

Die nachfolgende Klausur umfasst 4 Aufgaben. Die Bearbeitungszeit beträgt 90 Minuten. Insgesamt können in der Klausur 50 Punkte erreicht werden, wobei die Punkte der einzelnen Aufgaben jeweils angegeben sind.

Aufgabe 11.1.1 (20 Punkte)

Das Finanzamt prüft das Fahrtenbuch eines Steuerpflichtigen auf Manipulationen. Hinweise auf eine Datenfälschung könnte die Verteilung der ersten Ziffer bei den angegebenen Fahrtstrecken geben. Im vorliegenden Fahrtenbuch sind genau 120 Fahrten verzeichnet, die ersten Ziffern der Kilometerangaben lauten im Detail:

```
1 2 2 4 9 6 3 1 7 1 5 2 3 3 4 1 1 3 7 1 1 5 1 1 1 2 3 2 3 4
1 2 3 4 4 3 1 1 7 5 2 1 3 3 1 1 7 4 6 6 1 1 4 8 3 6 1 2 1 4
1 1 8 2 3 1 1 5 1 9 2 8 3 2 2 2 1 2 1 9 1 7 1 2 1 2 3 1 5 1
2 1 1 2 2 8 4 4 1 6 4 2 2 1 3 4 1 4 1 1 6 3 3 1 6 1 5 2 5 1
```

a) Erstellen Sie zu diesen Werten eine primäre Häufigkeitstabelle mit absoluten Häufigkeiten und absoluten Summenhäufigkeiten.

b) Berechnen Sie das empirische Mittel der angegebenen Zahlen. Was bedeutet dieser Wert hier konkret?

c) Bestimmen Sie den empirischen Median und die beiden Quartile.

d) Stellen Sie die Häufigkeitsverteilung der ersten Ziffer als Box-Whisker-Plot grafisch dar. Ist die Verteilung (dem Augenschein nach) links schief, rechts schief oder eher symmetrisch?

Aufgabe 11.1.2 (10 Punkte)

Eine kreisfreie Stadt ist in fünf Stadtbezirke unterteilt. Die Schulabbrecherquoten des Jahres 2011 für die einzelnen Stadtbezirke sind in der folgenden Tabelle aufgelistet:

Stadtbezirk	Abbrecherquote in Prozent
Mitte	6,43
Nord	10,12
Süd	11,20
Ost	9,72
West	8,36

Während die Zahl der Schulabgärger in den vier zuletzt genannten Stadtbezirken ungefähr gleich groß ist, hat der Stadtbezirk Mitte doppelt so viele Schüler.

a) Wie groß ist im Jahre 2011 die Schulabbrecherquote der gesamten Stadt?

b) Der Stadtbezirk Mitte hatte in den letzten sechs Jahren folgende Zahlen von Schulab-
    brechern:

Jahr	2006	2007	2008	2009	2010	2011
Anzahl der Schulabbrecher	24	23	20	21	20	18

α) Wie viele Schüler haben 2011 in diesem Stadtbezirk insgesamt die Schule (mit oder
    ohne Abschluss) verlassen?

β) Mit welcher mittleren jährlichen Wachstumsrate hat sich seit 2006 die Zahl der
    Schulabbrecher entwickelt?

γ) Geben Sie anhand von β) eine Prognose für die Zahl der Schulabbrecher im Stadtbe-
    zirk Mitte für das Jahr 2012.

Aufgabe 11.1.3   **(10 Punkte)**

Aus dem Ländervergleich des Statistischen Bundesamtes für das Jahr 2010 sind fünf Bun-
desländer zufällig ausgewählt und deren Werte für die Arbeitslosenquote (Merkmal X) und
den durchschnittlichen Bruttomonatsverdienst (Merkmal Y) zusammengestellt worden:

Land	Arbeitslosenquote [%]	Bruttomonatsverdienst [T€]
Brandenburg	11,1	2,67
Hessen	6,4	3,61
Mecklenburg-Vorpommern	12,7	2,50
Niedersachsen	7,5	3,12
Nordrhein-Westfalen	8,7	3,35

a) Berechnen Sie den empirischen Korrelationskoeffizienten. Was bedeuten hier dieser
    Wert und sein Vorzeichen?

b) Passen Sie eine Gerade an die Beobachtungspaare mittels der Methode der kleinsten
    Quadrate an.

c) Welchen durchschnittlichen Bruttomonatsverdienst kann man in Thüringen bei einer
    Arbeitslosenquote von 9,8 % gemäß b) erwarten?

Aufgabe 11.1.4   (10 Punkte)

Eine stetige Zufallsvariable X hat die Dichte

$$f(x) = \begin{cases} \dfrac{1}{x \cdot \ln 10} & \text{für } 1 \le x < 10, \\ 0 & \text{sonst.} \end{cases}$$

a) Welche Verteilungsfunktion hat X?

b) Berechnen Sie den Erwartungswert und den Median von X.

c) Wie groß ist die Wahrscheinlichkeit, dass X in der Dezimaldarstellung mit der Ziffer 1 beginnt?

11.2   Schließende Statistik

Die nachfolgende Klausur umfasst 4 Aufgaben. Die Bearbeitungszeit beträgt 90 Minuten. Insgesamt können in der Klausur 50 Punkte erreicht werden, wobei die Punkte der einzelnen Aufgaben jeweils angegeben sind.

Aufgabe 11.2.1   (12 Punkte)

Unter den Einwohnern einer Kleinstadt wird zufällig eine Frau über 40 ausgewählt. J und M bezeichnen die (zufällige) Anzahl von Jungen bzw. Mädchen, die die Frau geboren hat. Die Einzelwahrscheinlichkeiten des Zufallsvektors $(J, M)^{\mathrm{T}}$ stehen in der folgenden Tabelle:

J \ M	0	1	2
0	0,10	0,15	0,15
1	0,15	0,05	0,10
2	0,15	0,10	0,05

a) Bestimmen Sie die Erwartungswerte und Varianzen von J und von M.

b) Berechnen Sie die Kovarianz von J und M.

c) Sind die Zufallsvariablen J und M voneinander unabhängig?

d) $K = J + M$ bezeichnet die Anzahl aller Kinder der ausgewählten Frau. Wie viele Kinder hat eine Frau im Mittel, wie groß ist die Varianz von K?

Aufgabe 11.2.2   (9 Punkte)

Eine Airline beobachtet mit Sorge das immer größer werdende Handgepäck ihrer Fluggäste. Eines Tages wurde ein Transatlantikflug zufällig ausgewählt und das Handgepäck aller

Passagiere der Economy-Klasse einzeln gewogen. Aus den $n = 61$ Beobachtungswerten sind dann das arithmetische Mittel mit $\bar{x} = 7{,}1$ kg und die empirische Standardabweichung mit $s = 1{,}64$ kg berechnet worden. Weiterhin kann davon ausgegangen werden, dass die Masse des Handgepäcks normalverteilt ist.

a) Ein Statistiker bestimmte aus den berechneten empirischen Kennwerten das Konfidenzintervall $KI_{\mu} = (6{,}68; 7{,}52)$ für den Erwartungswert der Gepäckmasse. Welches Konfidenzniveau hat er benutzt?

b) Berechnen Sie ein 90%-Konfidenzintervall für die Standardabweichung σ der Handgepäckmasse. Was bedeutet dieses Intervall?

Aufgabe 11.2.3   (9 Punkte)

Ein Medienexperte behauptet, dass im Vorabendprogramm des deutschen Fernsehens der Anteil an Werbung zurzeit mindestens bei 20 % liegt. Daraufhin zappt ein Zuschauer, der über seinen Kabelanschluss 32 deutsche TV-Sender empfangen kann, an sieben aufeinanderfolgenden Tagen jeweils zwischen 18 und 19 Uhr alle diese Sender durch und registriert, ob gerade Werbung läuft. Dabei stellt er 38-mal Werbung fest, 186-mal läuft keine Werbung. Widersprechen diese Beobachtungen der Behauptung des Medienexperten? Testen Sie ohne Stetigkeitskorrektur zum Signifikanzniveau $\alpha = 0{,}05$.

Aufgabe 11.2.4   (20 Punkte)

Die erste Ziffer von Daten in ökonomischen Bilanzen genügt häufig der sogenannten benfordschen Verteilung. Die Einzelwahrscheinlichkeiten dieser diskreten Wahrscheinlichkeitsverteilung sind

$$P(X = k) = \log_{10}(k+1) - \log_{10}(k) \qquad \text{für } k = 1, 2, ..., 9.$$

a) Berechnen Sie diese neun Einzelwahrscheinlichkeiten gerundet auf vier Stellen nach dem Komma.

b) Die Mitglieder eines Anglervereins haben ihre Fangergebnisse des Jahres 2011 [Gesamtmasse aller gefangenen Fische in kg] an den Vereinsvorstand gemeldet. Der Vorsitzende zählt zur Kontrolle von allen gemeldeten $n = 120$ Zahlen immer nur die erste Ziffer und erhält folgende Häufigkeitsverteilung:

1. Ziffer	1	2	3	4	5	6	7	8	9	Summe
Häufigkeit	42	20	19	12	5	8	7	4	3	120

Überprüfen Sie mit dem χ^2-Anpassungstest zum Signifikanzniveau $\alpha = 0{,}05$, ob die erste Ziffer der gemeldeten Daten einer Benfordverteilung genügt. Fassen Sie das Testergebnis in einem Antwortsatz zusammen.

11.3   Datenanalyse

Die nachfolgende Klausur umfasst 3 Aufgaben. Die Bearbeitungszeit beträgt 90 Minuten. Insgesamt können in der Klausur 50 Punkte erreicht werden, wobei die Punkte der einzelnen Aufgaben jeweils angegeben sind.

Aufgabe 11.3.1   (18 Punkte)

Sie sollen eine Präsentation für den Vorstand des Reifenherstellers „Kontinent" erarbeiten. Der Vorstand will von Ihnen wissen, ob das neue Produkt relativ zu den Wettbewerbern im qualitativ hochwertigen Hochpreissegment richtig platziert wurde. Dazu wurde die folgende Datenmatrix erhoben:

Hersteller	Preis (€)	Kraftstoffverbrauch	Verschleiß (g/1000 km)	Performance
Spirelli (1)	140	sehr gut	15	gut
Kontinent (2)	120	gut	30	befriedigend
Michele (3)	100	gut	25	gut
Feuerstein (4)	80	befriedigend	15	ausreichend
Bankook (5)	60	befriedigend	20	ausreichend

a) Berechnen Sie für die qualitativen Merkmale die merkmalsweisen Distanzmatrizen und aggregieren Sie diese merkmalsweisen Distanzmatrizen zu einer Distanzmatrix $D_{qualitativ}$, so dass die einzelnen Merkmale gleich stark in den aggregierten Distanzindex eingehen und dieser auf das Intervall [0;2] normiert wird.

b) Berechnen Sie für die quantitativen Merkmale eine Distanzmatrix $D_{quantitativ}$ mit Hilfe der City-Block-Metrik. Gewichten Sie die Merkmale mit dem Kehrwert der Spannweite.

c) Sie wollen ein hierarchisches Klassifikationsverfahren zur Anwendung bringen. Welches der Verfahren Single Linkage, Complete Linkage, Average Linkage, Median, Ward, Centroid und Flexible Strategy könnte auf Basis der Ausgangsdatenmatrix herangezogen werden und welches nicht? (Begründung!)

d) Berechnen Sie basierend auf der Gesamtdistanzmatrix

		2	3	4	5
$D_{Gesamt} =$	1	2,25	1,67	2,75	2,75
	2		1,08	2,50	2,42
	3			2,42	2,33
	4				0,58

eine Klassifikation mit 3 Klassen mit Hilfe des Complete Linkage Verfahrens.

Aufgabe 11.3.2 (14 Punkte)

In Ergänzung zu den Ergebnissen der vorherigen Aufgabe wollen Sie dem Vorstand des Reifenherstellers „Kontinent" auch eine graphische Illustration liefern. Dabei soll eine Repräsentation der fünf Reifenhersteller im zweidimensionalen Raum erfolgen, mit der die nachfolgend angegebene Rangordnung der Objektpaare möglichst gut wiedergegeben wird (das Symbol $\preceq$ bedeutet „ähnlicher als oder gleichähnlich"):

$$\left(4,5\right)\preceq\left(2,3\right)\preceq\left(1,3\right)\preceq\left(1,2\right)\preceq\left(3,5\right)\preceq\left(3,4\right)\preceq\left(2,5\right)\preceq\left(2,4\right)\preceq\left(1,4\right)\preceq\left(1,5\right)$$

a) Berechnen Sie für die Repräsentation

$$X^0 = \begin{pmatrix} 2 & 2 \\ -0,5 & 2,5 \\ 0,25 & 1,75 \\ -1 & -1,5 \\ -1 & -1 \end{pmatrix}$$

den normierten Stress unter Verwendung einer L_1-Distanz und beurteilen Sie das Ergebnis.

b) Warum ist die Faktorenanalyse als alternatives Repräsentationsverfahren hier nicht anwendbar?

c) Stellen Sie die Repräsentation X^0 grafisch dar. Lassen sich anhand der Grafik Marktsegmente identifizieren, und wie wird der Reifenhersteller „Kontinent" in Relation zu den Wettbewerbern positioniert?

Aufgabe 11.3.3 (18 Punkte)

Zwischen dem Bruttoeinstiegsgehalt und der Abschlussnote sowie dem Alter eines Absolventen einer Universität wird ein kausaler Zusammenhang vermutet. Folgende Daten wurden dazu erhoben:

Einstiegsgehalt in T€	Abschlussnote	Alter
50	1	25
45	1	27
40	3	25
35	3	30
35	4	27

a) Stellen Sie ein multiples lineares Regressionsmodell auf, mit dem das Bruttoeinstiegsgehalt durch die Abschlussnote und das Alter des Absolventen erklärt wird.

b) Berechnen Sie die Koeffizienten des von Ihnen aufgestellten Modells. Verwenden Sie hierzu folgende Information:

$$\left(X^T X\right)^{-1} = \begin{pmatrix} 44,356 & 0,464 & -1,689 \\ 0,464 & 0,154 & -0,031 \\ -1,689 & -0,031 & 0,066 \end{pmatrix}$$

c) Interpretieren Sie die in b) ermittelten Koeffizienten der beiden Regressoren.

d) Berechnen Sie das korrigierte multiple Bestimmtheitsmaß und beurteilen Sie die Güte des Modells.

e) Überprüfen Sie zur Irrtumswahrscheinlichkeit $\alpha = 0,05$, ob das von Ihnen aufgestellte Modell signifikant ist.

f) Sehen Sie ein Problem mit dem aufgestellten Regressionsmodell, falls die Abschlussnoten lediglich aufgrund einer Quantifizierung der Form 1 = sehr gut, 2 = gut, 3 = befriedigend und 4 = ausreichend resultiert sind?

11.4   Data Mining

Die nachfolgende Klausur umfasst 2 Aufgaben. Die Bearbeitungszeit beträgt 60 Minuten. Insgesamt können in der Klausur 50 Punkte erreicht werden, wobei die Punkte der einzelnen Aufgaben jeweils angegeben sind.

Aufgabe 11.4.1   **(25 Punkte)**

Die folgende Tabelle gibt für 6 Artikel eines Supermarkts an, in welchen von insgesamt 20 Warenkörben diese Artikel jeweils enthalten waren.

Artikel	Nummern der Warenkörbe
Brot	170, 290
Butter	120, 140, 150, 160, 180, 190, 200,
Milch	100, 140, 180, 230, 270, 290
Bier	110, 130, 150, 180, 190, 200, 210, 220, 230, 240, 250, 260, 270, 280, 290, 300
Chips	120, 170, 180, 200, 220, 230, 250, 260, 280, 290, 300
Windeln	110, 130, 140, 160, 170, 180, 200, 220, 230, 240, 250, 260, 270, 280, 290, 300

a) Bestimmen Sie alle häufigen Itemmengen bei einem Mindestsupport von 0,4.

b) Bestimmen Sie auf Basis der in a) ermittelten häufigen Itemmengen alle Assoziationsregeln, deren Confidence mindestens 0,5 beträgt.

c) Berechnen Sie den Lift für alle in b) gefundenen Regeln. Begründen Sie kurz, warum die Regel „Windeln → Chips" interessanter ist als die Regel „Bier → Chips".

Aufgabe 11.4.2   **(25 Punkte)**

Die in der nachfolgenden Tabelle angegebenen Daten zu 5 Merkmalen, die bei 18 Patienten in einem Krankenhaus erhoben wurden, bestehen aus einem Trainings- (die ersten 11 Patienten) und einem Validierungsanteil (die letzten 7 Patienten).

Patientennummer	Körpergewicht	Blutdruck	Blutzucker	Raucher	Herzinfarkt
1	schwer	hoch	hoch	ja	ja
2	schwer	hoch	niedrig	nein	ja
3	normal	normal	hoch	nein	nein
4	schwer	normal	mittel	ja	nein
5	leicht	normal	mittel	nein	nein
6	leicht	normal	niedrig	nein	ja
7	normal	hoch	hoch	ja	ja
8	leicht	hoch	mittel	ja	ja
9	schwer	hoch	mittel	nein	ja
10	leicht	normal	hoch	ja	ja
11	schwer	normal	hoch	nein	nein
12	leicht	hoch	niedrig	ja	ja
13	schwer	normal	niedrig	ja	ja
14	schwer	normal	mittel	nein	nein
15	leicht	normal	hoch	ja	ja
16	normal	normal	hoch	nein	nein
17	normal	normal	hoch	ja	nein
18	schwer	normal	hoch	nein	nein

a) Ermitteln Sie auf Basis der Trainingsdaten, ob das Merkmal Blutdruck oder das Merkmal Raucher zu einer besseren Trennung der Patienten mit und ohne Herzinfarkt führt. Verwenden Sie hierzu den Gini-Index.

b) Der nachfolgend angegebene Entscheidungsbaum wurde auf Basis der Trainingsdaten
    erstellt. Verwenden Sie nun die Validierungsdaten, um den Baum bei einer vorgegebe-
    nen Mindestgenauigkeit von 75 % auszudünnen (Pruning). Erstellen Sie für den ausge-
    dünnten Baum eine entsprechende Regelbasis.

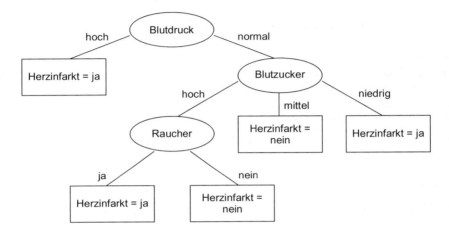

12 Lösungen zu den Klausuren

12.1 Beschreibende Statistik und Wahrscheinlichkeitsrechnung

In der nachfolgenden Lösung zur Klausur sind in den einzelnen Lösungsteilen auch die jeweils erreichbaren Punkte angegeben. Für die gesamte Klausur kann dann der folgende Notenschlüssel herangezogen werden:

Punkte	0 – 15	16 – 18	19 – 21	22 – 24	25 – 27	28 – 30	31 – 33	34 – 36	37 – 39	40 – 42	43 – 50
Note	5,0	4,0	3,7	3,3	3,0	2,7	2,3	2,0	1,7	1,3	1,0

Lösung zur Aufgabe 11.1.1

a) Die Häufigkeitstabelle mit den absoluten und kumulierten Häufigkeiten ergibt sich wie folgt (6 Punkte):

a_i	Strichliste	h_i	H_i
1	‖‖ ‖‖ ‖‖ ‖‖ ‖‖ ‖‖ ‖‖ ‖‖ ‖‖ ‖	42	42
2	‖‖ ‖‖ ‖‖ ‖‖ ‖	22	64
3	‖‖ ‖‖ ‖‖ ‖	17	81
4	‖‖ ‖‖ ‖‖	13	94
5	‖‖ ‖	7	101
6	‖‖ ‖	7	108
7	‖‖	5	113
8	‖‖	4	117
9	‖	3	120

b) $\bar{x} = \dfrac{1}{n}\sum_{i=1}^{n} a_i \cdot h_i = \dfrac{360}{120} = 3$. Die erste Ziffer ist im Durchschnitt eine 3 (4 Punkte).

c) Da der Stichprobenumfang $n = 120$ ohne Rest durch 4 teilbar ist, berechnen sich der Median und die beiden Quartile nach den Formeln

$$x_{Med} = \frac{x^{*}_{\frac{n}{2}} + x^{*}_{\frac{n}{2}+1}}{2} = \frac{x^{*}_{60} + x^{*}_{61}}{2}, \ x_{0,25} = \frac{x^{*}_{\frac{n}{4}} + x^{*}_{\frac{n}{4}+1}}{2} = \frac{x^{*}_{30} + x^{*}_{31}}{2} \text{ und } x_{0,75} = \frac{x^{*}_{\frac{3n}{4}} + x^{*}_{\frac{3n}{4}+1}}{2} = \frac{x^{*}_{90} + x^{*}_{91}}{2}.$$

Die erforderlichen Werte x^{*}_i aus der geordneten Stichprobe kann man leicht der letzten Spalte obiger Häufigkeitstabelle entnehmen, so dass sich

$$x_{0,25} = \frac{1+1}{2} = 1, \ x_{Med} = \frac{2+2}{2} = 2 \text{ und } x_{0,75} = \frac{4+4}{2} = 4 \text{ ergibt (6 Punkte).}$$

d) Der Box-Whisker-Plot hat folgende Gestalt:

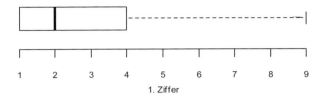

1. Ziffer

Die Verteilung ist rechts schief (4 Punkte).

Lösung zur Aufgabe 11.1.2

a) Um die unterschiedliche Größe der einzelnen Schulen zu berücksichtigen, muss mit einem gewogenen Mittel gearbeitet werden:

$$\bar{x}_{gew} = \frac{1}{6}\left(2 \cdot 6,43 + 10,12 + 11,20 + 9,72 + 8,36\right) = \frac{52,26}{6} = 8,71 \ [\%] \ (3 \ \text{Punkte}).$$

b) α) Die Abbrecherquote ist das Verhältnis der Anzahl der Schulabbrecher zur Anzahl aller Schüler, die in dem Jahr die Schule verlassen haben. 18 Schüler haben zu einer Quote von 6,43 % geführt. Da $\frac{18}{0,0643} \approx 279,94$, haben insgesamt 280 Schüler in diesem Stadtbezirk die Schule verlassen (2 Punkte).

   β) Die mittlere Wachstumsrate ist über den mittleren Wachstumsfaktor zu berechnen. Letzterer ist das geometrische Mittel aus den einzelnen Wachstumsfaktoren oder auch kurz $c_{geo} = \sqrt[5]{\frac{18}{24}} = \sqrt[5]{0,75} \approx 0,944$. Die mittlere Wachstumsrate beträgt somit $-5,6 \%$ (3 Punkte).

   γ) Der mittlere Wachstumsfaktor auf die Zahl des letzten bekannten Jahres angewandt ergibt $18 \cdot 0,944 = 16,992$. Deswegen können für das nächste Jahr 17 Schulabbrecher im Stadtbezirk Mitte prognostiziert werden (2 Punkte).

Lösung zur Aufgabe 11.1.3

a) Mit Hilfe des zweidimensionalen Statistikmodus des Taschenrechners berechnet man den empirischen Korrelationskoeffizienten $r \approx -0,9364$. Der nahe bei 1 liegende Wert bedeutet, dass ein annähernd linearer Zusammenhang zwischen Arbeitslosenquote und Bruttomonatsverdienst besteht, und zwar wegen des negativen Vorzeichens in gegenläufiger Richtung (4 Punkte).

b) Der Taschenrechner mit zweidimensionalem Statistikmodus liefert auch die Werte für die Regressionskoeffizienten mit $\hat{a} \approx 4,6$ und $\hat{b} \approx 0,1673$, so dass die gesuchte Regressionsgerade $\hat{y} = 4,6 - 0,1673 \cdot x$ lautet (4 Punkte).

c) Wegen $\hat{y}(9,8) \approx 4,6 - 0,1673 \cdot 9,8 \approx 2,963$ kann man in Thüringen mit einem durchschnittlichen Bruttomonatsverdienst von 2963 € rechnen (2 Punkte).

Lösung zur Aufgabe 11.1.4

a) Wegen $F(x) = \int_1^x \frac{1}{\ln 10} \cdot \frac{1}{t} dt = \frac{1}{\ln 10} \ln t \Big|_1^x = \frac{\ln x}{\ln 10} = \log_{10} x$ für $1 \le x < 10$ gilt

$$F(x) = \int_{-\infty}^x f(t)dt = \begin{cases} 0 & \text{für } x < 1, \\ \log_{10} x & \text{für } 1 \le x < 10, \\ 1 & \text{für } x \ge 10. \end{cases} \quad \text{(4 Punkte)}$$

b) Der Erwartungswert lautet $E(X) = \int_{-\infty}^{\infty} f(x)dx = \int_1^{10} \frac{x}{x \cdot \ln 10} dx = \frac{x}{\ln 10} \Big|_1^{10} = \frac{9}{\ln 10} \approx 3,90865$. Der

Median ist $10^{0,5} = \sqrt{10}$, weil gemäß Teil a) $0,5 = F(Med(X)) = \log_{10}(Med(X))$ gelten muss (4 Punkte).

c) Gesucht ist hier die Wahrscheinlichkeit $P(1 \le X < 2) = F(2) - F(1) = \log_{10} 2 - \log_{10} 1 \approx 0,30$ (2 Punkte).

12.2   Schließende Statistik

In der nachfolgenden Lösung zur Klausur sind in den einzelnen Lösungsteilen auch die jeweils erreichbaren Punkte angegeben. Für die gesamte Klausur kann dann der folgende Notenschlüssel herangezogen werden:

Punkte	0 – 15	16 – 18	19 – 21	22 – 24	25 – 27	28 – 30	31 – 33	34 – 36	37 – 39	40 – 42	43 – 50
Note	5,0	4,0	3,7	3,3	3,0	2,7	2,3	2,0	1,7	1,3	1,0

Lösung zur Aufgabe 11.2.1

a) Zunächst werden die Randverteilungen bestimmt, indem man in der Verteilungstabelle die Zeilen- und Spaltensummen bildet:

J \ M	0	1	2	
0	0,10	0,15	0,15	0,40
1	0,15	0,05	0,10	0,30
2	0,15	0,10	0,05	0,30
	0,40	0,30	0,30	

Es zeigt sich, dass J und M dieselbe Verteilung besitzen. Daraus folgt

$$E(J) = E(M) = 0 \cdot 0,4 + 1 \cdot 0,3 + 2 \cdot 0,3 = 0,9,$$
$$E(J^2) = E(M^2) = 0^2 \cdot 0,4 + 1^2 \cdot 0,3 + 2^2 \cdot 0,3 = 1,5,$$
$$Var(J) = Var(M) = E(J^2) - (E(J))^2 = 1,5 - 0,9^2 = 0,69 \text{ (5 Punkte).}$$

b) $\begin{aligned}Cov(J,M) &= E(J \cdot M) - E(J) \cdot E(M) = \\ &= 1 \cdot 1 \cdot 0,05 + 1 \cdot 2 \cdot 0,10 + 2 \cdot 1 \cdot 0,10 + 2 \cdot 2 \cdot 0,05 - 0,9 \cdot 0,9 = \\ &= 0,65 - 0,81 = -0,16 \text{ (2 Punkte).}\end{aligned}$

c) Da $Cov(J,M) \neq 0$, sind die Zufallsvariablen J und M korreliert und damit auch voneinander abhängig (2 Punkte).

d) Es gilt $E(K) = E(J + M) = E(J) + E(M) = 1,8$.

Die Varianz kann nach der Formel $Var(K) = Var(J + M) = Var(J) + Var(M) + 2 \cdot Cov(J,M)$ berechnet werden, woraus $Var(K) = 0,69 + 0,69 - 2 \cdot 0,16 = 1,06$ folgt.

Eine Frau hat im Mittel 1,8 Kinder bei einer Varianz von 1,06 (3 Punkte).

Lösung zur Aufgabe 11.2.2

a) Damit das Konfidenzintervall die vorgegebene Länge hat, muss $\dfrac{s}{\sqrt{n}} \cdot t_{n-1;1-\alpha/2} = 0,42$

gelten, woraus $t_{60;1-\alpha/2} = \dfrac{\sqrt{61} \cdot 0,42}{1,64} \approx 2$ folgt.

Aus der Tabelle der t-Verteilungsquantile entnimmt man $1 - \frac{\alpha}{2} = 0,975$, was $\alpha = 0,05$ bedeutet. Der Statistiker hat also das Konfidenzniveau $1 - \alpha = 0,95$ benutzt (4 Punkte).

b) Die Formel zur Bestimmung des Konfidenzintervalls lautet

$$KI_\sigma = \left(\sqrt{\frac{(n-1) \cdot s^2}{\chi^2_{n-1;1-\alpha/2}}} ; \sqrt{\frac{(n-1) \cdot s^2}{\chi^2_{n-1;\alpha/2}}} \right) = \left(\sqrt{\frac{60 \cdot 1,64^2}{\chi^2_{60;0,95}}} ; \sqrt{\frac{60 \cdot 1,64^2}{\chi^2_{60;0,05}}} \right).$$

Die beiden Quantile der Chi-Quadrat-Verteilung $\chi^2_{60;0,95} = 79,1$ und $\chi^2_{60;0,05} = 43,2$ liest man aus einer Tabelle ab. Damit erhält man schließlich

$$KI_\sigma = \left(\sqrt{\frac{161,376}{79,1}} ; \sqrt{\frac{161,376}{43,2}} \right) = \left(\sqrt{2,040} ; \sqrt{3,736} \right) = (1,428 ; 1,933).$$

Die Standardabweichung der Handgepäckmasse liegt mit 90%iger Wahrscheinlichkeit zwischen 1,428 und 1,933 kg (5 Punkte).

Lösung zur Aufgabe 11.2.3

Es ist ein Test auf Wahrscheinlichkeit in einseitiger Fragestellung durchzuführen. Bei einem Stichprobenumfang von $n = 224$ beträgt die relative Häufigkeit, dass gerade Werbung läuft, $\hat{p} = \frac{38}{224} \approx 0,1696$. Damit wird die einseitige Nullhypothese $p \geq 0,2$ sinnvoll, weil der Schätzwert für p dieser Annahme widerspricht.

Der Test läuft dann wie folgt ab:

$H_0: p \geq 0,2$

$$t = \frac{\hat{p} - p_0}{\sqrt{p_0 \cdot (1 - p_0)}} \cdot \sqrt{n} \approx \frac{0,1696 - 0,2}{\sqrt{0,2 \cdot 0,8}} \cdot \sqrt{224} \approx -1,136$$

$$K^* \approx (-\infty; -z_{0,95}) = (-\infty; -1,645)$$

Da $t \notin K^*$, kann H_0 nicht abgelehnt werden. Die Beobachtungen des Fernsehzuschauers widersprechen somit nicht signifikant der Behauptung des Medienexperten (9 Punkte).

Lösung zur Aufgabe 11.2.4

a) In der folgenden Wahrscheinlichkeitstabelle sind auch schon die Zwischenergebnisse zur Berechnung der Testgröße in Teilaufgabe b) enthalten. Die in Teil a) gesuchten Werte finden sich in der zweiten Spalte (6 Punkte):

k	$p_k = P(X = k)$	h_k	$n \cdot p_k$	$(h_k - np_k)^2 / np_k$
1	0,3010	42	36,12	0,9559
2	0,1761	20	21,13	0,0605
3	0,1249	19	14,99	1,0711
4	0,0970	12	11,63	0,0118
5	0,0792	5	9,50	2,1328
6	0,0669	8	8,03	0,0001
7	0,0580	7	6,96	0,0002
8	0,0511	4	6,14	0,7449
9	0,0458	3	5,50	1,1300
				$\approx 6,1$

b) Der Chi-Quadrat-Anpassungstest läuft wie folgt ab:

Die Nullhypothese H_0 lautet: X ist Benford-verteilt.

Die Testgröße ergibt sich mit $t = \sum_{k=1}^{9} \frac{(h_k - n \cdot p_k)^2}{n \cdot p_k} \approx 6,1$.

Der Ablehnungsbereich ist $K^* \approx (\chi^2_{8;0,95}; \infty) = (15,5; \infty)$.

Da $t \notin K^*$, kann die Nullhypothese nicht abgelehnt werden. Es könnte also sein, dass die erste Ziffer einer Benfordverteilung genügt (14 Punkte).

12.3 Datenanalyse

In der nachfolgenden Lösung zur Klausur sind in den einzelnen Lösungsteilen auch die jeweils erreichbaren Punkte angegeben. Für die gesamte Klausur kann dann der folgende Notenschlüssel herangezogen werden:

Punkte	0 – 15	16 – 18	19 – 21	22 – 24	25 – 27	28 – 30	31 – 33	34 – 36	37 – 39	40 – 42	43 – 50
Note	5,0	4,0	3,7	3,3	3,0	2,7	2,3	2,0	1,7	1,3	1,0

Lösung zur Aufgabe 11.3.1

a) Zur Bestimmung der merkmalsweisen Distanzen werden bei den ordinalen Merkmalen Kraftstoffverbrauch und Performance die Rangdifferenzen berechnet (2 Punkte):

Kraftstoffverbrauch	2	3	4	5
1	1	1	2	2
2		0	1	1
3			1	1
4				0

Performance	2	3	4	5
1	1	0	2	2
2		1	1	1
3			2	2
4				0

Um der geforderten Bedingung bei der Aggregation zu genügen, wird der aggregierte Distanzindex gemäß $D_{\text{qualitativ}} = \frac{1}{2} D_{\text{Kraftstoffverbrauch}} + \frac{1}{2} D_{\text{Performance}}$ berechnet (2 Punkte):

$D_{\text{qualitativ}}$	2	3	4	5
1	1	0,5	2	2
2		0,5	1	1
3			1,5	1,5
4				0

b) Die Spannweiten der beiden Merkmale ergeben sich mit $SP_{\text{Preis}} = 80$ und $SP_{\text{Verschleiß}} = 15$. Gemäß $d_{ij} = \frac{1}{80} \left| a_{i1} - a_{j1} \right| + \frac{1}{15} \left| a_{i2} - a_{j2} \right|$ resultiert die folgende Distanzmatrix (5 Punkte):

$D_{\text{quantitativ}}$	2	3	4	5
1	1,25	1,17	0,75	0,75
2		0,58	1,5	1,42
3			0,92	0,83
4				0,58

c) Die Verfahren Ward und Centroid setzen quantitative Daten voraus. Da hier jedoch eine Mischung aus quantitativen und qualitativen Daten vorliegt, sind diese beiden Verfahren nicht anwendbar. Die Verfahren Single Linkage, Complete Linkage, Average Linkage, Median und Flexible Strategy verwenden einen allgemeinen Verschiedenheitsindex und könnten hier angewendet werden (3 Punkte).

d) Ausgehend von $\mathcal{K}^0$ = {{1}; {2}; {3}; {4}; {5}} werden aufgrund der minimalen Distanz von 0,58 zwischen den Objekten 4 und 5 diese beiden Objekte im ersten Schritt fusioniert, so dass $\mathcal{K}^1$ = {{1}; {2}; {3}; {4,5}} resultiert. Die neuen Verschiedenheiten v ergeben sich dann als größte Distanz zwischen jeweils zwei Klassen:

v	2,4	3	4,5
1	2,25	1,67	2,75
2		1,08	2,5
3			2,42

Auf Basis dieser Verschiedenheiten und dem minimalen Wert von 1,08 werden im zweiten Schritt die Objekte 2 und 3 fusioniert. Die Folgeklassifikation $\mathcal{K}^2$ = {{1}; {2,3}; {4,5}} stellt dann bereits die gesuchte Lösung mit 3 Klassen dar (6 Punkte).

Lösung zur Aufgabe 11.3.2

a) Für die gegebene Startkonfiguration ergeben sich unter Verwendung der City-Block-Metrik folgende Distanzen zwischen den Objekten:

$\hat{D}^0$	2	3	4	5
1	3	2	6 5	6
2		1,5	4 5	4
3			4 5	4
4				0,5

Auf Basis der über die vollständige Präordnung gegebenen Reihung der Objektpaare kann für die monotone Anpassung eine Arbeitstabelle erstellt werden:

(i,j)	(4,5)	(2,3)	(1,3)	(1,2)	(3,5)	(3,4)	(2,5)	(2,4)	(1,4)	(1,5)
$\hat{d}^0(i,j)$	0,5	1,5	2	3	4	4,5	4	4,5	6,5	6
$\delta^0(i,j)$	0,5	1,5	2	3	4	4,25	4,25	4,5	6,25	6,25

Der Rohstress beträgt $b_0\left(X^0\right) = \left(4,5-4,25\right)^2 + \left(4-4,25\right)^2 + \left(6,5-6,25\right)^2 + \left(6-6,25\right)^2 = 0,25$. Mit $\bar{d} = \frac{1}{10}\left(0,5+1,5+2+3+4+4,5+4+4,5+6,5+6\right) = 3,65$ errechnet sich dann der

Maximalstress mit $b_{max} = 33{,}025$, so dass der normierte Stress mit $b_{norm} = \frac{0{,}25}{33{,}025} = 0{,}008$ resultiert. Damit ist die Startkonfiguration als sehr gut einzustufen (8 Punkte).

b) Die Faktorenanalyse setzt eine quantitative Datenmatrix voraus. Hier ist lediglich eine Rangordnung der Objektpaare und damit ordinales Datenniveau gegeben. Somit sind die Voraussetzungen für eine Faktorenanalyse nicht gegeben (2 Punkte).

c) Die grafische Darstellung der Faktorwertematrix führt zu folgendem Ergebnis:

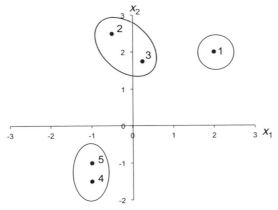

Die Marktsegmente lassen sich anhand der Grafik erkennen, da die Objekte 4 und 5 sowie 2 und 3 relativ nahe zueinander positioniert sind und das Objekt 1 von diesen beiden Klassen einen gewissen Abstand aufweist. Kontinent (2) wird in der Nähe von Michele (3) positioniert und ist deutlich von Feuerstein (4) und Bankook (5) entfernt. Zu Spirelli (1) ist noch eine gewisse Nähe vorhanden (4 Punkte).

Lösung zur Aufgabe 11.3.3

a) Das Regressionsmodell $Y = \beta_0 + \beta_1 \cdot X_1 + \beta_2 \cdot X_2 + U$ mit Y als Einstiegsgehalt, X_1 als Abschlussnote und X_2 als Alter stellt ein geeignetes Modell dar (1 Punkt).

b) Die Schätzung der Modellparameter erfolgt gemäß der Formel $\hat{\beta} = \left(X^T X \right)^{-1} X^T y$. Für die vorliegenden Daten ergeben sich damit folgende Schätzwerte (3 Punkte):

$$\hat{\beta} = \begin{pmatrix} \frac{9}{8} & 0 & -\frac{1}{4} \\ 0 & \frac{1}{4} & -\frac{1}{8} \\ -\frac{1}{4} & -\frac{1}{8} & \frac{1}{8} \end{pmatrix} \cdot \begin{pmatrix} 1 & 1 & 1 & 1 & 1 \\ 1 & 1 & 3 & 3 & 4 \\ 25 & 27 & 25 & 30 & 27 \end{pmatrix} \begin{pmatrix} 50 \\ 45 \\ 40 \\ 35 \\ 35 \end{pmatrix} = \begin{pmatrix} 83{,}574 \\ -3{,}857 \\ -1{,}243 \end{pmatrix} \cdot$$

c) Mit jeder Notenstufe schlechter (Abschlussnote erhöht sich um den Wert 1) ist ein um ca. 4000 EUR geringeres Jahresgehalt zu erwarten und jedes höhere Lebensalter führt zu einem Abschlag von ca. 1000 EUR (2 Punkte).

d) Für das abhängige Merkmal Einstiegsgehalt resultieren auf Basis der in Teil b) ermittelten Regressionsfunktion folgende Schätzwerte:

$$\hat{y} = X\hat{\beta} = \begin{pmatrix} 1 & 1 & 25 \\ 1 & 1 & 27 \\ 1 & 3 & 25 \\ 1 & 3 & 30 \\ 1 & 4 & 427 \end{pmatrix} \begin{pmatrix} 83,574 \\ -3,857 \\ -1,243 \end{pmatrix} = \begin{pmatrix} 48,638 \\ 46,152 \\ 40,923 \\ 34,707 \\ 43,580 \end{pmatrix}.$$

Zur Berechnung des Bestimmtheitsmaßes werden die Größen SST und SSR oder SSE benötigt. Diese ergeben sich mit

$$\text{SSE} = \sum_{i=1}^{n} \left(y_i - \hat{y}_i \right)^2 = 4,296\,, \quad \text{SSR} = \sum_{i=1}^{n} \left(\hat{y}_i - \bar{y}_i \right)^2 = 165,704\,, \quad \text{SST=SSE+SSR} = 170\,.$$

Das Bestimmtheitsmaß resultiert dann gemäß $R^2 = 1 - \frac{4,296}{170} = 0,975$ und das korrigierte Bestimmtheitsmaß ergibt sich mit $R^2 = 1 - \frac{(5-1)\cdot4,296}{(5-2-1)\cdot170} = 0,949$. Das betrachtete Modell weist folglich einen hohen Erklärungsanteil auf (6 Punkte).

e) Die Nullhypothese zur Überprüfung des Modells lautet $H_0 : \beta_1 = \beta_2 = 0$. Zur Berechnung der entsprechenden F-Statistik wird das Bestimmtheitsmaß R^2 aus Teil d) herangezogen. Der Testfunktionswert ergibt sich dann mit

$$F = \frac{R^2}{1-R^2} \cdot \frac{n-m-1}{m} = \frac{0,975}{1-0,975} \cdot \frac{5-2-1}{2} = 27,57\,.$$

Das 0,95-Quantil der F-Verteilung mit 2 und 2 Freiheitsgraden ergibt sich mit einem Wert von 19. Da der Testfunktionswert größer als das Quantil ist, kann die Nullhypothese nicht abgelehnt werden. Das Modell ist somit signifikant (4 Punkte).

f) Die multiple Regression dient der Untersuchung des funktionalen Zusammenhangs zwischen einem quantitativen Merkmal Y und mehreren, ebenfalls quantitativen Merkmalen $X_1, \ldots, X_m$. Falls die vorliegenden Daten der Abschlussnote ordinal skaliert sind, kann die Regression lediglich eine deskriptive Beschreibung des funktionalen Zusammenhangs liefern. Die Test-Theorie für die Modellparameter ist dann streng genommen nicht mehr korrekt (2 Punkte).

12.4   Data Mining

In der nachfolgenden Lösung zur Klausur sind in den einzelnen Lösungsteilen auch die jeweils erreichbaren Punkte angegeben. Für die gesamte Klausur kann dann der folgende Notenschlüssel herangezogen werden:

Punkte	0 – 15	16 – 18	19 – 21	22 – 24	25 – 27	28 – 30	31 – 33	34 – 36	37 – 39	40 – 42	43 – 50
Note	5,0	4,0	3,7	3,3	3,0	2,7	2,3	2,0	1,7	1,3	1,0

Lösung zur Aufgabe 11.4.1

a) Zunächst werden alle häufigen Itemmengen mit Hilfe des Apriori-Algorithmus bestimmt. Dabei ist gemäß der Aufgabenstellung ein Mindestsupport von $\sup_{min} = 0,4$ einzuhalten. Im ersten Iterationsschritt werden alle einelementigen häufigen Itemmengen ermittelt. Dazu können zunächst für die sechs einelementigen Itemmengen folgende Supportwerte berechnet werden:

Itemmenge	Support	häufig
{Brot}	0,1	nein
{Butter}	0,35	nein
{Milch}	0,3	nein
{Bier}	0,8	ja
{Chips}	0,55	ja
{Windeln}	0,8	ja

Auf der Basis aller häufigen einelementigen Itemmengen werden im nächsten Schritt alle zweielementigen Kombinationen gebildet:

Itemmenge	Support	häufig
{Bier; Chips}	0,45	ja
{Bier; Windeln}	0,65	ja
{Chips; Windeln}	0,5	ja

Zur Bestimmung der dreielementigen Mengen kann die Erkenntnis herangezogen werden, dass nur die dreielementigen Mengen häufig sein können, deren zweielementige Teilmengen bereits häufig sind. Dies führt zu einer einzigen dreielementigen Itemmenge, und zwar der Menge {Bier; Chips; Windeln}, deren Support sich mit einem Wert von 0,45 ergibt. Damit ist auch diese Menge häufig (8 Punkte).

b) Auf Basis der in Teil a) ermittelten häufigen Itemmengen werden nun alle möglichen Regeln konstruiert und hinsichtlich ihrer Confidence untersucht. Für die Regel „Wenn Bier gekauft wird, dann werden auch Chips gekauft" ergibt sich exemplarisch die folgende Berechnung für die Confidence:

$$\text{conf}\left(\left\{\text{Bier}\right\} \rightarrow \left\{\text{Chips}\right\}\right) = \frac{\sup\left(\left\{\text{Bier}\right\} \rightarrow \left\{\text{Chips}\right\}\right)}{\sup\left(\left\{\text{Bier}\right\}\right)} = \frac{0,45}{0,8} = 0,56 \ .$$

Insgesamt ergeben sich folgende Regeln und Confidence-Werte:

Regelrumpf → Regelkopf	Confidence
{Bier} → {Chips}	0,5625
{Chips} → {Bier}	0,8182
{Bier} → {Windeln}	0,8125
{Windeln} → {Bier}	0,8125
{Windeln} → {Chips}	0,6250
{Chips} → {Windeln}	0,9091
{Chips; Windeln} → {Bier}	0,9000
{Bier; Windeln} → {Chips}	0,6923
{Bier; Chips} → {Windeln}	1,0000
{Bier} → {Chips; Windeln}	0,5625
{Chips} → {Bier; Windeln}	0,8182
{Windeln} → {Bier; Chips}	0,5625

Da alle Regeln einen Wert über 0,5 für die Confidence aufweisen, sind auch alle aufgeführten Regeln relevant (8 Punkte).

c) Zur Berechnung des Lifts wird die Confidence der betrachteten Regel ins Verhältnis zum Supportwert des Regelkopfs gesetzt. Die Lift-Werte für alle relevanten Regeln ergeben sich wie folgt:

Regelrumpf → Regelkopf	Lift
{Bier} → {Chips}	1,02
{Chips} → {Bier}	
{Bier} → {Windeln}	1,02
{Windeln} → {Bier}	
{Windeln} → {Chips}	1,14
{Chips} → {Windeln}	
{Chips; Windeln} → {Bier}	1,13
{Bier} → {Chips; Windeln}	
{Bier; Windeln} → {Chips}	1,26
{Chips} → {Bier; Windeln}	
{Windeln} → {Bier; Chips}	1,25
{Bier; Chips} → {Windeln}	

Die Regel „Windeln → Chips" ist interessanter als die Regel „Bier → Chips", weil der Lift der Regel „Windeln → Chips" mit einem Wert von 1,14 größer als der Wert 1 ist, während der Lift die Regel „Bier → Chips" sich kaum vom Wert 1 unterscheidet. Damit bringt die Assoziationsregel „Windeln → Chips" einen Erkenntnisgewinn, da Windeln und Chips in Kombination 1,14-mal häufiger gekauft werden als dies zu erwarten wäre, wenn ein gemeinsamer Kauf rein zufällig und unabhängig voneinander geschehen würde (9 Punkte).

Lösung zur Aufgabe 11.4.2

a) Zunächst werden in den folgenden Arbeitstabellen auf Basis der Patienten 1 bis 11 die absoluten Häufigkeiten für die beiden Ausprägungen des Merkmals Herzinfarkt bei gegebenen Ausprägungen der hier zu untersuchenden Attribute Blutdruck und Raucher bestimmt (4 Punkte):

Blutdruck	Herzinfarkt ja	Herzinfarkt nein		Raucher	Herzinfarkt ja	Herzinfarkt nein
hoch	5	0		ja	4	1
normal	2	4		nein	3	3

Gesucht ist nun das Attribut, das den kleinsten Wert für den Gini-Index mit sich bringt. Dazu werden die Werte für den Gini-Index für die bedingte Wahrscheinlichkeit eines Herzinfarkts bei gegebenem Blutdruck (X_1) und der Tatsache, ob der Patient Raucher ist oder nicht (X_2), wie folgt berechnet (6 Punkte):

$$G(X_1) = \frac{5}{11} \cdot \left(1 - \left(\frac{5}{5}\right)^2 - \left(\frac{0}{5}\right)^2\right) + \frac{6}{11} \cdot \left(1 - \left(\frac{2}{6}\right)^2 - \left(\frac{4}{6}\right)^2\right) = 0,242,$$

$$G(X_2) = \frac{5}{11} \cdot \left(1 - \left(\frac{4}{5}\right)^2 - \left(\frac{1}{5}\right)^2\right) + \frac{6}{11} \cdot \left(1 - \left(\frac{3}{6}\right)^2 - \left(\frac{3}{6}\right)^2\right) = 0,418,$$

Das Merkmal Blutdruck weist den kleineren Gini-Index auf und ist damit besser geeignet, Patienten mit und ohne Herzinfarkt voneinander zu trennen (2 Punkte).

b) Um den Baum auszudünnen, muss zunächst die Zuordnungsgenauigkeit der Validierungsdaten (Patienten 12 bis 18) auf jeder Ebene des Baums schrittweise betrachtet werden. Die Zuordnungsgenauigkeit ergibt sich auf Basis des vorliegenden Baums wie folgt (5 Punkte):

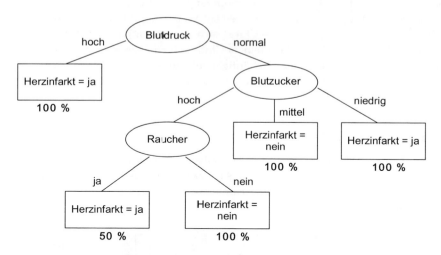

Da beim Merkmal Raucher nicht die gewünschte Zuordnungsgenauigkeit vorliegt, wird der Baum an dieser Stelle um eine Ebene reduziert. Es ergibt sich folgende Darstellung (4 Punkte):

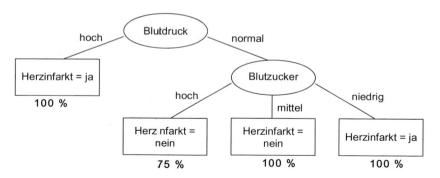

Nach dem Ausdünnen des Baums liegt nun die für die Validierungsdaten geforderte Zuordnungsgenauigkeit von mindestens 75 % vor. Für den ausgedünnten Baum resultiert dann die folgende Regelbasis (4 Punkte):

–   Wenn Blutdruck = hoch, dann Herzinfarkt = ja
–   Wenn Blutdruck = normal und Blutzucker = niedrig, dann Herzinfarkt = ja
–   Wenn Blutdruck = normal und Blutzucker = mittel oder hoch, dann Herzinfarkt = nein

Gabler Statistik-Lehrbuch-Highlights

↗

Günther Bourier
Beschreibende Statistik
Praxisorientierte Einführung –
Mit Aufgaben und Lösungen
9., überarb. Aufl. 2011. XII, 279 S.
mit 107 Abb. Br. EUR 29,95
ISBN 978-3-8349-2763-7

Günther Bourier
Wahrscheinlichkeitsrechnung
und schließende Statistik
Praxisorientierte Einführung.
Mit Aufgaben und Lösungen
7., überarb. Aufl. 2011. XII, 382 S.
mit 99 Abb. und 20 Tab. Br. EUR 29,95
ISBN 978-3-8349-2762-0

Thomas Cleff
Deskriptive Statistik
und moderne Datenanalyse
Eine computergestützte Einführung
mit Excel, PASW (SPSS) und STATA
2., überarb. u. erw. Aufl. 2011. XXVI, 227 S.
mit 93 Abb. u. 9 Tab. Br. EUR 24,95
ISBN 978-3-8349-3221-1

Hans-F. Eckey / Reinhold Kosfeld /
Christian Dreger
Ökonometrie
Grundlagen – Methoden – Beispiele
4., durchg. Aufl. 2011. XXVIII, 423 S. Br.
EUR 49,95
ISBN 978-3-8349-3352-2

Hans-Friedrich Eckey /
Reinhold Kosfeld / Matthias Türck
Wahrscheinlichkeitsrechnung
und Induktive Statistik
Grundlagen – Methoden – Beispiele
2., durchg. Aufl. 2011. XXVI, 309 S. Br.
EUR 39,95
ISBN 978-3-8349-3351-5

Peter P. Eckstein
Angewandte Statistik mit SPSS
Praktische Einführung für
Wirtschaftswissenschaftler
6., überarb. Aufl. 2008. X, 364 S.
Br. EUR 34,95
ISBN 978-3-8349-0823-0

Peter P. Eckstein
Datenanalyse mit SPSS
Realdatenbasierte Übungs- und Klausur-
aufgaben mit vollständigen Lösungen
2., akt. u. erw. Aufl. 2012. VIII, 156 S.
Br. EUR 21,95
ISBN 978-3-8349-3574-8

Peter P. Eckstein
Repetitorium Statistik
Deskriptive Statistik – Stochastik –
Induktive Statistik
Mit Klausuraufgaben und Lösungen
6., akt. Aufl. 2006. X, 388 S. Br. EUR 44,95
ISBN 978-3-8349-0464-5

Peter P. Eckstein
Statistik für Wirtschafts-
wissenschaftler
Eine realdatenbasierte Einführung mit SPSS
3., akt. u. überarb. Auflage 2012. X, 428 S.
mit 201 Abb. u. 100 Tab. Br. EUR 34,95
ISBN 978-3-8349-3568-7

Stand: März 2012. Änderungen vorbehalten.
Erhältlich im Buchhandel oder beim Verlag.

Abraham-Lincoln-Straße 46
D-65189 Wiesbaden
Tel. +49 (0)6221– 345 - 4301
www.springer-gabler.de

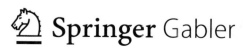